赠 ChatGPT 中文范例的
自然语言处理入门书

[美] 萩原圣人(Masato Hagiwara)　著

叶伟民　叶孟良　陈佳伟　译

清华大学出版社

北　京

北京市版权局著作权合同登记号 图字：01-2023-4310

Masato Hagiwara

Real-World Natural Language Processing：Practical applications with deep learning
EISBN: 9781617296420

Original English language edition published by Manning Publications, USA © 2021 by Manning
Publications. Simplified Chinese-language edition copyright © 2023 by Tsinghua University Press
Limited. All rights reserved.

图书在版编目(CIP)数据

赠 ChatGPT 中文范例的自然语言处理入门书 / (美) 萩原圣人著；叶伟民，叶孟良，陈佳伟译. 一北
京：清华大学出版社，2023.7
    书名原文：Real-World Natural Language Processing: Practical applications with deep learning
    ISBN 978-7-302-63960-2

    I. ①赠… II. ①萩… ②叶… ③叶… ④陈… III. ①自然语言处理 IV. ①TP391

    中国国家版本馆 CIP 数据核字(2023)第 117110 号

责任编辑：王　军
装帧设计：孔祥峰
责任校对：成凤进
责任印制：杨　艳

出版发行：清华大学出版社
        网　　址：http://www.tup.com.cn，http://www.wqbook.com
        地　　址：北京清华大学学研大厦 A 座　　　　邮　　编：100084
        社 总 机：010-83470000　　　　　　　　　邮　　购：010-62786544
        投稿与读者服务：010-62776969，c-service@tup.tsinghua.edu.cn
        质 量 反 馈：010-62772015，zhiliang@tup.tsinghua.edu.cn
印 装 者：三河市东方印刷有限公司
经　　销：全国新华书店
开　　本：170mm×240mm　　　印　　张：18.25　　　字　　数：451 千字
版　　次：2023 年 9 月第 1 版　　　印　　次：2023 年 9 月第 1 次印刷
定　　价：98.00 元

产品编号：096341-01

译 者 序

ChatGPT 时代来了，AI 从旧时王谢堂前燕，飞入寻常百姓家。越来越多非 AI 领域的软件开发者涌进 NLP(自然语言处理)领域。在这个快速发展的时代，如果这些软件开发者要像读书那样先读 4 年本科、2 年硕士、3 年博士才能搞 AI，风口早就过去了。那么，有没有一本书可以让大家快速熟悉 NLP 领域呢？有！就是这本书！

本书作者发现，天下学 AI 者苦数学公式久矣，而且不学数学公式也能入行 NLP。于是作者尽量只讲工作中会用到的知识，而不过多过深涉及 AI 理论，这本书一个数学公式都没有！

关于本书中的术语翻译

考虑本书的读者主要以入门群体为主，我不得不提 AI 译著的一个现状。目前国内对 AI 术语的翻译比较混乱，甚至在不同的教科书中术语所采用的标准都不一致，以至于周志华、李航、邱锡鹏、李沐、Aston Zhang 5 位专家都为此头痛，因此成立了 AITD 项目来解决这一问题。本书参考 AITD 项目翻译，如果你在阅读本书时对术语有什么疑问，可以查阅该项目；如果你对术语翻译有异议，请到 AITD 项目官方网站提交反馈。你的意见很可能对改变这一现状有帮助！

感谢

基于本书的定位，译者寻找了不同背景的朋友试读和推荐本书。在此感谢各位朋友。

感谢中山大学的詹成教授，他不但解答了我们的诸多翻译疑问，而且提出了"快、准、顺"这个可以量化执行的翻译标准，从而帮助我们在翻译过程中有了更合适的方向和实操准则。

为了满足"快"这一标准，同时由于译者水平有限，失误在所难免，如果读者有任何意见和建议，欢迎指出。

译者

译 者 简 介

叶伟民

拥有 19 年软件开发经验、4 年 AI(NLP、MLOps、知识图谱)项目经验

《精通 Neo4j》作者之一

《金融中的人工智能》等多部 AI 图书的译者

美国硅谷海归

叶孟良

翻译爱好者,擅长金融、强化学习、AI 算法竞赛等技术领域。从事 Java 后台开发、Web 开发工作 11 年、AI 研究 3 年。现从事 AI 算法竞赛,机器学习技术书籍翻译。

CSDN blog: https://blog.csdn.net/u013261578?type=blog

AI 算法竞赛获得如下成绩:

2022 AWS Deepracer 吉尼斯挑战赛 世界排名第四

2022 AWS DeepRacer 华东赛区第一

2021 AWS DeepRacer 全国线下邀请赛第四

天池杯强化学习—经典游戏挑战赛 第一赛季 第四名

陈佳伟

资深软件工程师,AI 技术爱好者,翻译爱好者。

作 者 简 介

  Masato Hagiwara 于 2009 年获得日本名古屋大学计算机科学博士学位，专注于 NLP 和机器学习。他曾在 Google 和 Microsoft 研究院实习，并在百度、Rakuten 技术研究所和 Duolingo 任工程师和研究员。他现在经营自己的研究和咨询公司 Octanove Labs，专注于 NLP 的教育应用。

致　　谢

　　本书编写得到了很多人的帮助。首先要感谢 Manning 出版社的策划编辑 Karen Miller。感谢你在本书编写过程中的支持和耐心。还要感谢 Manning 团队的其他成员：技术编辑 Mike Shepard、评审编辑 Adriana Sabo、责任印制 Deirdre Hiam、文字编辑 Pamela Hunt、校对员 Keri Hales 和技术校对员 Mayur Patil。还要感谢 Denny (http://www.designsonline.id/)为本书创作了一些高质量配图。

　　我还要感谢在阅读本书手稿后提供宝贵反馈的审稿人：Al Krinker、Alain Lompo、Anutosh Ghosh、Brian S. Cole、Cass Petrus、Charles Soetan、Dan Sheikh、Emmanuel Medina Lopez、Frédéric Flayol、George L. Gaines、James Black、Justin Coulston、Lin Chen、Linda Ristevski、Luis Moux、Marc-Anthony Taylor、Mike Rosencrantz、Nikos Kanakaris、Ninoslav Čerkez、Richard Vaughan、Robert Diana、Roger Meli、Salvatore Campagna、Shanker Janakiraman、Stuart Perks、Taylor Delehanty 和 Tom Heiman。

　　我要感谢 Allen 人工智能研究所(Allen Institute for Artificial Intelligence)的 AllenNLP 团队。我与 Matt Gardner、Mark Neumann 和 Michael Schmitz 等团队成员进行了深入讨论。我一直仰慕他们出色的工作，这些工作使深度学习 NLP 技术变得容易并为世界所接受。

　　最后但同样重要的一点是，我要感谢我出色的妻子 Lynn。她不仅帮助我为本书选择合适的封面插图，而且在本书整个编写过程中一直理解和支持我的工作。

前　言

过去 20 年里，我一直在机器学习(Machine Learning，ML)、自然语言处理(Natural Language Processing，NLP)和教育这几个领域工作，我一直对教育和帮助人们学习新技术充满热情。这就是当我听说有机会出版一本 NLP 图书时就马上行动的原因。

人工智能(Artificial Intelligence，AI)领域在过去几年中经历了许多变化，其中包括基于神经网络方法的爆炸式普及和大型预训练语言模型的出现。这些变化催生了你每天都在使用的各种高级交互语言技术，如基于语音的虚拟助手、语音识别和越来越优秀的机器翻译。不过，NLP"技术栈"在经历过去几年后终于稳定下来，目前主要以预训练模型和迁移学习为主，并且预计至少在未来几年内将保持稳定。这就是为什么我认为现在是开始学习 NLP 的好时机。

编写一本关于 AI 的书绝非易事，因为技术更新太快，以致就像拼命追赶一辆不会减速的汽车。我开始写本书的时候，Transformer 刚刚出现，BERT 还不存在。在写作过程中，本书使用的主要 NLP 框架 AllenNLP 经历了两次重大更新。之前很少有人使用的一个深度学习 NLP 库，Hugging Face Transformer，目前已被世界各地的许多从业者使用。两年内，由于 Transformer 和预训练语言模型(如 BERT)的出现，NLP 领域的格局发生了翻天覆地的变化。好消息是，现代机器学习的基础知识，包括词嵌入和句嵌入、RNN 和 CNN，并没有过时而且仍然很重要。本书旨在通过讲解这些想法和概念的"核心"，帮助你构建用于现实工作中的 NLP 应用。

市场上有许多关于机器学习和深度学习的好书，但其中有些太关注数学和理论，离现实工作太远。本书希望立足于现实工作的 NLP，因此本书没有数学公式和太多枯燥的理论。

关于本书

本书不是一本教科书。本书专注于构建用于现实工作的 NLP 应用。这里的"现实"有双重含义。首先，本书通过一个一个的实战示例讲述如何构建可以用在现实工作中的 NLP 应用而不仅仅是 Hello World。读者不仅将学习如何训练 NLP 模型，还将学习如何设计、开发、部署和监控它们。在该过程中，还将学习现代 NLP 模型的基本构建模块，以及 NLP 领域的最新发展，这些发展对于构建 NLP 应用很有用。其次，与大多数入门书籍不同，本书没有采用从理论基础学起的教学方法，一页一页地展示神经网络理论和数学公式；而是采用从实践开始的教学方法，专注于快速构建"能用就好"的 NLP 应用。完成这个目标后，再更深入研究构成 NLP 应用的各个概念和模型。你还将学习如何使用这些基本构建模块构建适合你需求的端到端自定义 NLP 应用。

本书读者对象

本书主要面向希望学习 NLP 基础知识以及如何构建 NLP 应用的软件工程师和程序员。我们假设读者具有 Python 基本编程和软件工程技能。如果你已经在从事机器学习工作但想进入 NLP 领域，本书也能派上用场。无论哪种方式，你都不需要任何机器学习或 NLP 的先验知识。阅读本书不需要具备任何数学知识，但如果对线性代数有基本的了解可能会对理解本书内容有帮助。本书中没有任何数学公式。

本书内容

本书由 3 部分组成，共 11 章。

第 I 部分介绍了 NLP 的基础知识，涉及如何使用 AllenNLP 快速构建 NLP 应用，以完成情感分析和序列标注等基本任务。

- 第 1 章介绍什么是 NLP 和为什么要使用 NLP——什么是 NLP，什么不是 NLP；如何使用 NLP 技术；以及 NLP 与其他 AI 领域的关系。
- 第 2 章演示了如何构建你的第一个 NLP 应用：一个情感分析器，并在该过程中介绍现代 NLP 模型的基础知识——词嵌入和循环神经网络(Recurrent Neural Network，RNN)。
- 第 3 章介绍了 NLP 应用的两个重要组件：词嵌入和句嵌入，并演示了如何使用和训练它们。

- 第 4 章讨论了最简单但最重要的 NLP 任务之一：句子分类，以及如何使用 RNN 完成该任务。
- 第 5 章介绍了序列标注任务，如词性标注和命名实体提取。本章还介绍了语言模型。

第 II 部分涵盖了高级 NLP 主题，包括序列到序列模型、Transformer，以及如何利用迁移学习和预训练语言模型构建强大的 NLP 应用。

- 第 6 章介绍了序列到序列模型，它将一个序列转换为另一个序列。我们在 1 小时内构建了一个简单的机器翻译系统和一个聊天机器人。
- 第 7 章讨论了另一种流行的神经网络架构：卷积神经网络(Convolutional Neural Network，CNN)。
- 第 8 章深入探讨了 Transformer，它是当今最重要的 NLP 模型之一。我们将演示如何使用 Transformer 构建改进的机器翻译系统和拼写检查器。
- 第 9 章在第 8 章的基础上讨论了迁移学习(一种现代 NLP 中的流行技术)和 BERT 等预训练语言模型。

第 III 部分涵盖了开发、部署和服务能够应对真实世界数据的 NLP 应用时所需的相关内容。

- 第 10 章详细介绍了开发 NLP 应用时的最佳实践，包括批量处理和填充、正则化和超参数优化。
- 第 11 章以介绍如何部署和服务 NLP 模型结束本书，还介绍了如何解释机器学习模型。

在线资源

本书在线资源可以通过扫描本书封底的二维码获取。

关于封面插图

本书的封面人物是一个保加利亚人。该图出自 Jacques Grasset de Saint-Sauveur(1757—1810)于 1797 年在法国出版的地域服饰风俗图集。该图集名为 *Costumes de Différents Pays*，其中每一幅插画都是手工精心绘制并上色的。这些异彩纷呈的插画生动地描绘了 200 年前世界各地的服饰文化差异。由于彼此隔绝，人们说着不同的方言和语言。无论是在街道还是乡间，很容易就能通过衣着辨别人们居住的地方，以及他们的职业和地位。

后来，我们的衣着变得越来越同质化，曾经丰富的地域差异已逐渐消失。现在，我们已经很难通过衣着分辨不同大陆的居民，更不用说不同城镇、地区和国家的居民了。也许，我们以文化的多样性为代价，换来了更多样的个人生活，当然，也换来了更多样、更快节奏的科技生活。

在这个计算机图书同质化的年代，Manning 出版社将 Jacques Grasset de Saint-Sauveur 的插画作为图书封面，将两个世纪前各个地区生活的丰富多样性还原出来，以此致敬计算机事业的创造性和主动性。

目　　录

第 I 部分

基　　础

欢迎来到美丽而令人兴奋的 NLP(自然语言处理)世界！NLP 是 AI(人工智能)的一个子领域，它是指处理、理解和生成人类语言的计算方法。NLP 用于人们日常生活中的众多交互领域——垃圾邮件过滤、会话助手、搜索引擎和机器翻译。本书第 I 部分大体介绍该领域，以及如何构建现实中的 NLP 应用。

第 1 章首先介绍什么是 NLP 和为什么要使用 NLP——什么是 NLP，什么不是 NLP；如何使用 NLP 技术；以及 NLP 与其他 AI 领域的关系。

第 2 章将在一个强大的 NLP 框架 AllenNLP 的帮助下，在 1 小时内构建一个完整的、可工作的 NLP 应用——一个情感分析器。你还将学习使用基本的机器学习概念，包括词嵌入和循环神经网络。如果你觉得很复杂，不要担心，我们将逐步介绍这些概念，并提供直观的讲解。

第 3 章深入探讨了 NLP 深度学习方法最重要的概念——词嵌入和句嵌入，并演示了如何用你自己的数据使用和训练嵌入。

第 4 章和第 5 章包括基本的 NLP 任务、句子分类和序列标注。这些任务虽然简单，但应用广泛，包括情感分析、词性标注和命名实体识别。

本部分通过构建现实中的 NLP 应用来帮助你熟悉现代 NLP 的基本概念。

第 *1* 章
自然语言处理简介

本章涵盖以下主题：
- 什么是 NLP，什么不是 NLP，以及为什么 NLP 是一个如此有趣但又具有挑战性的领域
- NLP 与 AI 和机器学习等其他领域的关系是什么
- 典型的 NLP 应用和任务有哪些
- 典型的 NLP 应用是如何开发和构建的

这不是一本介绍机器学习和深度学习(Deep Learning)的书。例如，你不需要学习如何用数学知识构建神经网络或者如何计算梯度下降。虽然你不知道它们是什么，但没关系，在需要用到它们的时候我会解释，并且不会用到数学知识。这本书没有任何数学公式！而且由于现代化的深度学习工具库把一切都封装得如此之好，你不需要理解相关数学知识就可以构建一个能用于现实工作的 NLP 应用。当然，如果你对 NLP 背后的理论以及机器学习和深度学习背后的数学知识感兴趣，我鼓励你参阅其他更好的资料。

但是，你至少需要懂得 Python 的灵活运用，并了解它的生态系统。不过你不需要是软件工程方面的专家。事实上，本书的目的是介绍 NLP 应用在软件工程方向的最佳实践。你也不需要具备 NLP 的基础知识。因为本书就是一本 NLP 基础入门书。

你需要 Python 3.6.1 或更高版本和 AllenNLP 2.5.0 或更高版本，以便运行本书代码示例。注意，这主要是因为 AllenNLP 不支持 Python 2，并且我将会在本书大量使用只支持 Python 3 的深度学习 NLP 框架。因此我强烈建议你升级到 Python 3，并熟悉最新的 Python 3 语言特性，如类型提示和新的字符串格式化语法。这些对你会很有帮助，即使是用于开发非 NLP 应用。

如果你没有准备好 Python 开发环境，也没关系。本书的大多数例子都可以通过 Google Colab 平台(https://colab.research.google.com)运行。你只需要一个浏览器就可以构建和实验本书的 NLP 模型！

本书将使用 PyTorch(https://pytorch.org/)作为主要的深度学习框架。这对我来说是一个困难的决定，因为其他一些深度学习框架对于构建 NLP 应用同样是不错的选择，如

TensorFlow、Keras 和 Chainer。有几个因素让我最终决定从众多框架中选择了 PyTorch——它是一个灵活和动态的框架,更容易创建原型和调试 NLP 模型;它在社区越来越流行,所以很容易找到主要模型针对它的配套开源实现;并且前面提到的深度学习 NLP 框架 AllenNLP 也是构建在 PyTorch 之上。

1.1 什么是自然语言处理

自然语言处理(NLP)是指使用计算机处理人类语言。更具体地讲,它是 AI 的一个子领域,它主要处理、理解和生成人类语言。它之所以能成为 AI 的一部分,是因为语言处理被认为是人类智能的重要组成部分。使用语言可以说是人类区别于其他动物的最突出技能。

1.1.1 什么是 NLP

NLP 包括一系列的算法、任务和问题:它们的输入是人类产生的文本,它们的输出是一些有用的信息,如标签、语义表示等。其中有些任务,如翻译、文本摘要和文本生成,则直接生成文本作为输出。不过所有任务都是产生一些本身就有用的输出(如翻译)或者作为其他下游任务的输入(如句法解析)。1.2 节将介绍一些流行的 NLP 应用和任务。

你可能会好奇,为什么 NLP 其名字中会有"自然"(Natural)一词。一种语言的自然性意味着什么?有什么语言是不自然的?英语是自然的吗?西班牙语和法语哪个更自然?

这里的"自然"一词是相对于自然语言和形式语言(formal languages)而言。从这个意义上讲,人类说的所有语言都是自然的。许多专家认为,语言在数万年前自然出现,然后不断进化。另一方面,形式语言是人类发明的一种语言类型,它们严格而明确地定义了语法和语义(其意思)。

C 和 Python 等编程语言是形式语言的很好例子。这些语言的定义极其严格,总是清楚什么符合语法和什么不符合语法。当你在编译器或解释器上运行用这些语言编写的代码时,它要么报错,要么正常。编译器不会说,"嗯,这段代码可能 50%符合语法要求。"此外,假设外部因素,如随机种子和系统状态保持不变,每次运行相同的代码,结果总是相同的。你的代码不会在 50%的时间里显示一个结果,在另外 50%的时间里显示另一个结果。

但人类语言并非如此。你可以写出一个不确定是否符合语法要求的句子。例如,你认为"The person I spoke to"这个短语不符合语法吗?在一些语法话题上,甚至连专家的意见都不一致。这就是人类语言有趣但具有挑战性的原因,也是整个 NLP 领域存在的意义。人类的语言是模棱两可的,这意味着它们的解释往往不是唯一的。在人类语言中,结构(句子是如何形成的)和语义(句子的意思)都可能有歧义。例如,仔细看看下面这个句子:

He saw a girl with a telescope.

当你读到这句话时，你认为是谁在拿望远镜(telescope)？是男孩(从遥远的地方)用望远镜看女孩，还是男孩看见一个拿着望远镜的女孩？如图 1.1 所示，对这句话似乎至少有两种解释。

图 1.1　"He saw a girl with a telescope." 的两种解释

你对这句话感到困惑，是因为你不知道 "with a telescope" 这个短语是属于男孩还是属于女孩。更严格地说，你不知道这个介词短语修饰的是哪一个。这个问题称为介词短语附着消歧(PP-attachment)问题，是语法歧义的一个经典例子。一个语法歧义的句子根据其句子结构可以有多种解释。具体如何解释取决于如何看待这个句子的结构。

在自然语言中可能出现的另一种歧义类型是语义歧义。这是指一个词或一个句子有多个意思，而不是指它的结构。例如，我们看看下面这个句子：

I saw a bat.

这句话的结构明确。句子的主语是 "I"，宾语是 "a bat"，由动词 "saw" 连接起来。换句话说，它没有语法上的歧义。但是它的意思呢？"saw" 至少有两种意思。一种是动词 "see" 的过去时态，即看见，另一种是锯东西。同样地，"a bat" 也可以指两种截然不同的东西：一种是指一只蝙蝠，另一种是指一个球棒。总而言之，这句话的意思是我看到了一只蝙蝠，还是我锯了一个棒球或板球？甚至更残忍点，我锯了一只蝙蝠？从这个例子可以看出，一句话可以有多种意思。

歧义令自然语言内容丰富，但处理起来也具有挑战性。我们无法简单地在一段文本上运行一个编译器或一个解释器就能 "明白它"。我们需要处理人类语言的复杂性和微妙之处。我们需要一种科学的、有规律的方法来处理它们。这就是 NLP 的全部意义所在。

欢迎来到美丽的自然语言世界。

1.1.2　什么不是 NLP

现在，我们考虑以下场景，想想如何解决这个问题：你现在是一名初级开发人员，在一家面向消费者服务的中型公司上班。现在是星期五下午 3 点。随着周末临近，团队其他成员越来越无心工作，心思都放在了周末的娱乐活动上。这时老板路过你的座位。

"有时间吗？我有一些有趣的东西要给你看。我刚发邮件给你了。"

你的老板刚给你发了一封电子邮件，里面有一个巨大的压缩文件。

"这是一个巨大的 TSV 文件。它包含了我们针对产品进行市场调查得到的所有意见。是我刚从市场营销团队得到的数据。"

显然，市场营销团队一直在通过一系列的在线调查方式收集客户对其产品的意见。

"调查问题既包括选择题，例如'你是如何知道我们的产品的？'还有'你觉得我们的产品怎么样？'之类；也包括开放式的问题，例如客户可以写下对我们产品的任何感受。现在的问题是，系统有一个缺陷(bug)，客户给出的最终意见(好评还是差评)并没有保存到数据库。"

"等等，也就是说现在没办法一下子就能知道客户对我们的产品是好评还是差评？"这听起来很奇怪但是很熟悉。这多数是复制粘贴代码导致的。在复制粘贴代码的过程中，程序员忘记修改一些参数，导致丢失了一些数据字段(好评/差评字段)。

"是的，"老板继续说。"我想知道我们能否恢复丢失的数据。市场营销团队现在有点绝望，因为他们下周初就要向副总报告调查结果了。"

什么？下周初？看来你必须想出办法尽快解决这一问题，否则你周末就别想出去玩了。

"你不是说你对机器学习感兴趣吗？我认为这是一个很好的机会。不管怎样，如果你能试一试并展示你的成果，那将非常棒。你认为你能在星期一之前得到一些结果吗？"

"好吧，我试一试。"

你知道，现在说"不"老板是不会答应的。老板对你刚才的回答很满意，笑着走开了。

你先浏览一下 TSV 文件。值得欣慰的是，它的结构相当标准——只有几个字段，包括时间戳和提交 ID。每行以一段很长的开放式回答结尾。结构如此简单，看来你只能从这段开放式回答入手了。

快速浏览开放式回答内容后，你看到了"A very good product!"(这产品真好！)和"Very bad. It crashes all the time!"(十分差！总是崩溃！)这样旗帜鲜明的内容，你会想，好像并不难。至少像这类旗帜鲜明的内容是可以处理的。你首先编写以下方法来捕获这两种情况：

```
def get_sentiment(text):
    """Return 1 if text is positive, -1 if negative.
       Otherwise, return 0."""
    if 'good' in text:
        return 1
    elif 'bad' in text:
        return -1
    return 0
```

然后，你对文件运行上述代码，并将结果以及原始输入一起记录下来。正如所期望的那样，这种方法似乎能够正确处理十几个"好评"或"差评"内容。

然而你开始看到一些不对的地方，例如：

"I can't think of a single good reason to use this product."(我想不到有什么好理由值得用这个产品。)：好评。

"It's not bad." (挺不错的。)：差评。

这显然不对。但也很容易处理。你可以将前面的代码做如下修改：

```
def get_sentiment(text):
    """Return 1 if text is positive, -1 if negative.
        Otherwise, return 0."""
    sentiment = 0
    if 'good' in text:
        sentiment = 1
    elif 'bad' in text:
        sentiment = -1
    if 'not' in text or "n't" in text:
        sentiment *= -1
    return sentiment
```

你再次运行上述代码。这一次能够正确处理了，直到你看到一个更复杂的例子：

"The product is not only cheap but also very good!"(这个产品不仅便宜，而且非常好!)：差评。

看来没有最初想象的那么简单。需要多加点判断条件，否定词 not 必须接近 "good" 或 "bad" 才生效。你想知道是否有更多不同的情况，继续向下滚动查看数据，然后你看到：

"I always wanted this feature badly!" (我想要这个功能想坏了！)：差评
"It's very badly made." (它做坏了。)：差评。

你默默地吐槽着。同样是一个词 badly，怎么能有两个完全相反的意思呢？现在，你要享受愉快周末的希望已经破灭了。这个任务很可能完不成了，你已经在想下周一你要给老板找什么借口了。

好了！讲到这里，你可以看到，像上面这种通过一堆判断条件来处理自然语言文本的程序就不叫 NLP，泛化能力太差了！NLP 应该是一种更通用的自然语言处理方法！在本书后续章节中，你将学习如何处理这类问题，以及如何为你手头的任务构建一个定制的 NLP 应用。

1.1.3　AI、机器学习、深度学习和 NLP 之间的关系

在深入研究 NLP 之前，了解 NLP 与其他领域之间的关系很有帮助。大多数读者至少都听说过 AI 和机器学习，可能也听说过深度学习，因为它们在当今主流媒体都引起了很多轰动。图 1.2 说明了这些不同的领域是如何相互重叠的。

AI 是一个广泛的领域，致力于利用机器实现类人智能(human-like intelligence)。它包括以下广泛的子领域：机器学习、NLP、计算机视觉和语音识别。它还包括推理、规划和搜索等子领域，但这些子领域不属于机器学习或 NLP 的范畴，也不在本书范围内。

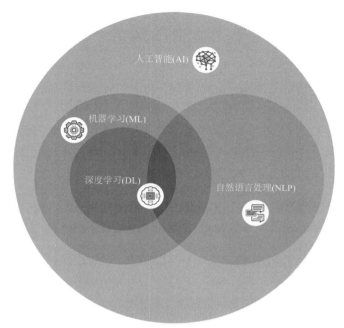

图 1.2 AI、机器学习、深度学习、NLP 之间的关系

机器学习通常被认为是 AI 的一个子领域,它旨在通过经验和数据改进计算机算法。机器学习包括:监督学习——基于过去经验学习将输入映射到输出的通用函数;无监督学习——从数据中提取隐藏的模式和结构;强化学习——在基于奖励的动态环境中学习如何行动。本书将大量使用监督学习,这也是训练 NLP 模型的主要范式。

深度学习是机器学习的一个子领域,通常是指使用深度神经网络。之所以称为"深度"神经网络模型,是因为它由许多层组成。"层"是神经网络结构中一个花哨的词。通过许多层堆叠,深度神经网络能够学习复杂的数据表示,能够捕获输入和输出之间复杂度极高的关系。

随着可用数据量和计算资源量的增加,现代 NLP 技术越来越多地使用机器学习和深度学习。现代 NLP 应用和任务通常都使用机器学习,基于数据进行训练。但也要注意,在图 1.2 中,NLP 有一部分与机器学习并没有重叠。传统的方法,如计算单词数量和度量文本相似度,通常不认为是机器学习技术,尽管它们可以使用机器学习技术构建。

我还想提到一些与 NLP 相关的其他领域。其中一个领域就是计算语言学(Computational Linguistics,CL)。顾名思义,计算语言学是语言学的一个子领域,它使用计算方法研究人类语言。CL 和 NLP 之间的主要区别是,CL 侧重于科学方法,NLP 侧重于工程方法,这些方法都与语言相关且有用。人们经常会互换使用这些术语,部分是由于一些历史原因。例如,NLP 领域中最负盛名的会议 ACL 就是"计算语言学协会"(the Association for Computational Linguistics)的简称!

另一个相关领域是文本挖掘。文本挖掘是指针对文本数据进行的一种数据挖掘。它的重点是从非结构化文本数据获取有用的信息,非结构化文本数据是指人类易于解释但因为没有结构化导致计算机难以处理的文本数据。这些数据通常从各种来源收集，如爬取网络和社交媒体资源。虽然文本挖掘的目的与 NLP 略有不同，但这两个领域是相似的，可以对它们使用相同的工具和算法。

1.1.4　为什么学习 NLP

你阅读本书就表明你对 NLP 有兴趣。你可能会问，为什么 NLP 会如此有趣，令人想学？为什么学习 NLP 是值得的，特别是学习用于现实工作中的 NLP？

第一个原因是 NLP 应用广泛。随着人工智能和机器学习的流行，NLP 应用比以往任何时候都重要。NLP 应用已经深入人们的日常生活，包括对话代理(如 Apple Siri、Amazon Alexa 和 Google Assistant)和接近人类水平的机器翻译(如 Google 翻译)。许多 NLP 应用已经成为人们日常生活不可分割的一部分，如垃圾邮件过滤、搜索引擎和拼写更正，我们将在后面讨论。从 2008 年到 2018 年，斯坦福大学学习 NLP 课程的学生人数增长了 5 倍。NLP 顶级会议之一 EMNLP(Empirical Methods in Natural Language Processing)的参会人数一年翻了一番。其他主要的 NLP 会议在参与者和论文提交方面也有类似的增加。

第二个原因是 NLP 是一个不断发展的领域。NLP 领域本身有着悠久的历史，最早可以追溯到 1954 年的 The Georgetown–IBM Experiment 系统。从这个系统开始后的 30 多年里，大多数 NLP 系统都依赖于手写规则。是的，与你刚才在 1.1.2 节所看到的内容并没有太大不同。直到 20 世纪 80 年代末，出现第一个里程碑，NLP 开始使用统计方法和机器学习技术。许多 NLP 系统开始使用统计模型，这些模型都是从数据中训练出来的。这使 NLP 取得了一些突破，其中最著名的是 IBM Watson。而第二个里程碑出现得更为猛烈。大约在 21 世纪第一个 10 年快要结束时，深度学习(即深度神经网络模型)席卷了 NLP 领域。在 2005 年前后，深度神经网络模型成为该领域的新标准。

这第二个里程碑来得如此猛烈和快速，值得我们给予更多关注。新的基于神经网络的 NLP 模型不仅更高效，而且更简单。在此之前，即使是一个简单的基准机器翻译模型，也需要大量的专业知识和努力。最流行的统计机器翻译开源软件包之一 Moses(http://www.statmt.org/moses/)，就是一个需要 10 万行代码以及数十个支持模块和工具的大块头。光是安装，专家都需要花几小时。到了 2018 年，任何一个有一些编程经验的人都可以把比传统统计模型更强大的神经机器翻译系统运行起来，只需要几千行代码(例如 https://github.com/tensorflow/nmt 的 TensorFlow 神经机器翻译教程)。此外，神经网络模型训练是"端到端"的，即网络获取输入后直接产生输出。整个模型都是为了匹配预期的输出而训练的。而传统的机器学习模型(至少)由几个子模块组成。这些子模块分别使用不同的机器学习算法进行训练。两相比较，可见神经网络模型比传统的机器学习模型先进很多！因此本书将主要讨论现代化的神经网络 NLP 方法，但其中也会涉及一些传统的概念。

第三个也是最后一个原因：NLP 极具挑战性(特别适合喜欢挑战的你)。理解和产生语言是 AI 的中心问题，正如 1.1.3 节所述。在过去 10 年左右的时间里，语音识别和机器翻译等主要 NLP 任务的准确性和性能都有了很大提升。但是，NLP 还远未达到人类理解语言的级别。

　　为了快速验证这一点，打开你最喜欢的机器翻译应用软件(或者简单点，就用 Google 翻译)，输入"I saw her duck."这句话，试着将它翻译成西班牙语或其他你能理解的语言。你应该会看到译文有"pato"这个词，它在西班牙语的意思是"一只鸭子"。但你注意到" I saw her duck."这句话其实还有另一种解释吗？这两种解释如图 1.3 所示。句子中的"duck"一词还有"蹲下"的意思。试着在句子之后再加一句话，比如" She tried to avoid a flying ball."(她试图避开一个飞来的球。)。看看机器翻译的译文是否与第一次翻译一样。答案可能是一样的。你仍然在译文中看到"pato"这个词。也就是说，机器翻译系统并没有根据后文的"She tried to avoid a flying ball."判断出前文的"duck"应该是"蹲下"而不是"鸭子"。正如你所看到的，目前大多数商业机器翻译系统都不能理解原文的上下文。学术界对这一问题进行了大量的研究，但仍然是 NLP 众多尚未解决的问题之一。

图 1.3　"I saw her duck."的两种解释

　　与机器人技术和计算机视觉等其他 AI 领域一样，语言也有自己的怪癖。与图像分析不同，NLP 分析的数据(如话语和句子)的长度都是不固定的。有些句子很短("Hello.")，有些句子很长("A quick brown fox...")。大多数机器学习算法并不擅长处理长度可变的东西，你需要想出一些方法来解决这个问题，例如用一些更固定的东西来表示语句。如果回顾这个领域的历史，NLP 的主要问题就是关注如何用数学表示语言，如向量空间模型和词嵌入(将在第 3 章讨论)。

　　语言的另一个特征是离散。这意味着语言中的事物从概念上并无关系。例如，将单词"rat"的第一个字母改一下，变为"sat"。在计算机内存中，两个单词只相差一个单元。但是两者之间没有任何关系，除了都以"at"结尾(也许一只 rat 是可以 sat 的)。但在"rat"和"sat"之间没有任何关系。这两个概念都是完全离散、独立的，只是恰好拼写相似而已。而图像处理则不一样，假设你拍摄了一辆车的照片，然后将其中的某一像素改变一下，你仍然拥有一辆几乎相同的车。也许只是颜色略有不同。换句话说，图像和声音是连续的，也就是说小小的修改不会对它们造成多大影响。许多数学工具包，如向量、矩阵和函数，都只擅长处理连续的东西而不擅长处理离散的语言。因此 NLP 的历史实际上是一段挑战这种语言离散性的历史，直到最近，我们才开始在这方面看到一些成功，如利用词嵌入。

1.2 典型的 NLP 应用和任务

如前所述，NLP 已经成为日常生活不可或缺的一部分。现代生活的日常交流越来越多是在线完成的，而在线交流仍然主要以自然语言文本进行。想想你是如何使用最喜欢的社交网络软件 Facebook(现已改名为 Meta)和 Twitter 的。虽然你可以发布照片和视频，但很大一部分交流仍然是通过文本进行的。只要处理文本，就需要 NLP。例如，如何知道某篇文章是否是垃圾邮件？如何知道你最有可能"点赞"哪些帖子？如何知道你最有可能点击哪些广告？

因为许多大型互联网公司需要以这样或那样的方式处理文本，所以它们的很多员工很可能已经在使用 NLP 了。你也可以在它们的招聘网页上证实这一点——你会看到它们总是在招聘 NLP 工程师和数据科学家。NLP 在许多其他行业和产品中也有不同程度的应用，包括但不限于客户服务、电子商务、教育、娱乐、金融和医疗保健，这些行业都在某些方面涉及文本。

许多 NLP 系统和服务可以通过组合一些主要类型的 NLP 应用和任务进行分类和构建。本节将介绍一些最流行的 NLP 应用及常见的 NLP 任务。

1.2.1 NLP 应用

NLP 应用是一种主要目的为处理自然语言文本，并从中提取有用信息的软件应用。与其他软件应用类似，它可以以各种方式实现，如离线数据处理脚本、离线独立应用、后端服务或带有前端的全栈服务，具体取决于使用范围和场景。它可以直接提供给最终用户使用，也可以作为后端服务通过 SaaS(Software as a Service，软件即服务)形式提供给其他应用使用。

如果你的需求是通用的，不需要很高程度的定制，则可以直接使用许多 NLP 应用，如机器翻译软件和主要的 SaaS 产品(如 Google Cloud API)。如果你的需求是需要高度定制的特定业务领域，那么你需要自主构建自己的 NLP 应用。这正是你将在本书学到的东西！

1. 机器翻译

机器翻译可能是最流行和最容易理解的一种 NLP 应用。机器翻译(Machine Translate，MT)系统将一段文本从一种语言翻译成另一种语言。可以将机器翻译系统实现为全栈服务(如 Google 翻译)，或者单纯作为后端服务提供(如 NLP SaaS 产品)。输入文本的语言称为源语言，而输出语言称为目标语言。机器翻译包含很多 NLP 任务，包括语言理解和生成，因为机器翻译系统需要理解输入，然后生成输出。机器翻译是 NLP 研究最多的领域之一，也是 NLP 最早的应用之一。

机器翻译面临的挑战之一是流畅度和准确度之间的权衡。翻译需要流畅，这意味着输出在目标语言中听起来必须自然。翻译还需要足够准确，这意味着输出必须尽可能准确地反映输入所表达的含义。这两者经常存在冲突，特别是当源语言和目标语言不是非常相似时(如英语和中文)。当机器翻译系统选择生成一个准确的翻译时，通常会导致输出在目标语言中听起来不自然。当机器翻译系统选择生成听起来自然的翻译时，很可能不准确。优秀的人类翻译者能够处理这种权衡，能够得出在目标语言中自然又准确的翻译。

2. 语法和拼写更正

现在大多数网络浏览器都支持拼写更正。即使你忘记了如何拼写" Mississippi"，也可以先尽最大努力输入你能记住的那几个字母，然后浏览器就会提示出完整的单词。一些文字处理软件，包括最新版本的 Microsoft Word，不但能补充拼写，还能指出语法错误，比如使用"it's"而不是"its"。这点并不容易，因为从某种意义上说，这两个词都是"正确的"(没有拼写错误)，系统需要根据上下文推断哪个才是正确的。还有一些专门从事语法错误更正的商业产品(最著名的有 Grammarly)。有些产品会很有用，它们能够指出标点符号的错误使用，甚至是写作风格的问题。这些产品在母语和非母语使用者中都很受欢迎。

由于非英语母语使用者数量的增加，对语法错误纠正的研究一直很活跃。针对非英语母语使用者常见的语法错误的纠正系统是按类型逐个处理错误。例如，系统分多个子组件，其中一个子组件只检测和更正冠词使用错误(a、an、the 等)，其他子组件负责处理其他类型的错误。现代的语法错误纠正方法更多类似于机器翻译。可以把(可能不正确的)输入看作一种语言，把纠正后的输出看作另一种语言，而你的工作就是在这两种语言之间进行"翻译"！

3. 搜索引擎

NLP 的另一个应用已经是与人们日常生活不可分割的一部分，那就是搜索引擎。很少有人会认为搜索引擎是一个 NLP 应用，然而 NLP 在搜索引擎中发挥着重要的作用，所以值得在这里提及。

页面分析是 NLP 在搜索引擎中广泛使用的一个领域。你有没有想过为什么你在搜索"狗"时不会看到任何"热狗"的页面？如果你有使用 Solr 和 Elasticsearch 等开源软件构建自己的搜索网站的经验，并且只使用基于单词的索引，那么你的搜索结果页面上会充斥着"热狗"，即使你只想要"狗"。主要的商业搜索引擎通过运行 NLP 流水线[1]解决这个问题，这些 NLP 流水线对页面内容进行分析并创建索引，在对页面内容进行分析时认识到"热狗"不是一种"狗"。 但是，用于页面分析的 NLP 流水线的范围和类型是搜索引擎的机密信息，一般我们很难知道。

查询分析是搜索引擎中的另一种 NLP 应用。如果你注意到 Google 在你搜索名人时显示一个有图片和简历的框，或者搜索某些当前事件时显示一个带有最新新闻的框，这就是查询分析在实际生活中的应用。查询分析确定了查询的意图(用户想要的内容)，并相应地显示了相关的信息。实现查询分析的一种常见方法是将其作为一个分类问题，即 NLP 流水线将查询分类为意图类别(如名人、新闻、天气、视频)，同样，商业搜索引擎如何运行查询分析的细节通常也是高度保密的。

---

1 译者注：原文为 pipeline，很多时候翻译成"管道"。本书为了响应周志华、李航、邱锡鹏、李沐、Aston Zhang 5 位专家的 AITD 项目号召，统一翻译为"流水线"。

最后，搜索引擎不仅包含页面分析和查询分析，还有许多其他 NLP 功能使搜索更容易，其中之一是查询纠正。在输入查询时出现拼写或语法错误时，查询纠正就会发挥作用，Google 和其他搜索引擎会显示诸如"showing reswlt for:"和"Did you mean."之类的标签。它的工作原理有点类似于之前提到的语法错误纠正，但除了是针对搜索引擎用户语法错误进行纠正，它还对查询类型进行了优化。

4. 对话系统

对话系统是指人类可以与之进行对话的机器系统。对话系统这个领域有着悠久的历史。最早的对话系统之一 ELIZA 就是在 1966 年开发的。

但直到最近，对话系统才进入了人们的日常生活。近年来，我们看到它们的受欢迎程度几乎呈指数级增长，这主要是由于面向消费者的"对话 AI"产品的普及，如 Amazon Alexa 和 Google Assist。事实上，根据 2018 年的一项调查，20%的美国家庭已经拥有了智能音箱。你可能还记得在 2018 年的谷歌 IO 大会上震撼的一幕，一个叫 Google Duplex 的 AI 对话系统给一家发廊和一家餐厅打电话，和员工自然交谈，并且代表其用户进行预约。

对话系统的两个主要类型是面向任务的系统和闲聊机器人。面向任务的对话系统用于实现特定的目标(如预订机票)，获取一些信息，以及正如我们所看到的，在餐厅预订。面向任务的对话系统通常是一个 NLP 流水线，由几个组件组成，包括语音识别、语言理解、对话管理、响应生成和语音合成，这些组件通常是单独训练的。然而，与机器翻译类似，也有一些新的深度学习方法，其中的对话系统(或它们的子系统)是端到端进行训练的。

对话系统的另一种类型是闲聊机器人，其主要目的是与人类对话。传统的闲聊机器人通常由一套手写的规则管理(如当人类这么说时，就这么说)。近年来，深度神经网络的使用已经越来越流行，特别是序列到序列的模型和强化学习。然而，由于闲聊机器人并没有特定的目的，对闲聊机器人的评估，即评估一个特定的闲聊机器人聊天水平有多好，仍然是一个悬而未决的问题。

1.2.2 NLP 任务

许多 NLP 应用的幕后都是由多个 NLP 组件组合而成的，这些 NLP 组件分别解决不同的 NLP 问题。本节将介绍一些 NLP 应用经常用到的、比较出名的 NLP 组件(又称 NLP 任务)。

1. 文本分类

文本分类是指将文本片段划分为不同类别。这类 NLP 任务是最简单但使用最广泛的任务之一。你可能没有听说过"文本分类"这个词，但我敢打赌大多数人每天都从这个 NLP 任务受益。例如，垃圾邮件过滤就是一种文本分类技术。它将电子邮件(或其他类型的文本，如网页)分为两类——垃圾邮件和非垃圾邮件。这就是为什么当你使用 Gmail 时，很少会收到垃圾邮件；当你使用 Google 搜索时，你很少会看到低质量的网页。

1.1.2 节所讲的情感分析也是文本分类的一种。情感分析用于自动识别文本中的主观信息，如意见、情感和感觉。

2. 词性标注

词性(Part of Speech，POS)是指把单词按照相似的语法属性分类。例如，在英语中，名词描述了物体、动物、人和概念等。名词可以作为动词的主语、动词的宾语和介词的宾语来使用。而动词则描述了动作、状态和发生的事件。英语词性还包括形容词(green、furious)、副词(cheerfully、almost)、限定词(a、the、this、that)、介词(in、from、with)、连词(and、yet、because)和其他词性。几乎所有语言都有名词和动词，但也有一些语言并非如此。另外，有许多语言和英语不一样，如匈牙利语、土耳其语和日语，都用后置词代替介词，它们被放在单词后面，以增加一些额外的意义。有一组 NLP 研究人员提出了一套标注，这套标注涵盖了大多数语言中常见的词性，故称为通用词性标注集(universal part-of-speech tagset)。这套标注集被广泛用于语言独立性的 NLP 任务。

词性标注是指把句子中每个单词相应的词性标注出来。有些读者在读书时就已经做过这类事情。以 "I saw a girl with a telescope." 为例。这个句子的词性标注结果如图 1.4 所示。

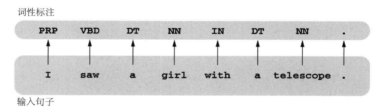

词性标注	描述
DT	限定词
IN	介词
NN	名词(单数或复数)
PRP	代词
VBD	动词(过去式)

图 1.4　词性标注

以上标注出自 Penn Treebank(Penn 树库)的词性标注集，Penn Treebank 是训练和评估各种 NLP 任务(如词性标注和句法解析)最常用的标准语料库。传统的词性标注是通过序列标注算法，如隐马尔可夫模型(Hidden Markov Model，HMM)和条件随机场(Conditional Random Field，CRF)进行的。最近已经流行使用 RNN。词性标注的结果通常用作其他下游 NLP 任务的输入，如机器翻译和句法解析。第 5 章将更详细地介绍词性标注。

3. 句法解析

句法解析是指对句子结构进行分析。一般来说，句法解析主要有两类：成分句法解析和依存句法解析。

成分句法解析使用与上下文无关文法(Context-Free Grammar，CFG)表示自然语言句子(关于上下文无关文法的简要介绍，参见 http://mng.bz/GO5q)。上下文无关文法是使用语言较小构建块(如单词)组合成更大构建块(如短语和从句)并最终形成句子的一种方法。换句话说，它指定了最大单位(句子)如何分解为短语和从句，并一直分解到单词的方法。其语言单位[1]相互作用的具体方式是通过一组产生式规则(production rule)指定的，例如：

```
S -> NP VP (句子->名词短语+动词短语)


NP -> DT NN | PRN | NP PP (名词短语->限定词+名词 | 代词 | 名词短语+介词短语)
VP -> VBD NP | VBD PP (动词短语->动词+名词短语 | 动词+介词短语)
PP -> IN NP (介词短语->介词+名词短语)


DT -> a (限定词)
IN -> with (介词)
NN -> girl | telescope (名词)
PRN -> I (代词)
VBD -> saw (动词)
```

产生式规则描述了从左侧符号(如"S")到右侧符号(如"NP VP")的转换规则。例如，第一条规则是指一个句子可以由一个名词短语(NP)加上一个动词短语(VP)组成。其中一些符号(如 DT、NN、VBD)可能看起来很熟悉——是的，它们就是刚刚在前面看到的词性标注。实际上，可以将词性标注视为行为方式相似的最小语法类别。

现在解析器的工作就是研究如何从句子中的原始单词开始，找到最终的符号(在本例中为"S")。可以将具体工作方式想象成按照以上转换规则将箭头右边的符号转换成箭头左边的符号。例如，按照规则"DT→a"和"NN→girl"，可以将"a girl"转换为"DT NN"。然后，按照规则"NP →DT NN"，可以将整个短语简化为"NP"。如果用树状图来说明这个过程，将得到类似于图 1.5 所示的结果。

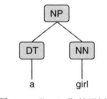

图 1.5 "a girl"的子树图

以上解析过程所创建的树结构，称为解析树(parse tree)，也可以简称为解析。图 1.5 是一棵子树，因为它没有覆盖整棵树(它没有展示出从"S"解析到原始单词这一整个过程)。现在你可以试试解析前面讨论过的"I saw a girl with a telescope"这句话。如果使用前面的产生式规则从"S"解析到原始单词来分解句子，将得到图 1.6 所示的树结构。

如果你得到的树与图 1.6 不同，不要担心。实际上，还有另一棵解析树也是对这个句子的有效解析，如图 1.7 所示。

如果仔细比较这两棵树，你会注意到两者的差异在于"PP"(介词短语)的附着位置。事实上，这两棵解析树对应了 1.1 节所讨论的这个句子的两种不同解释。第一棵树(见图 1.6)，PP 附着在动词"saw"，对应于"男孩用望远镜看女孩"的解释。第二棵树(见

---

1 译者注：本书多处出现"单元"和"单位"二词。两者的区别是：单元是自成一体不可分割的；单位是可以分割的，此外还有用于计量的功能。

图 1.7), PP 附着在名词"girl", 对应于"男孩看见一个拿着望远镜的女孩"的解释。句法解析是分解句子结构、语义的一大突破, 但在这种情况下, 单靠句法解析不足以确定哪个解释最优。

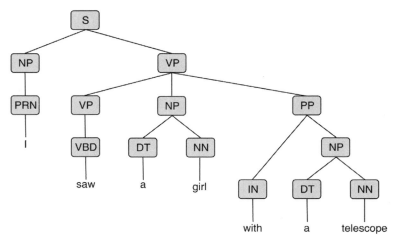

图 1.6 "I saw a girl with a telescope"的解析树

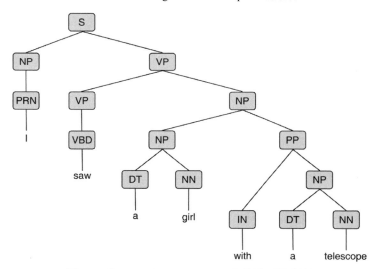

图 1.7 "I saw a girl with a telescope"的另一棵解析树

接下来讲解另一种类型的解析——依存句法解析(dependency parsing)。依存句法解析使用依存句法描述句子结构, 即描述单词之间的关系而不是短语之间的关系。例如,"I saw a girl with a telescope"依存句法解析的结果如图 1.8 所示。

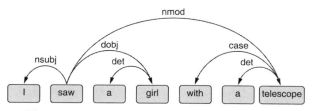

图 1.8　"I saw a girl with a telescope"的依存句法解析树

注意，每段关系都是有方向和标注的。每段关系指定了哪个单词指向哪个单词以及两者之间的关系类型。例如，"a"和"girl"之间的关系标注为"det"，意思是第一个词是第二个词的限定词。如果你把"saw"作为最中心的词，按照其关系箭头往上看，会注意到这些词和关系形成了一棵树。这种树称为依存句法树(dependency tree)。

依存句法的一个优点是，句子中某些单词的顺序不会改变依存句法树。例如，在英语中，副词在句子中的位置是比较自由的，特别是在副词所描述的动词为过去分词形式的时候。例如，"I carefully painted the house"和"I painted the house carefully"都是可以接受的，意思一样。如果用依存句法表示这些句子，"carefully"这个词总是会用来修饰动词"painted"，并且这两个句子有完全相同的依存句法树。依存句法不仅可捕捉到句子的短语结构，而且还可捕捉单词之间的关系等更基本的元素。因此，依存句法解析被认为是迈向自然语言语义分析的重要一步。同样，也有一组研究人员提出了与通用词性标注集类似、适用于许多语言的依存句法标注集，名为通用依存标注集(Universal Dependencies)。

4. 文本生成

文本生成，又称自然语言生成(Natural Language Generation，NLG)，是指基于其他元素生成自然语言文本。从更广泛的意义上说，前面讨论过的机器翻译就用到了文本生成，因为机器翻译系统需要用目标语言来生成文本。类似地，文本摘要、文本简化和语法错误纠正都会生成自然语言文本作为输出，都属于文本生成任务。因为所有这些任务都以自然语言文本作为输入，所以它们又称为文本到文本的生成。

另一类文本生成任务称为数据到文本的生成。对于这些任务，输入的不是文本而是数据。例如，一个对话系统需要基于对话的当前状态生成自然语言。新闻媒体可能希望根据体育、游戏结果和天气等事件生成新闻文本。还有根据图像生成最能描述该图像的自然语言文本，称为图像字幕生成(image captioning)，人们对这类技术也越来越感兴趣。

最后，第三类文本生成任务是无条件文本生成，即从一个模型随机生成自然语言文本。你可以训练模型，以生成随机的学术论文、Linux 源代码，甚至是诗歌和游戏脚本。例如，Andrej Karpathy 使用莎士比亚的所有作品训练了一个 RNN 模型，并成功地生成了完全相似的文本片段：

```
PANDARUS:
Alas, I think he shall be come approached and the day
When little srain would be attain'd into being never fed,
And who is but a chain and subjects of his death,
```

```
I should not sleep.

Second Senator:
They are away this miseries, produced upon my soul,
Breaking and strongly should be buried, when I perish
The earth and thoughts of many states.

DUKE VINCENTIO:
Well, your wit is in the care of side and that.

Second Lord:
They would be ruled after this chamber, and
my fair nues begun out of the fact, to be conveyed,
Whose noble souls I'll have the heart of the wars.

Clown:
Come, sir, I will make did behold your worship.

VIOLA:
I'll drink it.
```

传统的文本生成是通过人工制作的模板和一些规则根据信息来生成文本的。你可以将它看作前面讨论过的句法解析的相反工作,使用规则来推断关于自然语言文本的信息。近年来,越来越流行使用神经网络模型进行文本生成,无论是文本到文本的生成(序列到序列模型)、数据到文本的生成(编码器-解码器模型)还是无条件文本生成[神经网络语言模型和生成对抗网络(Generative Adversarial Network,GAN)]。第 5 章将进一步讨论文本生成。

1.3 构建 NLP 应用

本节将展示 NLP 应用通常是如何开发和组织的。尽管具体细节可能会有所不同,但了解典型的流程有助于制订开发计划和预算。另外,在制订开发计划和预算时,了解一下本书所讲的开发 NLP 应用的最佳实践,也会大有帮助。

1.3.1 NLP 应用的开发

NLP 应用的开发是高度迭代的过程,包括许多研究、开发和运维的阶段(见图 1.9)。大多数学习材料,如书籍和在线教程,主要集中在训练阶段,尽管其他阶段对于 NLP 应用同样重要。本节将简要介绍每个阶段所涉及的内容。注意,这些阶段之间没有明确的边界。应用开发人员(研究人员、工程师、管理者和其他利益相关者)在这些阶段之间来回切换的情况并不罕见。

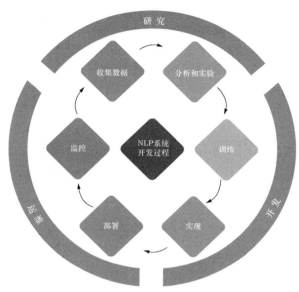

图 1.9　NLP 应用的开发周期

1. 收集数据

现代 NLP 应用大多数基于机器学习。根据定义，机器学习需要数据来训练 NLP 模型 (回忆一下之前提到的机器学习的定义——机器学习是通过数据改进算法的)。在这个阶段，NLP 应用开发人员将讨论如何将应用表述为 NLP 或机器学习的问题，以及应该收集什么类型的数据。数据可以从人类那里收集(例如，通过雇用一些文员，让他们从一系列文本实例中筛选数据)，也可以采用众包(如 Amazon Mechanical Turk 等平台)方式或自动化机制(如来自应用日志或点击流)收集。

你可能一开始不会选择在 NLP 应用中使用机器学习方法，这可能完全是正确的选择，这取决于各种因素，如时间、预算、任务的复杂性和可能能够收集的期望数据量。即使在这种情况下，收集少量数据以进行验证也可能是好主意。第 11 章将讨论更多关于 NLP 应用的训练、验证和测试。

2. 分析和实验

收集完数据，将进入下一个阶段，进行分析和实验。对于分析，你通常会寻找一些信号，例如：文本实例的特征是什么？训练标签如何分布？能找出与训练标签相关的信号吗？能想出一些简单的规则来合理准确地预测训练标签吗？应该使用机器学习吗？要分析的问题不胜枚举。分析阶段涉及数据科学的各个方面，各种统计技术可能会派上用场。

你可以通过实验来快速尝试一些原型。这个阶段的目标是将多个可能的方法选项缩小到几个最可行的方法，然后才开始训练巨大的模型。通过实验，希望得到以下问题的答案：什么类型的 NLP 任务和方法适合这个 NLP 应用？这是一个分类、解析、序列标注、回归、文本生成问题，还是其他类型的问题？基准方法的性能如何？基于规则的方法的性能是什么？应该使用机器学习吗？对这些可行方法的评估标准是什么？

我把这两个阶段称为"研究"阶段。这一阶段可以说是 NLP 应用和其他软件系统之间的最大区别。这是由机器学习系统或 NLP 系统的性质所决定的。此时，你可能还没有编写生产代码，这完全没有问题。研究阶段的目的就是防止你浪费精力编写在后期被证明无用的生产代码。

3. 训练

现在你已经对 NLP 应用的方法有了非常清晰的想法。是时候开始添加更多的数据和计算资源(如 GPU)来训练模型了。现代 NLP 模型常常需要数天甚至数周时间训练，如果它们基于神经网络模型，更是如此。逐渐增加所训练的数据量并调节模型的大小总是很好的做法。你可能花了几周时间训练一个巨大的神经网络模型，却发现更小更简单的模型表现同样出色。甚至更糟的是，一个缺陷就可能会导致你花费数周时间训练的模型毫无用处！

在这个阶段，保持训练流水线的可重复性至关重要。你很可能需要使用不同的超参数组合多次运行这个训练流水线，超参数是在模型的学习过程开始之前设置的调整值。你也可能需要在几个月甚至几年后运行这个流水线。第 10 章将介绍在训练 NLP/ML 模型时的一些最佳实践。

4. 实现

当你拥有了一个表现不错的模型之后，就可以进入实现阶段了。实现阶段是指把你的 NLP 应用实现出来。这个过程基本上遵循了软件工程的最佳实践，包括为 NLP 模块编写单元和集成测试，重构代码，让其他开发人员审查代码，提高 NLP 模块的性能，以及使用 Docker 运行应用。第 11 章将详细介绍这个过程。

5. 部署

你的 NLP 应用终于可以进行部署了。可以以多种方式部署 NLP 应用，包括联机服务、循环批处理作业、脱机应用或脱机一次性任务。如果这是一个需要实时预测的在线服务，那么可以把它作为一个微服务，使它与其他服务松散地结合起来。在任何情况下，使用持续集成(Continuous Integration，CI)都是很好的做法。持续集成是指每次修改应用后，运行测试并验证代码和模型是否按预期工作。

6. 监控

开发 NLP 应用的最后一步是监控，这一步很重要。监控不仅包括监控基础设施，如服务器 CPU、内存和请求延迟，而且包括更高级的机器学习统计信息，如投入生产后的输入标签和预测结果标签的分布。这个阶段需要思考的重要问题是：投入生产后的输入实例是什么样的？它们是构建模型时所期望的那样吗？预测结果的标签是什么样的？预测的标签分布是否与训练数据的标签分布相匹配？监控的目的是检查所构建的模型是否符合期望行为。如果输入的文本、数据实例或预测的标签与你的期望不符，可能存在"超领域”[1](out-of-domain)问题，这意味着投入生产后接收的自然语言数据的领域与模型训练时的领域不同。机器学习模型通常不擅长处理超领域数据，预测准确性可能会受到影响。如果这个问题变得很明显，你可能需要收集更多的领域内数据，然后重新开始整个过程。

1.3.2　NLP 应用的结构

　　基于机器学习的现代 NLP 应用的结构正变得惊人的相似，这主要有两个原因：第一个原因是，大多数现代 NLP 应用在某种程度上都依赖于机器学习，它们应遵循机器学习应用的最佳实践。第二个原因是，由于神经网络模型的出现，正如 1.1.4 节提到的，许多 NLP 任务，包括文本分类、机器翻译、对话系统和语音识别，现在都可以进行端到端训练。过去有些任务需要几十个组件和复杂的流水线。但是现在，如果有足够的数据来端到端训练模型，这些任务用不到 1000 行 Python 代码就能解决。

　　图 1.10 说明了一个现代 NLP 应用的典型结构。其中有两个主要的基础设施：训练基础设施和服务基础设施。训练基础设施通常是离线的，其目的是训练 NLP 应用所需要的机器学习模型。它将训练数据转换为流水线可以处理的数据结构，然后处理数据和提取特征。这部分会因任务的不同而变化很大。最后，如果模型是一个神经网络模型，则需要将数据批量喂给模型，再进行优化处理以使其损失值最小。如果你看不懂上一句话，不要担心——我们将在第 2 章讨论神经网络用到的技术术语。之后将训练得出的模型序列化并存储起来，以传递给服务基础设施。

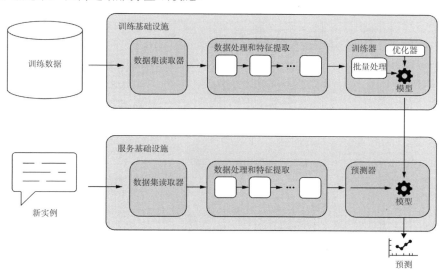

图 1.10　NLP 应用的典型结构

---

　　1 译者注：超领域数据是指在训练机器学习模型时，模型没有接触到的数据。如果训练的数据只来自一个特定的领域，而在实际应用中遇到的数据来自另一个领域，那么这些数据就被认为是超领域数据。例如，如果你的机器学习模型是用医学数据训练的，但在实际应用中要处理的数据来自金融领域，则这些金融领域的数据就是超领域数据。超领域数据可能会影响模型的性能，因为模型没有从训练数据中学习到超领域数据的特征和模式。

服务基础设施的工作是，接受新的实例，得出预测结果(如分类、标记[1]或翻译)。服务基础设施的前两部分与训练基础设施类似。应该这么说，你必须保持服务基础设施的数据集读取器、数据处理和特征提取这两部分的处理方式与训练基础设施一样。如果不一样，会导致模型在训练时表现良好，但在生产环境中表现不佳，这个问题称为训练-服务偏差(training-serving skew)。实例经过这两部分处理后，会被输入训练好的模型并得出预测结果。第 11 章将更详细地介绍 NLP 应用的设计。

1.4 本章小结

- NLP 是 AI 的一个子领域，它指的是处理、理解和生成人类语言的计算方法。
- NLP 面临的挑战之一是自然语言中的歧义，包括语法歧义和语义歧义。
- 哪里有文本，哪里就有 NLP。许多科技公司使用 NLP 从大量的文本中获取信息。典型的 NLP 应用包括机器翻译、语法更正、搜索引擎和对话系统。
- NLP 应用以迭代的方式开发，不过最重要的还是研究阶段。
- 许多现代 NLP 应用都十分依赖于机器学习(ML)，并且在结构上与机器学习系统相似。

---

1 译者注：这里的"标记"英文为 tag。

第 *2* 章
你的第一个 NLP 应用

本章涵盖以下主题：
- 使用 AllenNLP 构建情感分析器
- 基本的机器学习概念(数据集、分类和回归)
- 神经网络的概念(词嵌入、循环神经网络、线性层)
- 通过减少损失值来训练模型
- 评估和部署模型

1.1.2 节介绍了什么样的应用不是 NLP 应用。本章将讨论如何以一种更通用、更现代化的方式进行自然语言处理。具体来说，我们想用神经网络构建一个情感分析器。尽管我们将要构建的情感分析器很简陋，最核心的工作是交给现成第三方库(AllenNLP)处理的，但它仍然是一个成熟的、可用于现实中的 NLP 应用，它涵盖了现代 NLP 和机器学习的许多基本组件。我会在构建该应用的过程中介绍一些重要的术语和概念。如果你一开始并不理解这些概念，也不需要担心。我们会在后面重复讲解本章介绍的大多数概念。

2.1　情感分析简介

回到 1.1.2 节的场景，你希望从在线调查结果中得知用户对产品是好评还是差评。你手头有一组开放式回答的文本数据，但漏掉了"你对产品是好评还是差评？"这个问题的直接答案，所以你想基于这些文本数据恢复这个答案。这种任务称为情感分析，是一种对文本主观信息进行自动识别和分类的文本分析技术。该技术广泛用于以非结构化方式编写的、难以量化的文本，包括调查问卷、评论和社交媒体帖子等。通过该技术，可以对文本的观点、情感进行分类，使其得以量化。

在机器学习中，分类是指将某样东西归为一组预定义的、离散的类别。情感分析最基本的任务之一就是对极性进行分类，即所表达的观点是积极的、消极的还是中性的。你可以使用 3 个以上的类，如强积极、积极、中性、消极或强消极。如果你使用过 Amazon 等网站，会看到人们可以用星星数表示的 5 分比例来评论东西，这也属于极性分类。

极性分类是句子分类任务的一种。还有一种句子分类任务是垃圾邮件过滤，这类任务的每个句子将被分为两类——垃圾邮件或非垃圾邮件。如果只有两个类，则称为二分类(binary classification)。如果有两个以上的类(如 5 星分类系统)，则称为多分类(multiclass classification)。

当预测结果是一个连续值而不是离散类别时，称为回归。如果想根据房子的邻居、卧室和浴室的数量、面积等因素预测房子的价格，因为房价是连续值，所以这是一个回归问题。如果你试图根据从新闻和社交媒体帖子中收集到的信息预测股价，股价也是连续值，所以这也是一个回归问题(免责声明：我并没有说这种方法适合预测股价。我甚至不确定它是否有效)。正如我前面提到的，大多数语言单位，如字符、单词和词性标注，都是离散的。因此，机器学习在 NLP 中的大多数应用都是分类问题，而不是回归问题。

注意：有一种广泛使用的统计模型称为逻辑回归(logistic regression)，但是通常用于分类，虽然它的名字带有"回归"二字。是的，我知道这点很令人困惑！

许多现代 NLP 应用，包括将在本章构建的情感分析器(见图 2.1)，都是基于监督机器学习(supervised machine learning)范式构建的。监督机器学习是机器学习的一种类型，其中算法用带有监督信号(即单个输入对应的期望结果)的数据进行训练。这类算法的训练方式，是将输出结果值尽可能靠近监督信号值。对于情感分析，意味着系统要在包含每个输入句子所需标签的数据上进行训练，这就引入了一个新概念——NLP 的数据集。

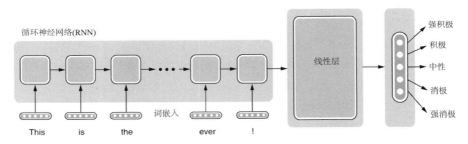

图 2.1　情感分析的工作流水线

2.2　NLP 的数据集

如前所述，许多现代 NLP 应用是使用监督机器学习开发的，其算法是基于带有期望结果注解的数据训练得出的，而不是如 1.1.2 节那样使用人工编写规则。数据是机器学习的关键部分，了解它如何组织以及如何与机器学习算法一起使用很重要。

2.2.1　什么是数据集

数据集这个概念很简单，就是指数据的集合。如果你熟悉关系数据库，可以把数据集看作表的转储。它由遵循相同格式的数据片段组成。每一段数据对应数据库术语中的一条记录，或表中的一行。一条记录可以包括任意数量的字段，对应于数据库中的列。

在 NLP 应用中，数据集的记录通常是某种类型的语言单位，如单词、句子或文档。自然语言文本的数据集又称为语料库(corpus)。假设有一个用于垃圾邮件过滤的数据集，其中的每条记录都由一段文本和一个标签组成，文本是来自电子邮件的一个句子或一个段落，标签指定文本是否为垃圾邮件。这里的文本和标签都称为每条记录的字段。

一些 NLP 数据集和语料库具有更复杂的结构。例如，一个数据集可能包含一组句子，其中每个句子都包含了详细的语言信息注解，如词性标注、句法解析树、依赖结构和语义角色。如果一个数据集包含一组带有句法解析树注解的句子，则该数据集又称为树库(treebank)。最著名的例子是 Penn 树库(Penn Treebank，PTB)，它一直是训练和评估 NLP 任务(如词性标注和句法解析)的实际标准数据集。

还有一个与记录密切相关的术语就是实例(instance)。在机器学习中，实例是指进行预测的基本单元。例如，在前面提到的垃圾邮件过滤任务中，一个实例是指一个文本片段，因为预测(垃圾邮件或非垃圾邮件)是针对单个文本做出的。一个实例通常是指一个数据集中的记录，如垃圾邮件过滤任务，但情况并非总是如此。例如，使用树库训练一个把所有名词检测出来的 NLP 任务，这个任务中的实例就是每个单词而非句子，因为要预测每个单词是否为名词。最后，标签(label)是指附加在数据集中某个语言单位上的一条信息。还是以垃圾邮件过滤数据集为例，这里的标签用于指出每个文本是否为垃圾邮件。树库的每个词都可以有一个标签。在监督机器学习中，标签通常被用作训练信号(即训练算法的答案)。最后用图 2.2 描绘本节所讲内容的关系。

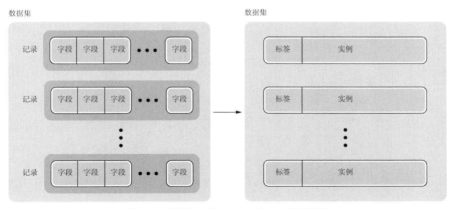

图 2.2　数据集、记录、字段、实例和标签

2.2.2　斯坦福情感树库

我们将使用斯坦福情感树库(Stanford Sentiment Treebank，SST；https://nlp.stanford.edu/sentiment/)构建一个情感分析器，SST 是目前使用最广泛的情感分析数据集之一。打开以上页面后，点击右侧“Dataset Downloads:”侧边栏中的“Train,Dev,Test Splits in PTB Tree Format”链接下载数据集。你会发现，SST 与其他数据集不同的一点是，不仅对句子分配了情感标签，还对句子中的每个单词和短语分配了情感标签。下面是数据集的部分

摘录:

```
(4
  (2 (2 Steven) (2 Spielberg))
    (4
      (2 (2 brings) (3 us))
      (4 (2 another) (4 masterpiece))))
(1
  (2 It)
  (1
    (1 (2 (2 's) (1 not))
    (4 (2 a) (4 (4 great) (2 (2 monster) (2 movie)))))
    (2 .)))
```

现在不需要关心细节，你也很难读懂这些细节——这些树是用 S-表达式编写的，人类很难阅读(除非你是 Lisp 程序员)。你只需要关心以下几点即可。

● 每个句子都标注有情感标签(第 1 行顶格的 4 和第 6 行顶格的 1)。
● 每个单词也都有标注，例如，(4 masterpiece)和(1 not)。
● 每个短语也都有标注，例如，(4(2 another)(4 masterpiece))。

这一点使我们能够研究单词和短语之间复杂的语义交互。以下面这个句子(这部电影实际上既不有趣，也不超级诙谐)为例，我们思考一下整个句子的极性。

The movie was actually neither that funny, nor super witty.

这个句子肯定是消极的，不过，如果你专注于个别的单词(如 funny、witty)，可能会被愚弄，认为它是积极的。如果你构建的分类器很简单，只是根据每个单词的极性"投票"(例如，如果句子的大部分单词是积极的，那么这个句子就是积极的)，就很难对这个例子进行正确分类。为了正确分类这个句子的极性，你需要理解否定句式"既不……也不(neither...nor)"的语义影响。因为标注齐全(对句子、单词、短语都有标注)，SST 已被用作可以捕捉句子句法结构的神经网络模型的标准基准(http://realworldnlpbook.com/ch2.html#socher13)。然而，在本章中，将忽略所有分配给内部短语的标签，只使用句子的标签。

2.2.3 训练集、验证集和测试集

在继续展示如何使用 SST 数据集并开始构建我们自己的情感分析器之前，我想先介绍几个机器学习的重要概念。在 NLP 和机器学习中，通常将数据集拆分成几部分来开发和评估模型。广泛使用的最佳实践是将数据集拆分成 3 部分——训练集、验证集和测试集。

训练集是用于训练 NLP/ML 模型的主要数据集。训练集的实例通常会直接输入机器学习训练流水线，以用于学习模型的参数。训练集通常是这 3 部分中最大的部分。

验证集(又称开发集)用于模型选择。模型选择是指在所有用训练集训练出的模型中选择合适的 NLP/ML 模型，那么为什么模型选择需要使用验证集呢？让我们考虑这样一种情况：你有两种机器学习算法 A 和 B，你想用它们训练一个 NLP 模型。你使用这两种算法得到了模型 A 和模型 B。那么，你如何得知哪个模型更好呢？

"这很容易，"你可能会说。"使用训练集对它们两个都进行评估。"这听起来像是个好主意。你可以使用训练集评估模型 A 和模型 B，看看它们在准确率等指标方面的表现。如果这个主意可行，那么，为什么还需要单独使用验证集来选择模型呢？

答案是过拟合(overfitting)——NLP 和机器学习中的另一个重要概念。过拟合是指训练得出的模型非常拟合训练集，以至于失去了泛化能力。我们以一个极端的例子来说明这一点。假设算法 B 是一个非常强大的算法，它能记住一切。可以将它想象成一个很大的关联数组(或 Python 中的 dict)，它可以存储曾经遇到过的所有实例和标签对。对于垃圾邮件过滤任务，这意味着模型在训练时将存储训练集的所有文本及其标签。在预测时，如果遇到训练集中完全相同的文本，将能够返回其对应的标签。如果所遇到的文本略有不同，那么模型就没有线索，因为它以前从未见过。

如果使用训练集评估这个模型，它会表现如何？答案是……是的，准确率 100%！因为该模型可以记住训练集的所有实例，所以它只需要"重播"整个数据集，就可以完美地进行分类。现在，如果把它安装在你的电子邮件软件上，这个算法会成为一个很好的垃圾邮件过滤器吗？绝对不会！因为无数的垃圾邮件看起来与现有的数据非常相似，但略有不同，或者是全新的，输入的电子邮件只要有一个字符不同，模型就没有线索，因此模型部署到生产环境后会毫无用处。换句话说，它的泛化能力很差(上线后准确率为 0)。

如何才能防止选择这样的模型呢？使用验证集！验证集的实例类型与训练集一样，不过实例内容与训练集不同。正因为独立于训练集，所以如果使用验证集运行训练出的模型，就能够很好地了解模型在训练集之外的表现。换句话说，验证集为模型的泛化能力提供了一个代理。想象一下，如果使用验证集验证前面那个"能够记住所有"的算法训练出的模型。由于验证集的实例与训练集的实例相似但并不相同，模型的准确率会非常低，因此你能够在把模型部署到生产环境之前就知道它的性能很差，而不是上线之后才知道。

验证集还可以用于调优超参数(hyperparameter)。超参数是指机器学习算法和模型开始训练之前设置的参数。例如，如果你要重复 N 次训练循环(又称 epoch，更多解释后文介绍)，这个 N 就是一个超参数。还有神经网络的层数，也是超参数。机器学习算法和模型通常有许多超参数，对它们进行调整以优化执行至关重要。你可以设置不同的超参数来训练出多个模型，然后使用验证集评估它们，以实现这一点。实际上，你可以将具有不同超参数的模型视为不同的模型，即使它们具有相同的结构，因此超参数调优也可以被认为是一种模型选择。

最后，将使用测试集来评估模型，测试集的数据是全新的、之前未见过的。测试集的实例与训练集、验证集都不同。它能让你很好地了解这个模型在"野外"的表现。

你可能想知道，为什么还需要另一个不同的数据集来评估模型的泛化能力。难道验证集还不够吗？你不应该仅仅依靠训练集和验证集来度量模型的泛化能力，因为你的模型可能会以一种微妙的方式过拟合验证集。这么讲不那么直观，这里举一个例子。想象一下，你正在疯狂地尝试大量不同的垃圾邮件过滤模型。你编写了一个自动训练垃圾邮件过滤模型的脚本。该脚本自动使用验证集以评估训练出的模型。你使用不同的算法和超参数组合运行这个脚本 1000 次，最终得到一个在验证集上性能最高的模型，它是否也会在全新的、之前未见过的实例上表现最好？可能不会。因为如果你尝试了大量的模型，那么可能有一些只是纯粹偶然在验证集上运行得很好(因为预测本身会带有一些噪声，和/或因为这些模型碰巧有一些特征，刚好吻合验证集，从而令它们表现得很好)，就不能保证这些模型在验证集以外的数据也能运行得很好。换句话说，模型可能过拟合验证集。

总而言之，在训练 NLP 模型时，使用训练集训练出候选模型，使用验证集选择好的模型，然后使用测试集评估它们。许多用于 NLP 和机器学习评估的公共数据集已经分好了训练集、验证集、测试集。如果你只有一个数据集，那么你可以自己将其拆分成这 3 个数据集。通常按 80∶10∶10 的比例进行拆分。图 2.3 描述了如何拆分训练集、验证集、测试集以及整个训练流水线。

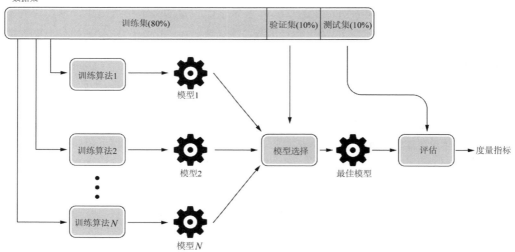

图 2.3　拆分训练集、验证集、测试集和训练流水线

2.2.4　使用 AllenNLP 加载 SST 数据集

最后，我们看看如何在代码中加载 SST 数据集。在本章的剩余部分，假设你已经通过以下方式安装了 AllenNLP(版本 2.5.0)和相应版本的 allennlp-models 包：

```
pip install allennlp==2.5.0
pip install allennlp-models==2.5.0
```

并导入了所需要的类和模块：

```
from itertools import chain
from typing import Dict

import numpy as np
import torch
import torch.optim as optim
```

```
from allennlp.data.data_loaders import MultiProcessDataLoader
from allennlp.data.samplers import BucketBatchSampler
from allennlp.data.vocabulary import Vocabulary
from allennlp.models import Model
from allennlp.modules.seq2vec_encoders import Seq2VecEncoder,
    PytorchSeq2VecWrapper
from allennlp.modules.text_field_embedders import TextFieldEmbedder,
    BasicTextFieldEmbedder
from allennlp.modules.token_embedders import Embedding
from allennlp.nn.util import get_text_field_mask
from allennlp.training import GradientDescentTrainer
from allennlp.training.metrics import CategoricalAccuracy, F1Measure
from allennlp_models.classification.dataset_readers.stanford_sentiment_
    tree_bank import \
        StanfordSentimentTreeBankDatasetReader
```

遗憾的是，在撰写本书时，AllenNLP 尚未正式支持 Windows 系统。但不用担心——本章所有代码(以及本书所有代码)都可以在 Google Colab 笔记本(http://www.realworldnlpbook.com/ch2.html#sst-nb)上运行，你可以通过 Google Colab 运行和修改代码，以查看结果。

你还需要定义以下两个常量：

```
EMBEDDING_DIM = 128
HIDDEN_DIM = 128
```

AllenNLP 支持通过 DatasetReader 抽象方法从原始格式(包括原始文本或某些基于 XML 的奇异格式)读取数据集，然后以实例集合的格式返回。这里将使用专门用于读取 SST 数据集的 StanfordSentimentTreeBankDatasetReader()方法，具体代码如下所示。

```
reader = StanfordSentimentTreeBankDatasetReader()
train_path = 'https:/ /s3.amazonaws.com/realworldnlpbook/data/
    stanfordSentimentTreebank/trees/train.txt'
dev_path = 'https:/ /s3.amazonaws.com/realworldnlpbook/data/
    stanfordSentimentTreebank/trees/dev.txt'
```

以上代码将创建 SST 数据集读取器，并定义训练集和验证集文件路径。

2.3　使用词嵌入

我们将从本节开始为情感分析器构建神经网络架构(architecture)。神经网络架构只是神经网络结构的另一个说法。第一步是弄清楚如何将输入(例如用于情感分析的句子)输入网络中。

如前所述，NLP 中的一切都是离散的，这意味着形式和意义之间没有可预测的关系(回想一下前面讲过的"rat"和"sat")。另一方面，神经网络最擅长处理一些数值和连续的数据，这意味着神经网络中的所有数据都需要是浮点数。如何在离散和连续这两个世界之间"架起桥梁"？关键就是使用词嵌入。

2.3.1   什么是词嵌入

词嵌入(word embedding)是现代 NLP 中最重要的概念之一。从技术角度讲,嵌入(embedding)是指用连续向量表示离散的数据。词嵌入就是指用连续向量表示离散的单词。如果你不熟悉向量这个概念,可以把向量理解为一维数组。简单地说,词嵌入就是使用一个包含了 300 个(或其他大小)元素的数组来表示每个单词。看!词嵌入的概念非常简单!那么,为什么它在现代 NLP 中如此重要和流行呢?

正如第 1 章所提到的,NLP 的历史实际上是与语言的“离散性”持续斗争的历史。在计算机看来, “cat”(猫)并不比“dog”(狗)更接近“pizza”(比萨)。以编程方式处理离散单词的一种方法是按照如下方式为每个单词分配索引(这里简单地按字母顺序分配索引)。

- index("cat") = 1
- index("dog") = 2
- index("pizza") = 3
- ...

我们通常用一个查找表管理这些分配。一个 NLP 应用或任务所使用的整个有限的单词集称为词表(vocabulary)。但这种方法并不比直接处理原始单词好多少。虽然现在使用了数字表示单词,但并不意味着可以对它们进行算术运算然后得出结论: “cat”和“dog”(1 和 2)的区别与“dog”和“pizza”(2 和 3)的区别是一样的。这些索引仍然是离散和随意的。

“那么能否使用数值标尺表示它们呢?”一些 NLP 研究人员在几十年前就想到了这点。如果使用一种数值标尺,将单词表示为点,这样语义上更接近的单词(如“cat”和“dog”都是动物)在几何上也会更接近吗?这种数值标尺从概念上讲应该像图 2.4。

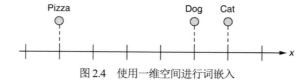

图 2.4   使用一维空间进行词嵌入

我们向前迈进了一步。现在可以表示这样一个事实: “cat”和“dog”比“pizza”更相似。但是, “pizza”还是更接近“dog”,而不是“cat”。说到这里,你是否会想到应该把“pizza”放在离“cat”和“dog”同样远的地方?这样的话,只有一个维度很难做到。于是如图 2.5 所示再添加一个维度。

现在好多了!因为计算机非常擅长处理多维空间(因为只需要用数组表示点即可),所以你可以很轻松地继续加维度,直到加够为止。接下来我们尝试加到 3 个维度。在这个三维空间中,可以按如下方式表示这 3 个单词(见图 2.6)。

- vec("cat") = [0.7, 0.5, 0.1]
- vec("dog") = [0.8, 0.3, 0.1]

- `vec("pizza") = [0.1, 0.2, 0.8]`

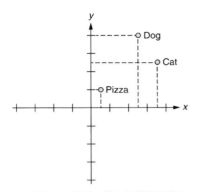
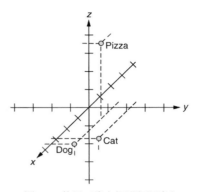

图 2.5　使用二维空间进行词嵌入　　　图 2.6　使用三维空间进行词嵌入

这里的 x 轴[单词数组中的第一个元素，即 vec("cat")中的 0.7]表示了"动物性"的概率，而 z 轴(第三个维度)对应于"食物性"(具体数字我是随便编的，不过应该不影响理解)。这本质上就是词嵌入。现在把这些词嵌入三维空间中了。通过使用这些向量，你已经"知道"语言的基本构建块如何工作。例如，如果你想识别一个单词是否为动物(如"cat"是否为动物)，只需要查看单词向量里的第一个元素，看看这个值是否足够高。与原始的单词索引相比，这是一个伟大的进步！

你可能想知道这些数字在实践中是怎么来的。这些数字实际上是通过一些机器学习算法和大型文本数据集"学习"得来的。第 3 章将进一步讨论这点。

当你无法获得这些具体数字时，那该怎么办？这里刚好顺便说一下，还有一种更简单的方法可以将单词"嵌入"多维空间。想象一下，有这么一个多维的空间，维度多到和单词的数量一样。然后，给每个单词分配一个向量，向量中充满了 0，只有一个值是 1，具体如下。

- `vec("cat") = [1, 0, 0]`
- `vec("dog") = [0, 1, 0]`
- `vec("pizza") = [0, 0, 1]`

注意，在某个维度上，只有一个单词的值为 1，其他单词的值都为 0。这种特殊的方法称为独热向量(one-hot vector)编码。这种方法在表示单词之间的语义关系方面并不是很有用——这 3 个单词之间的距离都是相等的——但仍然是一种词嵌入方法(虽然非常愚蠢)。无法获得具体数字时，可以使用这种方法。

2.3.2　如何在情感分析中使用词嵌入

我们首先创建数据集加载器，以加载数据并将其传递给训练流水线，具体代码如下所示(本章后面将对这些数据进行更多讨论)。

```
sampler = BucketBatchSampler(batch_size=32, sorting_keys=["tokens"])
train_data_loader = MultiProcessDataLoader(reader, train_path,
```

```
                                            batch_sampler=sampler)
   dev_data_loader = MultiProcessDataLoader(reader, dev_path,
                                            batch_sampler=sampler)
```

AllenNLP 提供了一个很有用的 Vocabulary 类(对应着前面的词表)，我们可以用它管理语言单位(如字符、单词和标签)与它们的 ID 之间的映射。可以用以下代码从数据实例中创建 Vocabulary 类实例。

```
   vocab = Vocabulary.from_instances(chain(train_data_loader.iter_instances(),
                                            dev_data_loader.iter_instances()),
                                     min_count={'tokens': 3})
```

然后，你需要初始化一个 Embedding 实例，该实例负责词嵌入，如以下代码所示。Embedding 实例的尺寸(维度)为 EMBEDDING_DIM：

```
   token_embedding = Embedding(num_embeddings=vocab.get_vocab_size('tokens'),
                               embedding_dim=EMBEDDING_DIM)
```

最后，你需要将 token_embedding 传递给 BasicTextFieldEmbedder：

```
   word_embeddings = BasicTextFieldEmbedder({"tokens": token_embedding})
```

现在你可以使用 word_embeddings 将单词(或者更准确地说，是词元，将在第 3 章详细讨论)进行词嵌入。

2.4 神经网络

越来越多的现代 NLP 应用使用神经网络构建。你可能已经见过现代神经网络模型可以在计算机视觉和游戏领域实现许多令人惊叹的事情(例如自动驾驶汽车和围棋算法击败人类冠军)，NLP 也不例外。我们将使用神经网络处理本书要构建的大多数 NLP 示例和应用。本节将讨论什么是神经网络以及为什么神经网络会如此强大。

2.4.1 什么是神经网络

神经网络是现代 NLP(以及许多其他相关的人工智能领域，如计算机视觉)的核心。这是一个如此重要、庞大的研究课题，以至于需要一本书(甚至几本书)才能完全解释它是什么以及所有相关的模型、算法等。本节将简要解释它的要点，然后在后面的章节介绍更多细节。

简而言之，神经网络(又称人工神经网络)是一种通用的数学模型，它将一个向量转换为另一个向量。是的，简单到仅此而已。它的本质很简单，并没有媒体上所说的那样复杂。如果你熟悉编程术语，可以把它看作一个函数，它接收一个向量，在内部进行一些计算，并生成另一个向量作为返回值。那么，为什么它会如此强大？它与编程中的普通函数有什么不同？

第一个区别是，神经网络是可训练的。不要把它看作一个固定的函数，而是看作一组相关函数的"模板"。如果用一种编程语言编写一个函数，该函数包含了多个带有一些常量的数学方程，那么每次输入相同的数据，总是会得到相同的结果。而神经网络则不同，神经网络可以接受"反馈"(实际输出与你想要的输出有多接近)，并调整它们的内部常量。这些"魔术"常量称为权重(weight)，或者更宽泛地说，称为参数(parameter)。你会期望调整之后，下次运行该函数时，它的答案更接近你想要的结果。

第二个区别是它的数学能力。想象一下让你用你最喜欢的编程语言编写一个函数来实现情感分析，这个函数将会很复杂(还记得第 1 章那个倒霉的软件工程师吗)。理论上，只要有足够的算力和数据，神经网络是能够近似实现任何连续函数的。这意味着，无论问题是什么，如果输入和输出之间确实存在关系，然后算力和数据管够，神经网络都可以解决这个问题。

神经网络通过学习非线性函数来实现这一点。非线性函数是什么意思呢？对于线性函数，如果你改变了输入 x，输出总是以 $c \cdot x$ 的方式变化，其中 c 是一个常数。例如，$2.0 \cdot x$ 是线性的，因为如果你将 x 增加或减少 1.0，则返回值总是会增加或减少 2.0。如果你把它绘制在一个图上，输入和输出之间的关系就会形成一条直线，这就是称为线性的原因了。换一个例子，$2.0 \cdot x \cdot x$ 就不是线性的，因为返回值的变化程度不仅取决于 x 的变化程度，还取决于 x 的值。

从以上两个例子可以看到，线性函数不能捕获输入和输出之间以及输入变量之间更复杂的关系。而语言等自然现象是高度非线性的。如果改变输入 x(如句子中的一个词)，输出的变化程度不仅取决于 x 的变化程度，还取决于许多其他因素，如 x 本身的值(改变了 x 的时候)和其他变量(改变了 x 的上下文时)。神经网络通过学习非线性函数，有潜力捕捉这种复杂的相互作用。

2.4.2　循环神经网络和线性层

对于情感分析来说，有两个很重要的神经网络概念——循环神经网络(Recurrent Neural Networks，RNN)和线性层(linear layers)。我将在后面详细解释它们，这里先简要描述它们是什么以及它们在情感分析(或更宽泛地说，文本分类)中的作用。

RNN 是一个具有如图 2.7 所示的循环结构的神经网络。它有一个会一次又一次地应用于输入的内部结构。使用编程类比，它就像一个包含了"for 单词 in 句子"循环的函数，这个函数将循环处理句子中的每一个单词。它可以输出循环的内部变量的中间值，也可以输出循环完成后的变量的最终值，或者两者都输出。如果只取最终值，则可以使用 RNN 作为函数，将句子转换为具有固定长度的向量。在许多 NLP 任务中，可以使用 RNN 将句子转换为句子的嵌入。还记得词嵌入吗？它们是固定长度的单词表示。类似地，RNN 也可以产生固定长度的句子表示。

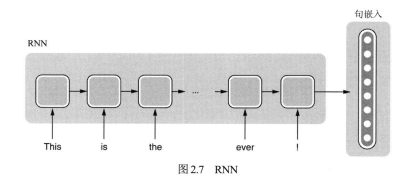

图 2.7 RNN

这里将使用的另一种神经网络组件是线性层。线性层，又称为全连接层(fully connected layer)，以线性方式将一个向量转换为另一个向量。正如前面提到的，层只是神经网络子结构的更高级术语，因为你可以将它们堆叠在一起形成一个更大的结构。

神经网络可以学习输入和输出之间的非线性关系。为什么要使用更受限制的线性层呢？线性层可以通过降低(或增加)维数来压缩(或不太常见的扩展)向量。例如，假设你从一个 RNN 接收一个 64 维向量(一个包含 64 个浮点数的数组)作为一个句子的嵌入，但是你只关心一小部分对你的预测至关重要的值。在情感分析中，你可能只关心与 5 个不同情感标签相对应的 5 个值，即强积极、积极、中性、消极和强消极。但是你不知道如何从 64 个嵌入值中提取这 5 个值。这正是线性层派上用场的地方——你可以添加一个将 64 维向量转换为五维向量的层，如图 2.8 所示。

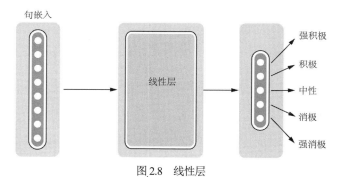

图 2.8 线性层

2.4.3 情感分析的神经网络架构

好，现在所有相关概念都讲完了，可以整合这些组件为情感分析器构建神经网络了。首先，需要按如下方式创建 RNN：

```
encoder = PytorchSeq2VecWrapper(
    torch.nn.LSTM(EMBEDDING_DIM, HIDDEN_DIM, batch_first=True))
```

你不需要太关心 PytorchSeq2VecWrapper 和 batch_first=True。你只需要知道你创建了一个 RNN，或者更具体地说，是 RNN 中的一类：LSTM (Long Short-Term Memory，长

短期记忆)。输入向量的尺寸为之前看到过的 EMBEDDING_DIM，输出向量的尺寸为 HIDDEN_DIM。

接下来，你需要创建一个线性层，具体代码如下所示。

```
self.linear = torch.nn.Linear(in_features=encoder.get_output_dim(),
                              out_features=vocab.get_vocab_size('labels'))
```

输入向量的尺寸由 in_features 定义，而输出向量的尺寸由 out_features 定义。我们先从词表(vocab)获得标签的总数，然后传给 features(对应代码 out_features=vocab.get_vocab_size('labels'))，在我们的示例中，对应 5 个情感标签。

最后，可以连接这些组件来构建模型，如代码清单 2.1 所示。

代码清单 2.1　构建一个情感分析器模型

```
class LstmClassifier(Model):
    def __init__(self,
                 word_embeddings: TextFieldEmbedder,
                 encoder: Seq2VecEncoder,
                 vocab: Vocabulary,
                 positive_label: str = '4') -> None:
        super().__init__(vocab)
        self.word_embeddings = word_embeddings

        self.encoder = encoder

        self.linear = torch.nn.Linear(in_features=encoder.get_output_dim(),

    out_features=vocab.get_vocab_size('labels'))          定义损失函数
                                                          (交叉熵)
        self.loss_function = torch.nn.CrossEntropyLoss() ◄

    def forward(self,                                      ◄
                tokens: Dict[str, torch.Tensor],           forward()函数是模型中
                label: torch.Tensor = None) -> torch.Tensor:  大部分计算发生的地方
        mask = get_text_field_mask(tokens)

        embeddings = self.word_embeddings(tokens)
        encoder_out = self.encoder(embeddings, mask)
        logits = self.linear(encoder_out)

        output = {"logits": logits}
        if label is not None:
            self.accuracy(logits, label)               计算损失值，并将其分配给
            self.f1_measure(logits, label)             返回 dict 的 "loss" 键
            output["loss"] = self.loss_function(logits, label)

        return output
```

我希望你专注于 forward()函数，这是每个神经网络模型中最重要的函数。它的作用是获得输入数据，并将输入数据传递给神经网络的子组件以产生输出。虽然这个函数具有一些我们尚未讲过的陌生逻辑(如代码清单 2.1 中的 mask 和 loss 变量)，但这里只需要

了解：通过 forward()函数，可以把模型的子组件(词嵌入、RNN 和线性层)串联起来，从而能够将输入(词元序列)转换为 logit。logit 是统计学中的一个术语，但这里不关心它的定义，只需要把它看作分类标签的得分。一个分类标签的得分越高，就意味着模型认为预测结果属于这个分类的概率越大。

2.5　损失函数及优化器

神经网络使用监督学习进行训练。如前所述，监督学习是机器学习的一种，它基于大量标签数据学习将输入映射到输出的函数。到目前为止，我只讲述了神经网络如何接受输入和产生输出。那么怎样才能让神经网络产生我们真正想要的输出呢？

如前所述，神经网络跟编程中的普通函数不一样，神经网络是可训练的。这意味着神经网络通过接收反馈改变内部参数，从而产生更准确的输出，即使下次的输入相同。认真分析前面这句话，我们发现主要有两部分——接收反馈和调整参数，这两部分分别通过损失函数和优化完成，接下来将解释这两部分。

损失函数(loss function)是一个计算机器学习模型的实际输出与期望输出差距有多少的函数。实际输出和期望输出之间的差异称为损失值(loss)。在某些场景下，损失值又称为代价(cost)。不管是什么场景，损失值越大，情况就越糟，因此你希望它尽可能接近 0。以情感分析为例，如果模型预测一个句子是 100%消极的，但训练数据说它是强积极的，那么损失值就会很大。另一方面，如果模型预测一个句子有 80%的可能是消极的，而训练数据表明它确实是消极的，损失值就会很小。如果两者完全匹配，则损失值为 0。

PyTorch 提供了很多计算损失值的函数。这里需要的是交叉熵损失(cross-entropy loss)函数，它通常用于分类问题，具体代码如下所示。

```
self.loss_function = torch.nn.CrossEntropyLoss()
```

然后通过如下代码传递预测结果和训练数据的标签：

```
output["loss"] = self.loss_function(logits, label)
```

然后神经网络就开始变魔术了。如 2.4.1 节所述，神经网络将利用它强大的数学能力，根据反馈改变内部参数，以降低损失值。在接收到很大的损失值时，神经网络会说："哦，对不起，这是我的错，但下一轮我会做得更好！"然后改变其参数。还记得 2.4.1 节提到的带有"魔术"常量的函数吗？神经网络的行为就像这个函数一样，但它确切地知道如何改变"魔术"常量来降低损失值。它们对训练数据中的每个实例都这样做，从而得以利用尽可能多的实例来产生正确答案。当然，只调整一次参数是不能得到完美答案的。需要调整多轮参数，这里的"轮"对应英文为 epoch。图 2.9 展示了神经网络的整体训练过程。

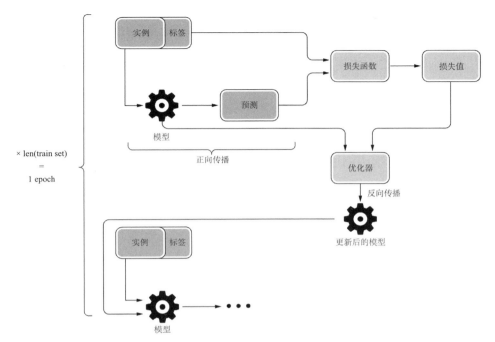

图 2.9　神经网络的整体训练过程

神经网络使用当前参数集计算输入输出的过程称为正向传播(forward pass)[1]。这就是为什么代码清单 2.1 中的主要函数称为 forward()。将损失值反馈给神经网络的过程称为反向传播(backpropagation)。我们通常使用随机梯度下降(Stochastic Gradient Descent，SGD)算法来最小化损失值。这个损失值最小化的过程称为优化(optimization)，用于实现这一过程的算法(如 SGD)称为优化器(optimizer)。可以按照如下代码使用 PyTorch 初始化一个优化器：

```
optimizer = optim.Adam(model.parameters())
```

在以上代码中，使用的是一种称为 Adam 的优化器。神经网络社区提出了许多类型的优化器，但目前的共识是没有一种优化算法可以适用于任何问题[2]，因此你应该为自己的问题试验多种优化算法。

本节讲的技术术语有点多。不过现在不需要知道这些术语的细节，只需要知道这些术语的大致含义就足够了。如果你用 Python 伪代码编写整个训练过程，那么代码将如代码清单 2.2 所示。注意，这里有两个嵌套循环，一个围绕 epoch，另一个围绕训练集实例。

代码清单 2.2　神经网络训练循环的伪代码

```
MAX_EPOCHS = 100
model = Model()
```

---

1 译者注：又称前向传播、前馈传播，所以后文提到的前馈和这里的 forward 是同一个词、同一个意思。

2 译者注：这种现状的专业术语称为没有免费的午餐(No Free Lunch)。

```
for epoch in range(MAX_EPOCHS):
    for instance, label in train_set:
        prediction = model.forward(instance)
        loss = loss_function(prediction, label)
        new_model = optimizer(model, loss)
        model = new_model
```

2.6　训练你自己的分类器

本节将使用 AllenNLP 的训练框架训练我们自己的分类器，还将讨论批量处理的概念，这是一个用于训练神经网络模型的重要实用概念。

2.6.1　批量处理

讲到这里，我发现我们还差一个细节没讲——批量处理(batching)。我们假设每个实例都会发生一个优化步骤，正如代码清单 2.2 所示。然而，在实践中通常会将许多实例组合在一起，然后将它们提供给神经网络，按组更新模型参数，而不是按每个实例更新。我们将这个做法称为批量处理，这些实例的组称为批量(batch)。

批量处理是个好主意，原因有两个。第一个是稳定性更高。任何数据都可能有噪声。你的数据集可能有采样和标签错误。如果你按每个实例来更新模型参数，一旦某些实例带有错误，更新受到噪声的影响将会比较大。如果你将实例分组按批量(而非单个实例)更新模型参数，并计算整个批量的损失值，那么可以将错误"平均"，给予模型的反馈将更稳定。

第二个原因是速度更快。训练神经网络需要大量的算术运算，如矩阵的加法和乘法，而且通常是在 GPU(Graphics Processing Unit，图形处理单元)完成的。因为 GPU 的设计使我们可以并行处理大量的算术运算，所以如果能够一次性传递大量的数据进行处理，而不是逐个传递实例逐个处理，效率会更高，速度会更快。我们可以把 GPU 想象成海外工厂，一个根据你要求的规格生产产品的工厂。因为工厂在海外，所以在沟通和运输产品上面的开销不小，因此要生产同样数量的产品时，如果每次生产产品的数量越多，次数将会越少，在沟通和运输产品上面的总开销将会越少，效率会更高。

通过使用 AllenNLP，很容易就能将实例分组为批量。该框架将使用 PyTorch 负责接收实例和返回批量的 DataLoader 抽象。我们将使用 BucketBatchSampler 将实例分组到长度相似的桶(bucket)中，如以下代码所示。将在后面章节讨论为什么它很重要。

```
sampler = BucketBatchSampler(batch_size=32, sorting_keys=["tokens"])
train_data_loader = MultiProcessDataLoader(reader, train_path,
    batch_sampler=sampler)
dev_data_loader = MultiProcessDataLoader(reader, dev_path,
    batch_sampler=sampler)
```

以上代码中的参数 batch_size 用于指定批量处理的大小(每个批量的实例数)。在调整这个参数时，通常会有一个"最佳点"。它不能太小，太小就失去了批量处理的意义，但也不能太大，要匹配 GPU 的内存大小，就像工厂每次生产产品也是有最大数量限制的。

2.6.2　把所有组件整合在一起

现在一切都准备好了，可以开始训练情感分析器了。我们假设你已经使用如下代码来定义和初始化了你的模型。

```
model = LstmClassifier(word_embeddings, encoder, vocab)
```

可以点击(http://www.realworldnlpbook.com/ch2.html#sst-nb)查看模型和如何使用它。

我们将使用 AllenNLP 的 Trainer 类作为一个框架将所有组件整合在一起，并管理训练流水线，具体代码如下。

```
trainer = GradientDescentTrainer(
    model=model,
    optimizer=optimizer,
    data_loader=train_data_loader,
    validation_data_loader=dev_data_loader,
    patience=10,
    num_epochs=20,
    cuda_device=-1)

trainer.train()
```

通过指定以上代码中的 GradientDescentTrainer 参数，将模型(model)、优化器(optimizer)、训练集(data_loader)、验证集(validation_data_loader)以及你希望提供给训练器和调用 train 方法的轮数(num_epochs)提供给训练流水线。最后一个参数 cuda_device 用于告诉训练器使用哪个设备(CPU 或 GPU)进行训练。这里显式指定使用 CPU。然后将调用 trainer.train()运行代码清单 2.2 所描述的神经网络训练循环，并显示进度和评估指标。

2.7　评估分类器

在训练 NLP/ML 模型时，应始终监控损失值随时间的变化。如果训练按照期望的那样工作，应该会看到损失值随着时间的推移而降低。它不会每个时间段都降低，但作为总体趋势它应该是降低的，这就是优化器要做的工作。如果总体趋势在增加或显示了奇怪的值(如 NaN)，通常表明模型有缺陷，或者代码有 bug。

除了损失值，其他评估指标也很重要。因为损失值较小并不总能保证 NLP 任务的性能更好，损失值只能度量模型和答案之间的接近程度，不能度量其他。

根据 NLP 任务的性质，可以使用的评估指标有很多，但无论是什么任务，都需要准确率、查准率、查全率和 F-度量等指标。粗略地说，这些指标度量的是模型的预测结果与数据集定义的期望答案匹配的精确程度。这里只需要知道它们能用来度量分类器有多好就足够了(更多细节见第 4 章)。

要使用 AllenNLP 在训练过程中监控和报告评估指标，你需要在模型类中实现

get_metrics()方法，该方法返回一个字典(dict)，其中包含指标名称及其值，如代码清单 2.3
所示。

代码清单 2.3 定义评估指标

```
def get_metrics(self, reset: bool = False) -> Dict[str, float]:
    return {'accuracy': self.accuracy.get_metric(reset),
            **self.f1_measure.get_metric(reset)}
```

然后在 __init__()中定义 self.accuracy 和 self.f1_measure：

```
self.accuracy = CategoricalAccuracy()
self.f1_measure = F1Measure(positive_index)
```

当你使用定义好的指标运行 trainer.train()后，将会看到类似下面的进度条，每一轮之
后都会显示：

```
accuracy: 0.7268, precision: 0.8206, recall: 0.8703, f1: 0.8448, batch_loss:
    0.7609, loss: 0.7194 ||: 100%|##########| 267/267 [00:13<00:00, 19.28it/s]
accuracy: 0.3460, precision: 0.3476, recall: 0.3939, f1: 0.3693, batch_loss:
    1.5834, loss: 1.9942 ||: 100%|##########| 35/35 [00:00<00:00, 119.53it/s]
```

你可以看到，训练框架同时报告了训练集和验证集的这些指标。这不仅可用于评估
模型，而且可用于监控训练的进展。如果看到任何不寻常的值，如极低或极高的数字，
你就知道出问题了，不需要等到训练完成。

你可能已经发现，上面显示的结果中，第一行的训练集的指标和第二行的验证集的
指标差距很大。具体来说，训练集的指标比验证集的指标要高得多。这是过拟合的常见
症状，我之前提到过，过拟合是指模型非常拟合训练集，以至于失去了对训练集以外的
数据的泛化能力。这就是为什么使用验证集来监控指标也很重要，因为只看训练集指标
无法知道模型是真的优秀还是过拟合！

2.8 部署应用

制作自己的 NLP 应用的最后一步就是部署。行百里半九十，训练出自己的模型只完
成了一半。你需要将模型部署上线才能让它对从未见过的新实例进行预测。在现实工作
中的 NLP 应用，确保模型能够正常服务于预测至关重要，而且这个阶段可能需要很多开
发工作。本节将展示如何部署前面使用 AllenNLP 训练出的模型。第 11 章还会进行更详
细的讨论。

2.8.1 进行预测

你的模型要对从未见过的新实例(称为测试实例)进行预测，则需要将测试实例传给与
训练时相同的神经网络流水线。这个流水线必须完全相同——如果不同，预测结果将会
有偏差的风险。术语称为训练-部署偏差(training-serving skew)，第 11 章将会解释。

对此，AllenNLP 提供了 Predictor 抽象类，它的工作是接收原始形式(如原始字符串)

的输入，将其传给预处理和神经网络流水线，然后返回预测结果。我专门为 SST 编写了一个预测器 SentenceClassifierPredictor(www.realworldnlpbook.com/ch2.html#predictor)，你可以使用如下代码调用它：

```
predictor = SentenceClassifierPredictor(model, dataset_reader=reader)
logits = predictor.predict('This is the best movie ever!')['logits']
```

注意，这个预测器会返回模型的原始输出(本例中为 logits 变量)。记住，logits 是与目标标签对应的分数，因此如果想要的是预测结果的标签本身，需要将 logits 转换为标签。这里不需要了解所有的细节，只需要知道可以通过对 logits 变量取 argmax(返回具有最大值的 logits 的索引，对应下面的第一行代码)，然后通过得到的结果查找到标签本身(对应下面的第二行代码)：

```
label_id = np.argmax(logits)
print(model.vocab.get_token_from_index(label_id, 'labels'))
```

如果这里打印出一个"4"，恭喜你！标签"4"对应于"强积极"，所以你的情感分析器对"This is the best movie ever!"(这是最好的电影！)的预测结果是"强积极"的，预测正确！

2.8.2　通过 Web 提供预测服务

现在到最后一步了，可以使用 AllenNLP 轻松地部署训练出的模型。如果使用 JSON 配置文件(将在第 4 章解释)，可以将训练出的模型保存到磁盘上，然后快速启动一个基于 Web 的界面，就可以通过这个 Web 界面向你的模型提出预测请求。要做到这一点，需要安装 AllenNLP 的插件 allennlp-server，它提供了一个预测的 Web 界面，具体安装命令如下所示。

```
git clone https:/ /github.com/allenai/allennlp-server
pip install --editable allennlp-server
```

假设你的模型保存在 examples/sentiment/model 文件夹下，则可以使用以下 AllenNLP 命令运行一个基于 Python 的 Web 应用：

```
$ allennlp serve \
    --archive-path examples/sentiment/model/model.tar.gz \
    --include-package examples.sentiment.sst_classifier \
    --predictor sentence_classifier_predictor \
    --field-name sentence
```

使用浏览器打开 http://localhost:8000/，将看到图 2.10 所示的界面。

尝试在文本框中输入一些句子，然后单击 PREDICT(预测)按钮。你应该会在屏幕的右侧看到 logits 值。这里的 logits 只是一个原始的 logits 数组，无法一下子就知道预测标签是什么，但是可以看到第 4 个值(对应于标签"强积极")是最大的，这说明模型按照期望工作了。

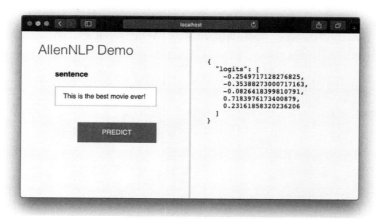

图2.10　在 Web 浏览器上运行情感分析器

还可以通过以下命令行直接向后端发起 POST 请求：

```
curl -d '{"sentence": "This is the best movie ever!"}'
    -H "Content-Type: application/json" \
    -X POST http:/ /localhost:8000/predict
```

结果应该返回与图 2.10 所示相同的 JSON：

```
{"logits":[-0.2549717128276825,-0.35388273000717163,
-0.0826418399810791,0.7183976173400879,0.23161858320236206]}
```

　　至此就完成了你的第一个 NLP 应用了。本章涵盖了很多内容，但你暂时不需要关心这些内容的细节——我只是想向你展示，构建一个现实工作中的 NLP 应用并不难。有些神经网络和深度学习的书籍或在线教程十分难懂，可能导致你在做出成果之前就放弃学习了。本书不想重蹈覆辙，因此在你没有做出成果之前没有提到神经元、激活、梯度和偏导数等概念。这些概念确实很重要，了解它们也很有帮助，但是有了 AllenNLP 这样强大的框架，不用非常理解这些概念的细节就可以构建出现实工作中的 NLP 应用。后面的章节会按需详细讲述这些概念。

2.9　本章小结

- 情感分析是一种可以自动识别文本中的主观信息，如其极性(积极或消极)的文本分析技术。
- 训练集、验证集和测试集用于训练、选择和评估机器学习模型。
- 词嵌入使用实值向量表示单词的含义。
- 可以使用 RNN 和线性层将一个向量转换为另一个大小不同的向量。
- 神经网络使用优化器进行训练，从而使损失值(实际输出和期望输出之间的差异值)最小化。
- 在训练期间监控训练集和验证集的指标很重要，因为可以避免过拟合。

第*3*章

词嵌入与文档嵌入

本章涵盖以下主题：
- 什么是词嵌入以及为什么词嵌入很重要
- Skip-gram 模型是如何学习词嵌入以及如何实现的
- 什么是 GloVe 嵌入以及如何使用预训练向量
- 如何使用 Doc2Vec 和 fastText 训练更高级别的嵌入
- 如何对词嵌入可视化

第 2 章提到神经网络只能处理数字，而自然语言中的所有元素都是离散的(即独立的概念)。在 NLP 应用中使用神经网络，需要将语言单位转换为数字(如向量)。例如，想构建一个情感分析器，就需要将输入的句子(单词序列)转换成向量序列。本章讨论连接语言和数字之间的桥梁——词嵌入，还会接触一些对于理解嵌入和神经网络非常重要的基本的语言成分。

3.1 嵌入简介

正如第 2 章所述，嵌入是指用实值向量表示离散的元素。本章重新审视嵌入的概念，详细讲述嵌入在 NLP 应用中扮演的角色。

3.1.1 什么是嵌入

词嵌入是指用一个实值向量表示一个单词。如果不熟悉向量这个概念，则可以把向量理解为一维浮点型数组，具体例子如下所示：

- `vec("cat") = [0.7, 0.5, 0.1]`
- `vec("dog") = [0.8, 0.3, 0.1]`
- `vec("pizza") = [0.1, 0.2, 0.8]`

因为以上例子的每个数组都包含了 3 个元素，所以可以将它们绘制成三维空间的点，具体如图 3.1 所示。可以注意到，语义相关的词("cat"和"dog")位置相近。

注意: 事实上，不仅可以嵌入(即用数字列表表示)单词，还可以嵌入几乎所有元素——包括字符、字符序列、句子或者类别。可以使用相同的方法嵌入分类变量，本章仅聚焦于 NLP 中两个重要的概念——单词和句子。

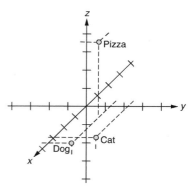

图 3.1 使用三维空间进行词嵌入

3.1.2 为什么嵌入很重要

为什么嵌入很重要？词嵌入不仅重要，而且对于使用神经网络处理 NLP 任务而言，可以说是最基本、最关键的。神经网络是纯粹的数学计算模型，只能处理数字。它们不能进行符号运算，例如将两个字符串连接起来或者将一个动词改为过去式，除非这些元素都使用数字来表示并且可以进行算术运算。而另一方面，NLP 中的几乎所有元素，包括单词或标签都是符号化和离散的。因此，需要在语言和数字这两个世界之间"架起桥梁"，而嵌入就是其中的一座桥梁。通过图 3.2 可以粗略了解词嵌入在 NLP 应用中的角色。

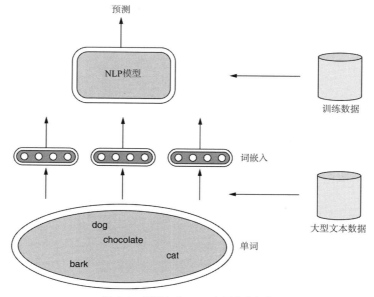

图 3.2 词嵌入在 NLP 应用中的角色

词嵌入与其他神经网络模型一样，也是可以训练的，因为它们跟之前章节提到的"魔术常量"一样，也是一个简单的参数集合。训练词嵌入可以有以下几种方法。

- **方法 1**：使用任务训练集同时训练词嵌入和模型。
- **方法 2**：首先，单独使用一个较大的文本数据集训练词嵌入，或者从别的地方获取预训练的词嵌入。然后使用预训练词嵌入初始化模型，再使用任务训练集同时训练词嵌入和模型，术语称迁移学习。
- **方法 3**：基本和方法 2 一样，区别在于在训练模型时会修正词嵌入，术语称微调。

在方法 1 中，词嵌入是随机初始化的，然后与 NLP 模型使用相同的数据集一起训练。这基本上就是我们在第 2 章构建情感分析器所采用的方法。打个比方，就像一个舞蹈老师同时教一个小孩行走和跳舞。这也不是完全不可能，但这里只讨论大多数情况，不讨论极端情况。小孩可能先掌握了站立和行走之后再学习舞蹈会更好。

一般来说，大体量和高性能的 NLP 模型会依赖外部的词嵌入，这些外部的词嵌入一般使用更大数据集预训练而来(方法 2 和方法 3)。这些外部的词嵌入可以从未标注的大型文本数据集(即大量纯文本数据，如维基百科转储)了解到，这些数据通常比个人的训练数据集更容易获得。因为这些文本数据如此庞大，所以利用它们可以在看到个人的训练数据集之前就能够教会模型很多。像这种将从一个任务中获得的机器学习模型用于另一个任务的做法称为迁移学习(transfer learning)，它在包括 NLP 在内的许多机器学习领域中越来越受欢迎。第 9 章详细讨论迁移学习。

还是用小孩跳舞举例子，大多数健康的小孩自己便能够摸索出如何站立和行走。他们或许会得到一些成年人的帮助，通常是他们的监护人(父母)。这种帮助通常会比雇用舞蹈老师的"训练信号"更加丰富也更为廉价，这就是为什么先学习行走之后再学跳舞会更高效。许多行走的技巧均可迁移至舞蹈。先自己或通过父母学会站立和行走(获得预训练模型)，然后再跟舞蹈老师学习跳舞就是迁移学习。

方法 3，微调(fine-tuned)，它与方法 2 的不同点在于在训练 NLP 模型时，它会修改词嵌入预训练模型。你可以这么理解方法 3(微调)：教孩子跳舞可能对其走路方式有很好的影响(如改善走路的姿势)，改善走路姿势之后反过来又可能对其跳舞有积极的影响。而方法 2(迁移学习)是不会修改预训练模型的，也就是说跳舞学到的知识不会反馈给走路以改善走路姿势。至于方法 2 和方法 3 哪个更好，具体取决于任务和数据集。

那么就只剩下一个问题了：最初的词嵌入具体是怎么获得的？前面提到过，最初的词嵌入可以从大量文本中训练得来，接下来解释这个方法具体是如何实现的。

3.2　语言的构建块：字符、单词和短语

在解释之前，需要先了解一些语言的基本概念，例如字符、单词和短语。理解这些概念对构建个人的 NLP 应用是有帮助的。图 3.3 展示了这些概念以及对应例子。

3.2.1　字符

字符(语言学中又称为字素)是书写系统中的最小单位。在书写英语中，"a""b""z"都是字符。字符本身可以不具有意义或者固定的发音，然而，在某些语言(如中文)中，大

多数的字符都有意义和有固定发音的。在许多语言中，一个字符可以使用一个 Unicode 编码表示(类似于在 Python 中使用"\uXXXX"表示字符串)，但是情况不一定都是如此。有时候，许多语言会使用多个 Unicode 编码的组合来表示一个字符，例如带重音符号的字符é，就可以使用\u0065 加上\u0301 来表示。标点符号，如"."(句号)，","(逗号)还有"?"(问号)，也是字符。

图 3.3 NLP 使用的语言构建块

3.2.2 单词、词元、语素和短语

单词(word)是语言中的最小单位，它可以单独说出来，而且通常具有某种意义。在英语中，单词的例子有"apple""banana""zebra"等。在大多数使用字母书写的语言中，通常用空格或标点符号来分隔单词。然而，在一些语言中，如汉语、日语和泰国语，并不使用空格明确分隔单词，因此需要一个称为分词(word segmentation)的预处理步骤来识别句子中的单词。

NLP 中有一个与单词相关的概念是词元(token)。词元是指一个在书写系统中扮演了一定角色的、由连续字符组成的字符串。在书写系统中，大多数情况下，词元就是单词，单词就是词元，例如"apple""banana""zebra"。不过也有少数情况下并非如此，例如标点符号是词元而非单词，例如感叹号("!")，因为你无法单独说出它。在 NLP 中，单词和词元通常是可以互换的，事实上，NLP 文本(包括本书)中看到的"单词"通常指"词元"。输出词元的过程称为词元化(tokenization)，后面将解释这个概念。

另一个紧密相关的概念是语素(morpheme)，语素是语言中最小的有意义的单位。单词通常包含一个或多个语素。例如，"apple"既是一个单词也是一个语素。"Apples"是一个由两个语素组成的单词："Apple"和"-s"，"-s"这个语素用于表示名词的复数形式。英语中有许多语素，如"-ing""-ly""-ness"或者"un-"。识别单词或句子中的语素的过程称为语素分析(morphological analysis)，它在 NLP/语言学中有广泛的应用，但不在本书讨论范围内。

短语(phrase)是一组具有一定语法作用的单词组合。例如，"quick brown fox"是一个名词短语(一组单词组合起来表现得像一个名词)，而"jumps over the lazy dog"则是一个动词短语。短语这个概念在 NLP 中可以被随意地用于指任何单词组合。例如，在许多 NLP 文献和任务中，像"Los Angeles"这样的词被视为短语，尽管从语言上讲，"Los

Angeles"更接近一个单词。

3.2.3　n-gram

最后，讲解 NLP 中 n-gram 的概念。n-gram 是指由 n 个语言单位(如字符和单词)组成的连续序列。例如，单词 n-gram 是指由 n 个单词组成的连续序列，如"the"(1 个单词)，"quick brown"(2 个单词)，"brown fox jumps"(3 个单词)。类似地，字符 n-gram 是指由 n 个字符组成的连续序列，例如"b"(1 个字符)，"br"(2 个字符)，"row"(3 个字符)等，这些字符 n-gram 构成了单词"brown"。当 $n=1$ 时，称为一元语法(unigram)。当 $n=2$ 时，称为二元语法(bigram)。当 $n=3$ 时，称为三元语法(trigram)[1]。

单词 n-gram 在 NLP 中经常作为短语的代理使用，遍历句子中所有的 n-gram，通常会得到一些与短语一样的语言单位，例如"Los Angeles"和"take off"。同理，若要获取单词的子单位(对应语素级别)，可以使用字符 n-gram。在 NLP 中，在没有明确注明是单词 n-gram 还是字符 n-gram 时，n-gram 通常指前者。

注意：有趣的是，在搜索或信息检索中，在索引文档方面，若未明确注明是单词 n-gram 还是字符 n-gram 时，n-gram 通常指后者而非前者。因此在阅读文档时要注意上下文，才能明确 n-gram 具体代表的是单词 n-gram 还是字符 n-gram。

3.3　词元化、词干提取和词形还原

现在，我们已经了解了一些 NLP 常见的语言单位概念，本节介绍如何在一个典型的 NLP 流水线中处理语言单位的步骤。

3.3.1　词元化

词元化是指将输入文本分割成更小单位的过程。词元化有两种类型，单词词元化和句子词元化。单词词元化就是前面提到的，将句子分割成词元(近似于单词和标点符号)。句子词元化就是将一份包含了多个句子的文本分割成一个个独立的句子。没有指明是单词词元化或句子词元化时，所提到的词元化通常是指单词词元化。

许多 NLP 库和框架都带有开箱即用的词元化方法，因为这是 NLP 中最基础、使用最广泛的步骤。接下来，将展示如何使用两个常用的框架——NLTK (https://www.nltk.org/)和 spaCy (https://spacy.io/)——进行词元化。

注意：在运行本章示例代码前，请确认已经安装好了依赖库。在典型的 Python 环境中，可以通过运行 pip install nltk 和 pip install spacy 安装依赖库。安装完之后，需要通过在命令行运行 python -c "import nltk; nltk.download('punkt')" 下载一些 NLTK 需要的数据和模型，通过运行 python -m spacy download en 下载 spaCy 需要的数据和模型。也可以直

---

1 译者注：n 更多时直接用数字代替，例如 4-gram、5-gram、6-gram。

接在 Google Colab (http://realworldnlpbook.com/ch3.html#tokenization)运行，这样就不需要单独安装环境或任何依赖。

可以从 nltk.tokenize 包中导入 NLTK 默认的单词词元分析器(word_tokenize)或句子词元分析器(sent_tokenize)：

```
>>> import nltk
>>> from nltk.tokenize import word_tokenize, sent_tokenize
```

可以将字符串作为参数输入，然后调用这些方法，方法将会返回词元化之后的单词或句子列表，具体示例代码和结果如下：

```
>>> s = '''Good muffins cost $3.88\nin New York. Please buy me two of
    them.\n\nThanks.'''

>>> word_tokenize(s)
['Good', 'muffins', 'cost', '$', '3.88', 'in', 'New', 'York', '.', 'Please',
'buy', 'me', 'two', 'of', 'them', '.', 'Thanks', '.']

>>> sent_tokenize(s)
['Good muffins cost $3.88\nin New York.', 'Please buy me two of them.',
'Thanks.']
```

除了以上默认的词元分析器，NLTK 还提供了其他许多词元分析器。如果感兴趣，可以通过其文档页面(https://www.nltk.org/api/nltk.tokenize.html) 了解更多信息。

也可以像以下示例代码那样使用 spaCy 进行单词词元化：

```
>>> import spacy
>>> nlp = spacy.load('en_core_web_sm')

>>> doc = nlp(s)

>>> [token.text for token in doc]
['Good', 'muffins', 'cost', '$', '3.88', '\n', 'in', 'New', 'York', '.', ' ',
 'Please', 'buy', 'me', 'two', 'of', 'them', '.', '\n\n', 'Thanks', '.']

>>> [sent.string.strip() for sent in doc.sents]
['Good muffins cost $3.88\nin New York.', 'Please buy me two of them.', 'Thanks.']
```

可以看到 spaCy 和 NLTK 词元化的结果有一点不同。例如，spaCy 的结果完整地保留了换行符("\n")。出现这种情况的原因是不同的词元分析器有不同的实现，不存在所有 NLP 从业者都认同的一种标准解决方案，因此这是很正常的现象。尽管 NLTK 和 sapCy 等现有 Python 库已经提供了现成的很好的词元分析器，但是仍需要掌握如何编写自己的词元分析器，这样才能更好地使用数据完成 NLP 任务。还有，如果需要处理英语之外的其他语言，很有可能没有现成封装好的词元分析器直接调用(如语言很冷门)，因此还是需要掌握如何编写词元分析器。另外，如果熟悉 Java 生态的话，Stanford CoreNLP (https://stanfordnlp.github.io/CoreNLP/)是一个值得尝试的优秀 NLP 框架。

最后，BPE(byte-pair encode)是一个基于神经网络的、日益流行且重要的词元化方法。BPE 是一种纯粹的统计技术，它不依赖于启发式规则(例如空格或标点符号)，而仅依赖于数据集的字符统计信息将任何语言文本分割成字符序列。第 10 章将更深入地讨论它。

3.3.2　词干提取

　　词干提取(stemming)是指提取单词词干的过程，又称词干化。单词词干是指单词剥离了前后缀的主要部分。例如，"apples"(复数)的词干是"apple"，"meets"(第三人称单数)的词干是"meet"，"unbelievable"的词干是"believe"。它往往是词性改变之后依旧不变的那部分。

　　词干提取(将单词规范化为与之相近的原始形式)对许多 NLP 应用非常重要。例如在搜索中，如果使用词干而非单词搜索文档，能提高检索命中相关文档的机会。在许多基于 NLP 功能的流水线中，可以使用词干提取来缓解 OOV(out-of-vocabulary，词表外)单词问题。例如，如果词表中没有"apples"这个词，但是有它的词干"apple"，这时词干提取就发挥作用了。

　　其中，英语词干提取应用最广的算法是由 Martin Porter 编写的 Porter Stemming Algorithm(PSA)。它包含了一些词缀重写规则(例如，一个单词以"-ization"结尾的话，将它变成"-ize")。NLTK 的 PorterStemmer 类就是这个算法的其中一个版本实现，可以参考以下示例代码使用它。

```
>>> from nltk.stem.porter import PorterStemmer
>>> stemmer = PorterStemmer()

>>> words = ['caresses', 'flies', 'dies', 'mules', 'denied',
...          'died', 'agreed', 'owned', 'humbled', 'sized',
...          'meetings', 'stating', 'siezing', 'itemization',
...          'sensational', 'traditional', 'reference', 'colonizer',
...          'plotted']
>>> [stemmer.stem(word) for word in words]
['caress', 'fli', 'die', 'mule', 'deni',
 'die', 'agre', 'own', 'humbl', 'size',
 'meet', 'state', 'siez', 'item',
 'sensat', 'tradit', 'refer', 'colon',
 'plot']
```

　　词干提取并非没有局限性。在许多场景中，使用词干提取太过激进。以前面的例子为例，PSA 会将"colonizer"和"colonize"都变成"colon"，也就是说，使用词干提取会把这 3 个单词都视为相同的条目，这一点在许多应用中会存在问题。还有，许多词干提取算法并没有考虑文本的上下文或词性(如动词或名词之类)。例如，会把"meetings"的词干提取成"meet"，但实际上也有可能"meetings"是"meeting"的复数形式，因此词干应该是"meeting"而非"meet"。因此，如今很少 NLP 应用使用词干提取。

3.3.3　词形还原

　　词形还原(lemmatization)又称词形化，与词干提取类似，不过词形还原是得到单词的词形而非词干。词形是指单词的原始形式，即在单词变形之前的基础形式，人们在查字典时，经常使用词形查找单词。例如，"meetings"(复数名词)的词形是"meeting"，"met"
(动词过去式)的词形是"meet"。与词干提取的例子相比，可知词形还原与词干提取简单
地去词缀而不区分词性(动词或名词)是不同的。

可以直接使用 NLTK 进行词形还原：

```
>>> from nltk.stem import WordNetLemmatizer
>>> lemmatizer = WordNetLemmatizer()
>>> [lemmatizer.lemmatize(word) for word in words]
['caress', 'fly', 'dy', 'mule', 'denied',
 'died', 'agreed', 'owned', 'humbled', 'sized',
 'meeting', 'stating', 'siezing', 'itemization',
 'sensational', 'traditional', 'reference', 'colonizer',
 'plotted']
```

spaCy 词形还原代码如下：

```
>>> doc = nlp(' '.join(words))
>>> [token.lemma_ for token in doc]
['caress', 'fly', 'die', 'mule', 'deny',
 'die', 'agree', 'own', 'humble', 'sized',
 'meeting', 'state', 'siezing', 'itemization',
 'sensational', 'traditional', 'reference', 'colonizer',
 'plot']
```

注意，词形还原本质上需要知道单词的词性，因为词形依赖于词性。例如，"meeting"
作为名词时应该还原成"meeting"，而作为动词时应该还原成"meet"。一方面，NLTK
中的 WordNetLemmatizer 将所有单词默认为名词，因此前面 NLTK 代码的结果中还有许
多没有被词形还原的单词(如"agreed""owned"等)。另一方面，spaCy 会根据单词的形
式和上下文自动推断出词性，因此前面 spaCy 代码的结果中大多数单词都词形还原正确。
词形还原比词干提取更耗费资源，因为它需要对输入和/或某种形式的语言资源(如词典)
进行统计分析，但由于比词干提取正确性更高，因此词形还原在 NLP 中应用更广泛。

3.4　Skip-gram 和 CBOW

前面章节解释了词嵌入是什么，并且讲解了如何在 NLP 应用中进行词嵌入。本节探
索如何基于大量文本数据使用两种很受欢迎的算法(Skip-gram 和 CBOW)进行词嵌入。

3.4.1　词嵌入的数字从何而来

3.1 节提到词嵌入是指词表中每一个单词都用一个一维浮点数组表示：

- vec("cat") = [0.7, 0.5, 0.1]
- vec("dog") = [0.8, 0.3, 0.1]
- vec("pizza") = [0.1, 0.2, 0.8]

那么就有一个重要的问题，这些数字从哪里来？是由雇用的专家提供的吗？由专家手工提供的话几乎不可能。典型的大型语料库中存在数十万个不同的单词，并且数组至少应该在 100 维上下才有效，这意味着需要提供数千万以上的数字。

更重要的是，这些数字的产生标准是什么？如何确定"dog"向量的第一个元素是 0.8 而非 0.7 或者其他数字呢？

答案是，这些数字同样也是使用训练数据集和机器学习模型进行训练得来的。接下来介绍并实现训练词嵌入最流行的模型之一——Skip-gram 模型。

3.4.2　通过单词相关性推导得出

首先，先退一步想想人类是怎么学会"dog"这个概念的。我不认为会专门有人教你什么是"dog"。从你还是蹒跚学步的儿童起就知道"dog"是什么，那时候并没有一个老师专门教导你，"噢，世界上还有一种东西叫 dog。它是一种有 4 条腿并且会吠叫的动物。"你是通过与外部世界的大量物理接触(触摸和闻)、认知(听和看)和语言(阅读和听说)互动来学会"dog"这个概念的。

接下来想想计算机是怎样理解"dog"这个概念的。能让一台计算机像人一样通过与外部世界互动"体验"与狗相关的信息，从而学会"dog"这个概念吗？显然一般的计算机是不能四处走动的，也不能与真正的狗进行互动(至少在本书截稿时还不能)。在不能采用这种方法的情况下，一种可行的方法是通过"dog"与其他单词的相关性来学习。例如，在一个大型文本语料库中，什么词会和"dog"一起出现？"pet""tail""smell""bark""puppy"——有无数的可能。那么什么词会和"cat"一起出现呢？也许是"pet""tail""fur""meow""kitten"或者其他。因为"dog"和"cat"从概念上讲有很多相似的地方(它们都是受欢迎的、有尾巴的宠物等)，所以这两个词会有许多重叠的上下文单词。即可以根据在同一个文本中出现的其他词来猜测"dog"和"cat"这两个词的相关性。我们称之为分布假说(distributional hypothesis)，这个概念在 NLP 中有着悠久的历史。

注意：在 AI 中还有一个相关的术语——分布式表示(distributed representations)[1]。单词的分布式表示只是词嵌入的另一个叫法。是的，这点会令人困惑，但这两个术语在 NLP 中都是常用的。

接着更近一步，如果两个单词有许多一样的上下文单词，那么就可以给这两个单词赋予相近的向量。单词向量可被视为其上下文单词的"压缩"表示。然后问题变成了：如何"解压缩"单词向量以获得其上下文单词？如何用数学的方式表示其上下文单词？从概念上说，我们希望设计一个类似于图 3.4 所示的模型。

1　译者注：注意，分布式表示(distributed representations)和分布表示(distributional representation)是两个不同的概念。

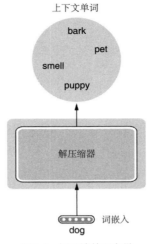

上下文单词

bark

pet

smell

puppy

解压缩器

词嵌入

dog

图 3.4　解压缩单词向量

用数学的方式表示一组单词的一种方法是为词表中的每个单词打分。可以将上下文单词视为一个关联数组(在 Python 中为 dict)，这个数组包含了从它们到目标单词(本例中为 dog)的"分数"，这些分数对应于每个单词与"dog"的相关性，具体如下所示：

```
{"bark": 1.4,
 "chocolate": 0.1,
 ...,
 "pet": 1.2,
 ...,
 "smell": 0.6,
 ...}
```

那么现在就只剩下一个问题了，模型如何得出这些"分数"。如果按单词 ID 对该列表排序(或者按字母表顺序排序)，则可以通过一个 N 维数组很方便地表示这些分数，其中 N 是整个词表的大小(我们关注的上下文单词去重后的数量)，具体如下所示：

```
[1.4, 0.1, ..., 1.2, ..., 0.6, ...]
```

"解压缩器"所需要做的就是将具有 3 个维度的词嵌入向量扩展到另一个 N 维向量。

这听起来有点熟悉——是的，这正是线性层(又称全连接层)所做的事情。2.4.2 节简要讨论过线性层，现在是时候深入了解它了。

3.4.3　线性层

线性层以线性方式将一个向量转换为另一个向量，但线性层是如何做到这一点的呢？在讨论如何转换向量之前，简单起见，可先从转换数字开始。如何编写一个函数(这里参考 Python 的一个方法)将一个数字线性转换成另一个数字呢？记住，线性意味着如果将输入改变 1，无论输入的值是多少，输出总是以固定的数量(这里用 w[1] 表示)变化。例如，

---

1 译者注：w 是权重(weight)的首字母。

2.0 * x 就是一个线性函数，因为无论 x 值是多少，如果 x 增加 1，那么输出总是会增加 2.0。该函数的具体 Python 实现如下：

```
def linear(x):
    return w * x + b
```

现在，假设参数 w 和 b 是固定的，并且已经在其他地方定义了。可以确定如果 x 增加或减少 1，输出(返回值)总是会改变 w。当 x = 0 时，输出为 b。这里的 b[1]在机器学习中称为偏置(bias)。

那么，如果有两个输入变量，也就是 x1 和 x2 呢？还能写出一个将两个输入线性转换成另一个数字的函数吗？当然能写出！只需要一点小改变就可以了，具体代码如下：

```
def linear2(x1, x2):
    return w1 * x1 + w2 * x2 + b
```

既然是线性转换，意味着如果将 x1 增加或减少 1，那么输出将增加或减少 w1，如果将 x2 增加或减少 1，那么输出将增加或减少 w2，输出的变化与其他变量的值无关。当 x1 和 x2 都为 0 时，输出仍然为偏置 b。

现在验证一下，假设 w1 = 2.0，w2 = -1.0，b = 1。当输入为(1, 1)时，函数会返回 2。如果将 x1 增加 1，即输入变为(2, 1)，输出将由 2 变为 4，也就是说增加了 w1(2)。如果将 x2 增加 1，即输入变为(1, 2)，输出将由 2 变为 1，也就是说增加了 w2(-1)。

现在可以将其推广到向量上。如果有两个输出变量，也就是 y1 和 y2 呢？还能写出线性函数吗？当然能写出！可以简单地使用不同的权重(w)和偏置(b)将线性转换复制一份，具体代码如下：

```
def linear3(x1, x2):
    y1 = w11 * x1 + w12 * x2 + b1
    y2 = w21 * x1 + w22 * x2 + b2
    return [y1, y2]
```

好吧，这有点复杂，但最终还是写出了一个有效的线性层函数，它能将一个二维向量转换成另一个二维向量！如果需要增加输入维度(输入变量的数量)，横向扩展这个方法(即往每行增加更多内容)即可，如果需要增加输出维度，纵向扩展这个方法(即增加更多行)即可。

当然，现实没有这么简单，现有的深度学习库和框架是以一种比这更高效、更通用的方式实现线性层，并且大多数计算通常都使用 GPU 进行。然而，了解线性层(神经网络最重要、最简单的形式)的工作原理，对于理解更复杂的神经网络模型是必需的。

注意：AI 文献中常可见到感知机(perceptron)这个概念。感知机是一种只有一个输出变量、用于分类问题的线性层。如果将多个线性层(即感知机)堆叠在一起，便可得到一个多层感知机(multilayer perceptron)，这是一种具有特定结构的前馈神经网络(feedforward neural network)[2]。

---

1 译者注：b 是偏差(bias)的首字母。

2 译者注：前馈和前面章节提到的正向(forward)是同样的意思。

最后，你可能想知道本节提及的常量 w 和 b 从哪里来。这就是 2.4.1 节中提到的"魔术常量"。通过调整这些常量使线性层(还有神经网络)的结果趋近于你想要得到的结果的过程被称为优化。这些魔术常量也称为机器学习模型的参数。

按照图 3.5 把这些元素整合在一起，就得到了 Skip-gram 模型。这个神经网络非常简单。它先将单词进行词嵌入，然后将词嵌入的结果作为线性层的输入，并通过线性层将其扩展为一组分数，其中每个上下文单词对应一个分数。希望大多数读者都能看得懂这个图！

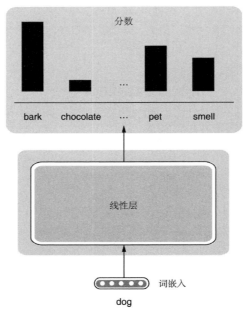

图 3.5　Skip-gram 模型结构

3.4.4　softmax

现在来了解一下如何"训练"Skip-gram 模型以及学习想要的词嵌入。这里的关键是将预测上下文周边的单词转换为分类任务。这里的"上下文"是指一个以目标单词(如"dog")为中心的固定大小的窗口(如两边各有 5 + 5 个单词)。窗口大小为 2 时的示例见图 3.6。这实际上是一个"假"任务(fake task)，因为我们对模型本身的预测不感兴趣，而是对训练模型时产生的副产品(词嵌入)感兴趣。在机器学习和 NLP 中，我们经常创造一个假任务来训练其他产品，然后取其副产品。

图 3.6　目标单词和上下文单词(窗口大小=2)

注意： 像这种基于给定数据集自动创建训练标签的机器学习机制，称为自监督学习(self-supervised learning)。词嵌入和语言模型最近流行的技术都使用了自监督。

用神经网络解决分类问题比较容易。只需要做以下两件事：
- 修改神经网络，使其产生一个概率分布；
- 使用交叉熵作为损失函数(稍后详细讲述)

第一件事可以使用 softmax 完成。softmax 函数可以将一个具有 K 个浮点数的向量转换成一个概率分布向量。softmax 首先会把这些数字"压缩"到 0.0~1.0，然后将它们规范化到所有这些概率全部加起来等于 1。如果你不熟悉概率这个概念，可以使用置信度(confidence)代替。概率分布是神经网络对个体(在本例中为上下文单词)预测放置的一组置信度值。softmax 在保留浮点数输入相对顺序的同时完成所有这些工作，因此大的输入数字在输出分布中仍然具有大的概率值。图 3.7 从概念角度描述了这一过程。

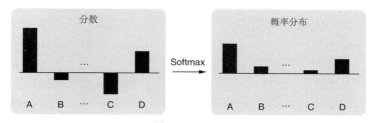

图 3.7 softmax

第二件事是使用交叉熵作为损失函数。交叉熵是一种用来测量两个概率分布之间的距离并将其作为损失值返回的损失函数。如果两个分布精确匹配，那么它将返回零，如果两个分布发散，则会返回比较高的值。分类任务常使用交叉熵来比较以下内容：
- 由神经网络产生的预测概率分布(softmax 的输出)；
- 目标概率分布，其中正确类的概率为 1.0，其他值为 0。

Skip-gram 模型在预测这个概率分布(假任务的主产品)的过程中通过损失函数来调整权重矩阵从而使得预测的概率分布和真实的上下文单词越来越接近，同时也使得权重矩阵中的每个向量越来越能够反映单词的语义和语法信息，而这个权重矩阵就是我们所需要学习的词嵌入的数字(假任务的副产品，即我们真正想要的东西)。

3.4.5 使用 AllenNLP 实现 Skip-gram

使用 AllenNLP 实现 Skip-gram 模型相对比较简单。注意，本节的所有代码都可以在 Google Colab 笔记本(http://realworldnlpbook.com/ch3.html#word2vec-nb)上执行。首先，需要实现一个数据集读取器，读取纯文本语料库并将其转换为一组可被 Skip-gram 模型使用的实例。数据集读取器的细节并非本节的重点，完整代码可以直接复制本书的代码存储库(https://github.com/mhagiwara/realworldnlp)，然后按如下方式导入这个数据集读取器。

```
from examples.embeddings.word2vec import SkipGramReader
```

如果你有兴趣，也可以在网上(http://realworldnlpbook.com/ch3.html# word2vec)阅读该

数据集读取器的完整代码。以下是使用该读取器的示例代码：

```
reader = SkipGramReader()
text8 = reader.read('https:/ /realworldnlpbook.s3.amazonaws.com/data/text8/
    text8')
```

另外，记得导入所有必需的模块并定义例子中的参数，具体代码如下。

```
from collections import Counter

import torch
import torch.optim as optim
from allennlp.data.data_loaders import SimpleDataLoader
from allennlp.data.vocabulary import Vocabulary
from allennlp.models import Model
from allennlp.modules.token_embedders import Embedding
from allennlp.training.trainer import GradientDescentTrainer
from torch.nn import CosineSimilarity
from torch.nn import functional

EMBEDDING_DIM = 256
BATCH_SIZE = 256
```

本例使用 text8(http://mattmahoney.net/dc/textdata)数据集。该数据集摘自维基百科，经常用于训练词嵌入和语言模型。你可以遍历数据集中的实例。实例中的 token_in 字段用作模型的输入词元，token_out 为输出(上下文单词)。

```
>>> for inst in text8:
>>> print(inst)
...
Instance with fields:
  token_in: LabelField with label: ideas in namespace: 'token_in'.'
  token_out: LabelField with label: us in namespace: 'token_out'.'

Instance with fields:
  token_in: LabelField with label: ideas in namespace: 'token_in'.'
  token_out: LabelField with label: published in namespace: 'token_out'.'

Instance with fields:
  token_in: LabelField with label: ideas in namespace: 'token_in'.'
  token_out: LabelField with label: journal in namespace: 'token_out'.'

Instance with fields:
  token_in: LabelField with label: in in namespace: 'token_in'.'
  token_out: LabelField with label: nature in namespace: 'token_out'.'

Instance with fields:
  token_in: LabelField with label: in in namespace: 'token_in'.'
  token_out: LabelField with label: he in namespace: 'token_out'.'

Instance with fields:
  token_in: LabelField with label: in in namespace: 'token_in'.'
  token_out: LabelField with label: announced in namespace: 'token_out'.'
...
```

可以参照第 2 章构建词表，具体代码如下：

```
vocab = Vocabulary.from_instances(
    text8, min_count={'token_in': 5, 'token_out': 5})
```

注意，这里通过 min_count 设置每个词元出现次数的下限。如果一个词元在数据集中出现的次数少于这个下限，那么就不会被加入词表中。然后定义用于训练的数据加载器，具体代码如下。

```
data_loader = SimpleDataLoader(text8, batch_size=BATCH_SIZE)
data_loader.index_with(vocab)
```

接着定义一个 Embedding 对象，包含所有想要学习的词嵌入。

```
embedding_in = Embedding(num_embeddings=vocab.get_vocab_size('token_in'),
                        embedding_dim=EMBEDDING_DIM)
```

这里的 EMBEDDING_DIM 是每个单词向量的长度(浮点数的数量)。典型的 NLP 应用会使用几百维度长的单词向量(本例为 256)，但这个值很大程度上取决于具体任务和数据集。通常建议在训练数据增长时使用更长的单词向量。

最后，需要实现 Skip-gram 模型的主体，具体代码如代码清单 3.1 所示。

代码清单 3.1　使用 AllenNLP 实现的 Skip-gram 模型主体

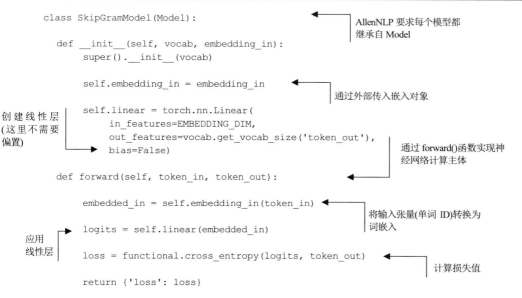

有以下几点需要注意。

- AllenNLP 要求每个模型都继承自 Model，可以从 allennlp.models 导入 Model。
- 模型构造方法(__init__)接受一个 Vocabulary 实例(即词表)和其他外部定义的参数或子模型。它还定义了所有内部参数或模型。

- 模型的主要计算由 forward()定义。它接受来自实例的所有字段(在本例中为 token_in 和 token_out)并作为张量(多维数组)处理，然后返回一个包含'loss'键的 dict，优化器将使用这个 dict 训练模型。

可以使用如代码清单 3.2 所示的代码训练模型。

代码清单 3.2　训练 Skip-gram 模型的代码

```
reader = SkipGramReader()
text8 = reader.read(' https:/ /realworldnlpbook.s3.amazonaws.com/data/text8/
    text8')

vocab = Vocabulary.from_instances(
    text8, min_count={'token_in': 5, 'token_out': 5})

data_loader = SimpleDataLoader(text8, batch_size=BATCH_SIZE)
data_loader.index_with(vocab)

embedding_in = Embedding(num_embeddings=vocab.get_vocab_size('token_in'),
                         embedding_dim=EMBEDDING_DIM)

model = SkipGramModel(vocab=vocab,
                      embedding_in=embedding_in)
optimizer = optim.Adam(model.parameters())

trainer = GradientDescentTrainer(
    model=model,
    optimizer=optimizer,
    data_loader=data_loader,
    num_epochs=5,
    cuda_device=CUDA_DEVICE)
trainer.train()
```

　　训练会比较耗时，因此建议先截断训练数据，仅使用前一百万个词元。可以在 reader.read()这行代码下面插入 text8 = list(text8)[:1000000]这行代码来实现这一点。训练结束之后，可以使用代码清单 3.3 的方法获得相关词(有相近意思的单词)。这个方法首先通过 token 参数获得给定单词的单词向量，然后计算它与词表中其他每个单词向量的相似度。这里使用余弦相似度计算相似度。简言之，余弦相似度是通过计算两个向量的夹角余弦值来评估它们的相似度。如果两个向量相同，它们之间的夹角为 0，则相似度为 1，这是最大的可能值。如果两个向量垂直，它们之间的夹角为 90 度，余弦值就是 0。如果两个向量方向完全相反，那么余弦值就是 - 1。

代码清单 3.3　使用词嵌入获取相关词的方法

```
def get_related(token: str, embedding: Model, vocab: Vocabulary,
                num_synonyms: int = 10):
    token_id = vocab.get_token_index(token, 'token_in')
    token_vec = embedding.weight[token_id]
    cosine = CosineSimilarity(dim=0)
    sims = Counter()
```

```
for index, token in
  vocab.get_index_to_token_vocabulary('token_in').items():
      sim = cosine(token_vec, embedding.weight[index]).item()
      sims[token] = sim

  return sims.most_common(num_synonyms)
```

如果对单词"one"和"december"运行以上程序，将得到如表 3.1 所示的相关单词列表。尽管有一些词与查询词无关，但总体而言，结果还不错。

表3.1 "one"和"december"的相关词

"one"	"december"
one	december
nine	january
eight	nixus
six	londini
five	plantarum
seven	june
three	smissen
four	february
d	qanuni
actress	october

最后需要注意的一点是：如果在现实中，想使用 Skip-gram 训练出高质量的单词向量，那么就需要实现一些技术，例如对高频单词进行负采样和子采样。虽然它们都是重要的概念，但如果你刚刚开始学习 NLP 的基础知识，那么它们可能会分散你的注意力。如果你有兴趣了解更多，可以参阅我写的这篇博客文章: http://realworldnlpbook.com/ch3.html#word2vec-blog。

3.4.6 CBOW 模型

经常与 Skip-gram 模型一起被提及的另一个词嵌入模型是连续词袋(Continuous Bag Of Words，CBOW)模型。作为同时期提出的 Skip-gram 的近亲(http://realworldnlpbook.com/ch3.html#mikolov13)， CBOW 模型的架构看起来与 Skip-gram 相似，但正好相反。该模型试图解决的"假"任务是通过一组上下文单词预测目标单词。这有点类似于填空类型的问题。例如，看到一个句子"I heard a ___ barking in the distance(我听到远处有___叫)"，大多数人可能马上就能猜出答案是"dog"(狗)。图 3.8 展示了 CBOW 模型的结构。

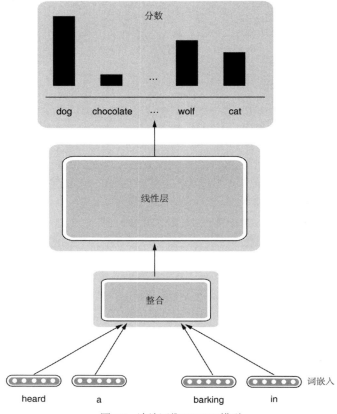

图 3.8 连续词袋(CBOW)模型

这里不打算从头开始实现 CBOW 模型，原因有二：如果你理解 Skip-gram 模型，那么实现起来应该很简单；CBOW 模型在单词语义任务中的准确率通常略低于 Skip-gram 模型，而且 CBOW 在 NLP 中的使用频率也低于 Skip-gram 模型。这两种模型都是基于原始的 Word2vec 工具包实现的，如果你想自己尝试的话可以直接查阅 Word2vec (https://code.google.com/archive/p/word2vec/)工具包。因为最近出现了更强大的词嵌入模型(如 GloVe 和 fastText)，普通的 Skip-gram 和 CBOW 模型现在越来越少被使用。

3.5 GloVe

3.4 节实现了 Skip-gram，并展示了如何使用大型文本数据训练词嵌入。但是，如果在构建自己的 NLP 应用时，既想获得高质量的词嵌入，又想跳过所有麻烦事，有没有办法做到两者兼得呢？如果没有训练词嵌入所需的算力和数据，那该怎么办？

答案很简单，不需要自己训练词嵌入，可以直接下载别人发布的预训练词嵌入，很多 NLP 从业者都是这么做的。本节介绍另一个流行的词嵌入模型——GloVe，其中 Glo

指代全局(Global)，Ve 指代向量(Vector)。通过 GloVe 生成的预训练词嵌入可能是目前在 NLP 应用中使用最广泛的词嵌入。

3.5.1　GloVe 如何学习词嵌入

　　GloVe 与前面描述的两个模型的主要区别是，前面两个模型是局部的。先总结一下前面两个模型，Skip-gram 通过一个预测任务，从目标单词("dog")预测上下文单词("bark")。CBOW 则与之相反。这个过程会重复多次。它们会扫描整个数据集，然后问一个问题，"这个词能通过另一个词预测到吗？"，这样做会对数据集里的每个单词都查询一遍。

　　让我们想想这个算法有多高效。如果数据集有两个或两个以上相同的句子会怎么样？或者是非常相似的句子？在这种情况下，Skip-gram 会多次重复完全相同的更新集。例如当你问"通过 dog 可以预测到 bark 吗？"的时候，很可能你已经在几百句话之前就问过这个问题了。如果你知道单词"dog"和"bark"在整个数据集中会同时出现 N 次，那么为什么还要重复 N 次呢？Skip-gram 就好像你进行了 N 次加"1"的操作一样($x + 1 + 1 + 1 + \cdots + 1$)，如果你知道 N 这个全局信息，就可以把这个操作简化为($x + N$)。

　　GloVe 的设计正是基于这种对全局信息的掌握能力。它对整个数据集使用全局词共现统计(aggregated word co-occurrence statistics)，而不是对局部使用词共现统计(local word co-occurrences)。这里假设单词"dog"和"bark"在整个数据集中同时出现了 N 次。因为我不打算深入讨论模型的细节，所以简单点说，GloVe 模型试图从"dog"和"bark"的词嵌入预测出这个 N。图 3.9 展示了这个预测任务的过程。它仍然会对单词关系进行一些预测，但是请注意，它只需要对单词类型(type)的每个组合进行一次预测，而 Skip-gram 则会对单词词元的每个组合都进行预测！

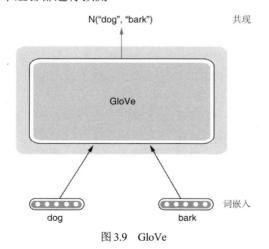

图 3.9　GloVe

　　词元和类型：如 3.2.2 所述，词元是指在文本中出现的单词，同一个单词可能会在同一个语料库出现多次，而类型(type)则是对词元进行了去重。例如，在"A rose is a rose is a rose" 这句话中，有 8 个词元，但只有 3 种类型（"A" "rose" "is"）。如果你熟悉面向对象编程，那么它们大致相当于实例和类。一个类可以有多个实例，但是一个概念只能有一个类。

3.5.2 使用预训练 GloVe 向量

事实上，没有多少 NLP 从业者会自己从头开始训练 GloVe 向量。更多时候是去下载和使用已经用大型文本语料库进行过预训练的词嵌入。这样不仅快速，而且更有利于使 NLP 应用更准确，因为那些预训练的词嵌入(通常由词嵌入算法的发明者公开)通常使用比我们任务更大的数据集和比我们大多数人更强的算力进行训练。通过使用预训练词嵌入，你可以"站在巨人的肩膀上"，从而得以快速利用从大型文本语料库中提取的高质量语言知识。

下面讲述如何下载预训练 GloVe 词嵌入以及如何使用预训练 GloVe 词嵌入搜索相似的单词。首先，需要下载数据文件。GloVe 官方网站(https://nlp.stanford.edu/projects/glove/)提供了多个使用了不同数据集和向量尺寸训练的词嵌入文件。你可以选择你喜欢的文件(尽管文件大小可能很大，这取决于你选择的是哪个文件)并将其下载和解压缩。接下来，我们假设你将它保存在相对路径 data/glove/ 下。

大多数词嵌入文件的格式都类似。每行包含一个单词，后面跟着与单词向量对应的数字序列。维度有多少，数字就有多少(GloVe 官网文件的后缀 xxxd 即维度)，每个字段用空格分隔。以下是 GloVe 词嵌入文件的节选：

```
...
if 0.15778 0.17928 -0.45811 -0.12817 0.367 0.18817 -4.5745 0.73647 ...
one 0.38661 0.33503 -0.25923 -0.19389 -0.037111 0.21012 -4.0948 0.68349 ...
has 0.08088 0.32472 0.12472 0.18509 0.49814 -0.27633 -3.6442 1.0011 ...
...
```

参照 3.4.5 节的步骤，先取一个查询词(如"dog")，然后在 N 维空间中找到它的邻居。一种方法是计算查询词与词表中每个其他词之间的相似度，再根据相似度对单词进行排序，如代码清单 3.3 所示。如果词表很大，那以这种方法就可能会很慢。这种方法就像使用线性扫描数组而非二分查找来寻找一个元素。

可以尝试一种新方法——近似最近邻(Approximate nearest neighbor，Annoy)算法快速搜索相似的单词。简言之，Annoy 算法可以快速检索最近的邻居，而无须计算每个单词对之间的相似度。这里使用 Spotify 实现的版本 (https://github.com/spotify/annoy)。可以通过运行 pip install annoy 安装它。它使用随机投影(random projection)实现了一种流行的近似最近邻算法——局部敏感哈希(locally sensitive hashing，LSH)。

使用 Annoy 搜索相似的单词首先需要构建索引，具体代码如代码清单 3.4 所示。注意，在这个过程中，我们还将为单词索引和单词构建一个字典(dict)，然后将其保存到一个单独的文件里，以在后面进行单词查找时使用(代码清单 3.5)。

代码清单 3.4　构建 Annoy 索引

```
from annoy import AnnoyIndex
import pickle

EMBEDDING_DIM = 300
GLOVE_FILE_PREFIX = 'data/glove/glove.42B.300d{}'

def build_index():
    num_trees = 10

    idx = AnnoyIndex(EMBEDDING_DIM)

    index_to_word = {}
    with open(GLOVE_FILE_PREFIX.format('.txt')) as f:
        for i, line in enumerate(f):
            fields = line.rstrip().split(' ')
            vec = [float(x) for x in fields[1:]]
            idx.add_item(i, vec)
            index_to_word[i] = fields[0]

    idx.build(num_trees)
    idx.save(GLOVE_FILE_PREFIX.format('.idx'))
    pickle.dump(index_to_word,
            open(GLOVE_FILE_PREFIX.format('.i2w'), mode='wb'))
```

　　这么做是因为读取 GloVe 嵌入文件并构建 Annoy 索引可能会非常缓慢，但一旦构建完成，访问它并检索相似的单词就会非常快速，所以需要把这个索引保存起来。这么做类似于在搜索引擎中构建索引以实现近乎实时的文档检索。这种做法适用于需要实时检索相似项，但数据集更新频率较低的应用，例如搜索引擎和推荐引擎。

代码清单 3.5　使用 Annoy 索引检索相似单词

```
def search(query, top_n=10):
    idx = AnnoyIndex(EMBEDDING_DIM)
    idx.load(GLOVE_FILE_PREFIX.format('.idx'))
    index_to_word = pickle.load(open(GLOVE_FILE_PREFIX.format('.i2w'),
                                mode='rb'))
    word_to_index = {word: index for index, word in index_to_word.items()}

    query_id = word_to_index[query]
    word_ids = idx.get_nns_by_item(query_id, top_n)
    for word_id in word_ids:
        print(index_to_word[word_id])
```

　　如果对单词 "dog" 和 "december" 运行以上程序，可得到表 3.2 所示的 10 个最相关的单词列表。

表 3.2 "dog" 和 "december" 的相关词

"dog"	"december"
dog	december
puppy	january
cat	october
cats	november
horse	september
baby	february
bull	august
kid	july
kids	april
monkey	march

可以看到，每个列表包含许多与查询词相关的词。注意，每个列表的第一个相关词与表头的单词是一样的——这是因为两个相同向量的余弦相似度总是 1，即余弦相似度可能的最大值。

3.6　fastText

3.5 节介绍了如何下载预训练词嵌入并检索相关词。本节解释如何使用 fastText(一个流行的词嵌入工具包)基于个人的文本数据训练词嵌入。当文本数据不在常见领域(如医疗、金融、法律等)和/或非英语语言时，很适用这种方法。

3.6.1　使用子词信息

到目前为止，本章讲述的所有词嵌入方法都为每个单词分配了一个不同的单词向量。例如，"dog" 和 "cat" 的词向量被不同对待，并在训练时独立训练。乍一看，这似乎没有什么问题。毕竟，它们是不同的单词。但是如果单词是 "dog" 和 "doggy" 呢？因为 "-y" 是一个英语后缀，很多单词能够与它组合成新的、相关的单词，例如 "grandma" 和 "granny" 以及 "kitten" 和 "kitty"，这些单词对是有一些语义联系的。然而，将所有单词都视为不同单词的词嵌入算法是无法建立这种联系的。在这些算法看来，"dog" 和 "doggy" 仅仅是 word_823 和 word_1719，两者之间看不出有什么联系。

这显然有局限性。在大多数语言中，单词拼写法(即如何书写单词)和单词语义(它们的意思)之间是有很强联系的。例如，词干相同的单词(如 "study" 和 "studied"、"repeat" 和 "repeated"、"legal" 和 "illegal")通常是相关的。如果把它们当作单独的单词，词嵌入算法就会丢失很多信息。那么如何利用单词结构反映所学词嵌入的相似度呢？

fastText，一个由 Facebook(现已更名为 Meta)开发的算法和词嵌入库，就能做到这点。它使用子词信息(subword information)，即比单词更小的语言单位信息，来训练高质量的词嵌入。具体来说，fastText 将单词分解为字符 n-gram(详见 3.2.3 节)，然后通过它们学习词嵌入。例如，如果目标单词是"doggy"，它首先在单词开头和结尾分别添加特殊符号"<"和">"，然后按 $n = 3$ 进行字符 n-gram，最终得到<do, dog, ogg, ggy, gy>，再基于这个结果学习词嵌入。最后将这些向量相加得到的和作为"doggy"的向量。此外，该架构的其余部分与 Skip-gram 非常相似。图 3.10 展示了 fastText 模型的结构。

利用子词信息的另一个好处是，它可以缓解 OOV(out-of-vocabulary，词表外)单词问题。许多 NLP 应用和模型都假定词表是固定的。例如，一个典型的词嵌入算法，如 Skip-gram，只学习在训练集中遇到过的单词。如果测试集包含了训练集之外的单词(这种单词称为 OOV 单词)，模型将无法为它们分配任何向量。例如，使用 20 世纪 80 年代出版的书籍训练 Skip-gram 词嵌入，却将它们应用到现代社交媒体文本中，请问模型如何知道给"Instagram"这个单词分配哪些向量？ fastText 能够缓解这种问题，由于 fastText 使用子词信息(字符 n-gram)，可以为任何 OOV 单词分配单词向量，只要它们包含了在训练数据中看到的字符 n-gram(基本上都会看到的)。例如，在本例中，fastText 可能能够猜测到"Instagram"会与快速("Insta")和图片("gram")相关。

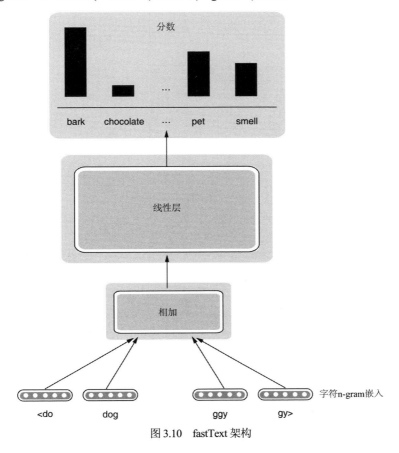

图 3.10　fastText 架构

3.6.2　使用 fastText 工具包

Facebook 将 3.6.1 节讨论的词嵌入模型开源成 fastText 工具包。本节尝试使用这个库训练词嵌入。

首先需要访问 fastText 的官网(http://realworldnlpbook.com/ch3.html#fasttext)，按照说明下载和编译库。之后需要复制 GitHub 代码存储库，并通过命令行运行 make(在大多数环境下)。编译完成后，可以通过以下命令来训练基于 Skip-gram 的 fastText 模型。

```
$ ./fasttext skipgram -input ../data/text8 -output model
```

在以上代码中，我们假设在.../data/text8 目录下有一个文本数据文件作为训练数据，当然也可以修改为其他位置。训练所得的模型会写入一个二进制形式的文件，名为model.bin。在训练完成后，可以获得任何单词的单词向量，甚至支持在训练集中没有出现过的单词。

```
$ echo "supercalifragilisticexpialidocious" \
| ./fasttext print-word-vectors model.bin
supercalifragilisticexpialidocious 0.032049 0.20626 -0.21628 -0.040391 -
     0.038995 0.088793 -0.0023854 0.41535 -0.17251 0.13115 ...
```

3.7　文档级嵌入

到目前为止，描述的所有模型都只学习单个单词的嵌入。如果你只关心单词级别的任务，如推断单词关系，或者将它们与更强大的神经网络模型如循环神经网络(RNN)结合在一起，那么单词级别的嵌入已经足够了。然而，如果你希望使用词嵌入及诸如逻辑回归和支持向量机(SVM)等的传统机器学习工具来解决涉及更大语言结构(如句子和文档)的 NLP 任务，单词级别的嵌入是不够的。如何用向量表示更大的语言单位例如句子呢？又如何将单词级别的嵌入用于情感分析呢？

实现此举的一种方法是简单地使用一个句子中所有单词向量的平均值。可以取第一个元素的平均值、第二个元素的平均值等，然后通过组合这些平均值得到一个新的向量。可以使用这个新的向量作为传统机器学习模型的输入。虽然这种方法简单有效，但也有很大的局限性。最大的问题是不能考虑单词顺序。例如，如果只是简单地计算句子中每个单词的向量，那么两个句子 "Mary loves John." 和 "John loves Mary." 会得到完全相同的向量。

已经有 NLP 研究人员提出了专门解决这个问题的模型和算法。其中最受欢迎的是Doc2Vec，Doc2Vec 最初由 Le 和 Mikolov 在 2014 年提出(https://cs.stanford.edu/~quocle/paragraph_vector.pdf)。顾名思义，这个模型学习文档级别的向量表示。实际上，这里的"文档"只是指包含多个单词的、任何可变长度的文本片段。也有许多相似名称的相似模型，例如 Sentence2Vec、Paragraph2Ve、paragraph vectors (原始论文的作者就是这么叫它的)，但在本质上，它们都是同一模型的变体。

　　后面会讨论众多 Doc2Vec 模型其中的一种，PV-DM(distributed memory model of paragraph vectors，意为段落向量的分布式内存模型)。PV-DM 看起来和本章前面学习的 CBOW 非常相似，但是有一个关键的区别——输入多一个额外的段落向量(paragraph vector)。该模型根据一组上下文单词和段落向量来预测目标单词。每个段落都会有一个不同的段落向量。图 3.11 展示了这个 PV-DM 模型的结构。此外，PV-DM 仅使用位于目标词之前的上下文单词进行预测，但这只是一个很小的区别。

　　这个段落向量对预测任务有什么影响呢？你会得到一些来自段落向量的额外信息以预测目标单词。作为预测任务的副产品，在模型试图最大限度提高预测准确率的同时，模型将学到一些反映每个段落整体意思的信息，然后更新段落向量，从而能够提供一些有用的、上下文词向量没有提供的"上下文"信息。

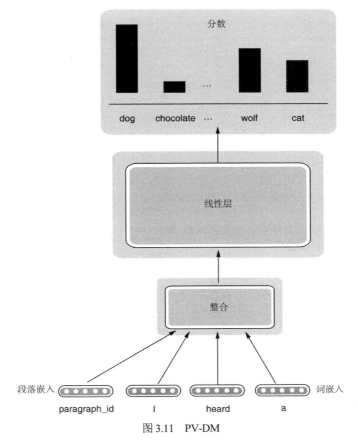

图 3.11　PV-DM

　　支持 Doc2Vec 模型的开源库和包有不少，但其中使用最广泛的是 Gensim (https://radimrehurek.com/gensim/)，可以通过运行 pip install gensim 安装它。Gensim 是一个流行的 NLP 工具包，它支持很多向量和话题模型(topic model，又称主题模型)，如 TF-IDF(词频-逆文档频率)、LSA(潜在语义分析)和词嵌入。

要使用 Gensim 训练 Doc2Vec 模型，首先需要读取数据集并将文档转换为
TaggedDocument。这可以使用如下所示的 read_corpus() 方法完成。

```
from gensim.utils import simple_preprocess
from gensim.models.doc2vec import TaggedDocument

def read_corpus(file_path):
    with open(file_path) as f:
        for i, line in enumerate(f):
            yield TaggedDocument(simple_preprocess(line), [i])
```

这里将使用一个从 Tatoeba 项目(https://tatoeba.org/)提取前 20 万个英语句子的小数据
集。可以从 http://mng.bz/7l0y 下载该数据集。然后，使用 Gensim 的 Doc2Vec 类训练
Doc2Vec 模型，再根据训练好的段落向量检索相似文档，具体代码如代码清单 3.6 所示。

代码清单 3.6　训练 Doc2Vec 模型并检索相似文档

```
from gensim.models.doc2vec import Doc2Vec

train_set = list(read_corpus('data/mt/sentences.eng.200k.txt'))
model = Doc2Vec(vector_size=256, min_count=3, epochs=30)
model.build_vocab(train_set)
model.train(train_set,
            total_examples=model.corpus_count,
            epochs=model.epochs)

query_vec = model.infer_vector(
    ['i', 'heard', 'a', 'dog', 'barking', 'in', 'the', 'distance'])
sims = model.docvecs.most_similar([query_vec], topn=10)
for doc_id, sim in sims:
    print('{:3.2f} {}'.format(sim, train_set[doc_id].words))
```

结果将显示与输入文档 "I heard a dog barking in the distance" 相似的文档列表，具体
如下所示：

```
0.67 ['she', 'was', 'heard', 'playing', 'the', 'violin']
0.65 ['heard', 'the', 'front', 'door', 'slam']
0.61 ['we', 'heard', 'tigers', 'roaring', 'in', 'the', 'distance']
0.61 ['heard', 'dog', 'barking', 'in', 'the', 'distance']
0.60 ['heard', 'the', 'door', 'open']
0.60 ['tom', 'heard', 'the', 'door', 'open']
0.60 ['she', 'heard', 'dog', 'barking', 'in', 'the', 'distance']
0.59 ['heard', 'the', 'door', 'close']
0.59 ['when', 'he', 'heard', 'the', 'whistle', 'he', 'crossed', 'the', 'street']
0.58 ['heard', 'the', 'telephone', 'ringing']
```

可以发现，这里检索到的大多数句子都与听觉有关。Gensim 的 Doc2Vec 类有许多超
参数，可以修改它们来调整模型。关于它们的更多信息可参阅(https://radimrehurek.com/
gensim/models/doc2vec.html)。

3.8　对嵌入可视化

本节将把重点转移到对词嵌入可视化上。正如前面所做的那样，通过给定查询词检索相似词是快速检查词嵌入是否正确训练的一种好方法。但是，当需要查看词嵌入是否捕获了单词之间的整体语义关系时，则需要检查大量的单词，这时候就会变得很累，也很耗时。

如前所述，词嵌入只是简单的 N 维向量，即 N 维空间里的"点"。这些总可以在图 3.1 中的三维空间中直观地显示出来，因为 N 仅为 3。但在大多数词嵌入中，N 通常为几百，这时候就不能简单地在 N 维空间中画出它们了。

一个解决方案是将维度降低到我们可以看得到的程度(二维或三维)，不过同时还需要保持点之间的相对距离。这种技术称为降维。降维的方法有许多，包括 PCA(主成分分析)和 ICA(独立成分分析)，但到目前为止，用于词嵌入最广泛的可视化技术是 t-SNE (发音为 "tee-snee"，全称 t-distributed Stochastic Neighbor Embedding，大意为 t 分布随机近邻嵌入)。本书不讨论 t-SNE 的细节，简单地说，该算法试图在保持原高维空间中点之间的相对相邻关系的同时将点映射到低维空间。

使用 t-SNE 最简单的方法是使用 Scikit-Learn (https://scikit-learn.org/)，Scikit-Learn 是一个很流行的用于机器学习的 Python 库。安装它之后(通常只需要运行 pip install scikit-learn)，即可使用它来可视化从文件中读取的 GloVe 向量，具体代码如代码清单 3.7 所示(这里使用 Matplotlib 绘制图表)。

代码清单 3.7　使用 t-SNE 对词嵌入可视化

```
from sklearn.manifold import TSNE
import matplotlib.pyplot as plt

def read_glove(file_path):
    with open(file_path) as f:
        for i, line in enumerate(f):
            fields = line.rstrip().split(' ')
            vec = [float(x) for x in fields[1:]]
            word = fields[0]
            yield (word, vec)

words = []
vectors = []
for word, vec in read_glove('data/glove/glove.42B.300d.txt'):
    words.append(word)
    vectors.append(vec)

model = TSNE(n_components=2, init='pca', random_state=0)
coordinates = model.fit_transform(vectors)

plt.figure(figsize=(8, 8))

for word, xy in zip(words, coordinates):
    plt.scatter(xy[0], xy[1])
```

```
    plt.annotate(word,
                 xy=(xy[0], xy[1]),
                 xytext=(2, 2),
                 textcoords='offset points')

plt.xlim(25, 55)
plt.ylim(-15, 15)
plt.show()
```

代码清单 3.7 使用 xlim()和 ylim()限制图表绘制的范围，以放大我们感兴趣的一些区域。可以修改 xlim()和 ylim()的参数以关注图表的其他区域。

代码清单 3.7 会生成如图 3.12 所示的图表。只需要粗略一看，即可注意到以下语义相关的单词聚类(cluster)。

- 左下：网络相关的单词(posts、article、blog、comments，...)。
- 左上：时间相关的单词(day、week、month、year，...)。
- 中间：数字(0、1、2，...)，令人惊讶的是，这些数字大体上是按递增顺序排列的。可见 GloVe 能够通过大量文本数据计算出哪些数字更大。
- 右下：月份(january、february，...)还有年份(2004、2005，...)。年份似乎也是以递增的顺序排列的，几乎与数字(0、1、2，...)平行。

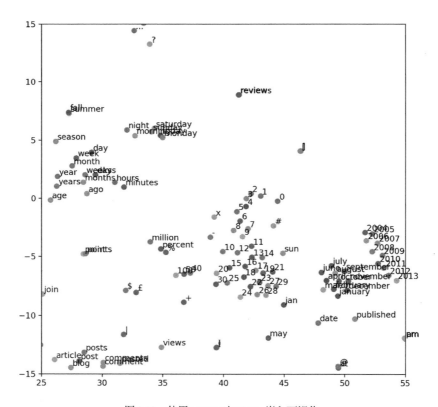

图 3.12　使用 t-SNE 对 GloVe 嵌入可视化

　　仔细思考，不难发现这是一个难以置信的壮举，只靠一个纯粹的数学模型就能从大量的文本数据找出这些单词之间的关系。通过以上可视化结果，希望你能够感受到，模型知道"july"和"june"密切相关与只知道 word_823 和 word_1719 相比的优势有多大。

3.9　本章小结

- 词嵌入可以将离散单位(单词和句子)转换为连续的数学对象(向量)，从而能够用数字表示单词。
- Skip-gram 模型使用带有线性层和 softmax 的神经网络在进行"假"单词关联任务的同时获得其副产品——词嵌入。
- GloVe 利用全局词共现统计信息更高效地训练词语嵌入。
- Doc2Vec 用于学习文档级别的嵌入，fastText 通过子词信息学习词嵌入。
- 可以使用 t-SNE 可视化词嵌入。

第*4*章

句 子 分 类

本章涵盖以下主题:
- 如何使用循环神经网络处理可变长度的输入
- 如何使用 RNN 及其变体(LSTM 和 GRU)
- 如何使用常见评估指标处理分类问题
- 如何使用 AllenNLP 开发和配置训练流水线
- 如何构建语言检测器以完成句子分类任务

    本章研究句子分类任务,句子分类任务是指利用 NLP 模型接收句子,然后为句子分配标签。垃圾邮件过滤是句子分类的一种应用,它接收电子邮件并判断其是不是垃圾邮件。如果你想将新闻文章分类为不同的主题(商业、政治、体育等),也可以利用这个技术,因为这也是一个句子分类任务。句子分类是最简单的 NLP 任务之一,它具有广泛的应用,包括文本分类、垃圾邮件过滤和情感分析。本章讲述 RNN 及其变体(LSTM 和 GRU)以及如何使用 AllenNLP 开发和配置训练流水线。最后研究句子分类的另一个应用——语言检测。

4.1 循环神经网络(RNN)

    句子分类的第一步是使用循环神经网络(RNN)表示可变长度的句子。本节介绍循环神经网络的概念,这是深度学习 NLP 中最重要的概念之一。许多现代 NLP 模型在某种程度上都使用了 RNN。我将解释为什么 RNN 这么重要,RNN 能做什么,并介绍 RNN 最简单的变体。

4.1.1 处理可变长度的输入

    第 3 章讲述的 skip-gram 结构很简单。它取一个固定大小的单词向量,将其通过一个线性层获得所有上下文单词的分数分布。训练中的输入、输出和网络的大小在整个训练过程中都是固定的，而模型输入序列的长度始终为1(一个单词)，我们称这种情况为固定长度的输入。

　　然而，大部分情况下，NLP 处理的输入序列的长度是不固定的(可变长度)。例如，作为字符序列的单词可以很短("a""in")，也可以很长("internationalization")。句子(单词序列)和文档(句子序列)也是可变长度的。即使是字符，如果你把它们看作一系列的笔画，笔画序列的长度既可以很短(如英语中的"O"和"L")，也可以很长(如汉字"鬱"，共有 29 个笔画)。

　　正如第 3 章所述，神经网络只能处理数字和算术运算，因此如果要使用神经网络处理单词和文档，同样需要通过嵌入将句子和文档转换为数字。第 3 章中需要处理的输入序列的长度是固定的(始终为1)，因此线性层就足够了。但是，如果要处理可变长度的输入序列(句子和文档)，还需要想其他方法。

　　其中一种方法是先将输入(如一个单词序列)通过嵌入转换为一个浮点数向量序列，然后对这个浮点数向量序列取平均值。假设输入的句子是["john", "loves", "mary", "."]，应先将句子转换为 v("john")、v("loves")等信息，再通过以下代码取其平均值，如图 4.1 所示。

```
result = (v("john") + v("loves") + v("mary") + v(".")) / 4
```

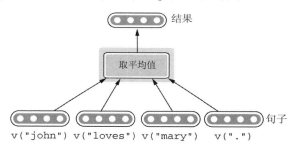

图4.1　对嵌入向量取平均值

　　这种方法非常简单，并且已为很多 NLP 应用所采用。然而，它却有一个关键的问题，就是没有考虑单词顺序。因为输入元素的顺序不会影响到平均值，所以"Mary loves John."和"John loves Mary."会得到相同的向量。虽然这一点对很多 NLP 应用都没有影响，但是也有很多 NLP 应用需要解决这个问题，那么如何解决呢？

　　如果反思一下人类是如何阅读语言的，就会发现这种"取平均值"操作与人类行为不符。在阅读一个句子时，通常人们不是先单独阅读和记住每个单词，再开始理解句子的意思。而是从一开始就扫描句子，一次一个单词，随着单词不断叠加而不断保持句子的意思(直到阅读的部分存入短期记忆)。换句话说，人们会在阅读句子时保持某种心理表征。当读到句子的结尾时，整个心理表征就是句子的意思。

　　能设计一个神经网络结构来模拟这种增量读取吗？答案是肯定的。这种结构称为循环神经网络(RNN)，接下来详细解释它。

4.1.2　RNN 抽象结构

分解前面提到的人类读取句子过程，发现其实就是以下一系列操作的重复：

(1) 阅读一个单词；

(2) 根据到目前为止所读到的内容(心理表征)，弄清楚这个单词的意思；

(3) 更新心理表征；

(4) 继续阅读下一个单词。

说起来有点抽象，来看一个具体例子。如果输入的句子是["john", "loves", "mary", "."]，其中每个单词都已经被表示为一个词嵌入向量。同样，将心理表征表示为 state 变量，然后通过 init_state()初始化。再按照以下方式进行增量读取：

```
state = init_state()
state = update(state, v("john"))
state = update(state, v("loves"))
state = update(state, v("mary"))
state = update(state, v("."))
```

state 的最终值将作为整个句子表达的意思。注意，如果改变这些单词的顺序(例如调换"john"和"mary"，变成["mary", "loves", "john", "."])，state 的最终值也会改变，这意味着单词顺序的信息也更新进了 state 的最终值。

在这个基础上加上元素输入部分，就得到了一个神经网络结构。RNN 就是这么一种神经网络结构。顾名思义，RNN(循环神经网络)就是一个具有循环的神经网络。它的核心操作就是将输入参数循环加入网络中。RNN 的 Python 伪代码如下：

```
def rnn(words):
    state = init_state()
    for word in words:
        state = update(state, word)
    return state
```

值得注意的是，state 只初始化一次，然后就在循环间传递。因此对于每次循环输入的单词，state 会基于先前的 state，再整合新单词产生的 state 进行更新。与此步骤对应的网络子结构(循环中的代码块)称为单元(cell)。当输入结束后，state 的最终值会成为该 RNN 的结果。整个 RNN 抽象结构如图 4.2 所示。

此处存在并行计算，当阅读句子(单词序列)时，该句子的内在心理表征(state)会在阅读完每个单词之后更新。可以假设最终的 state 会对整个句子的表征进行编码。

剩下的工作就是设计两个函数——init_state()和 update()。状态通常用零进行初始化(即一个由零填充的向量)，因此不必担心如何定义 init_state()。更重要的是如何设计 update()，它决定了 RNN 的特性。

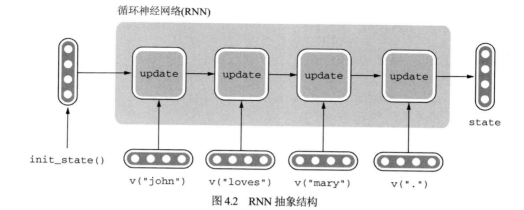

循环神经网络(RNN)

图 4.2　RNN 抽象结构

4.1.3　Simple RNN 和非线性函数

从 4.1.2 节 RNN 的 Python 伪代码可以看到，update()接收两个输入 state 和 word，然后返回一个输出。而 3.4.3 节讨论过线性层如何实现接收两个输入产生一个输出。是的，就是使用 linear2()函数。update 函数与 linear2()函数惊人地相似：

```
def update_simple(state, word):
    return f(w1 * state + w2 * word + b)
```

事实上，如果忽略变量名和 f()函数，它与 linear2()函数完全相同。这类 RNN 称为 Simple RNN 或 Elman RNN，顾名思义，它是最简单的 RNN 结构之一。

你可能想知道，这里的 f()函数有什么用？它是怎么运作的？我们需要它吗？这个函数被称为激活函数或非线性函数，它将单个输入(或一个向量)以非线性的方式进行变换。非线性在神经网络中发挥着不可或缺的作用。非线性到底做了什么以及如何通过数学计算来理解，这些问题其实已经超出了本书的范围，但接下来我想用一个简单的例子来尝试直观解释这些问题。

想象一下，你正在构建一个能够识别英语句子"语法"的 RNN。区分句子是否符合语法本身就是一个困难的 NLP 问题，也是一个成熟的研究领域(见 1.2.1 节)，但在这里，可以简化它，只考虑主谓一致。甚至进一步简化，只考虑主谓一致里面的"I am"和"you are"。也就是说，我们的例子中只有 4 个单词——"I""you""am""are"。如果这个句子是"I am"或"you are"，那么它在语法上正确。另外两种组合，"I are"和"you am"，都不正确。你想要构建的是一个能对正确的句子输出 1，对不正确的句子输出 0 的 RNN。你会如何构建这样一个神经网络呢？

几乎所有现代 NLP 模型的第一步都是通过嵌入表示单词。如第 3 章所述，嵌入通常是从大型自然语言文本数据集中学习的，但在这里，我们直接给它们一些预定义的值，如图 4.3 所示。

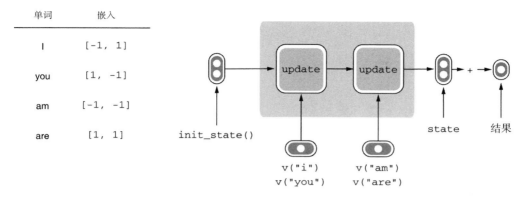

单词	嵌入
I	[-1, 1]
you	[1, -1]
am	[-1, -1]
are	[1, 1]

词嵌入 　　　　　　　　　　　　　　　循环神经网络(RNN)

图 4.3　使用 RNN 判断英语句子语法是否正确

想象一下没有激活函数的情况。去掉激活函数 f()之后，前面的 update_simple()函数简化为：

```
def update_simple_linear(state, word):
    return w1 * state + w2 * word + b
```

因为初始值与本例关系不大，所以就不用过多关注了，假设 state 的初始值是[0, 0]。RNN 取第一个词嵌入 x1，然后更新 state，取第二个词嵌入 x2，再生成 state 的最终值，这个值是一个二维向量。最后，对这个向量中的两个元素求和并转换为预测结果。如果结果接近于 1，则该句子语法正确。否则就不正确。update_simple_linear()函数对第一个词嵌入 x1(此时 state=[0,0])计算得出 w1 * [0,0] + w2 * x1+b，去零简化为 w2 * x1 + b。然后把这个结果作为第二个词嵌入 x2 时的 state，计算得出 w1 * (w2 * x1 + b) + w2 * x2 + b，对第一项乘法计算后变为 w1 * w2 * x1 + w1 * b+w2 * x2 + b，然后换一下加法的顺序，最终变为：

```
w1 * w2 * x1 + w2 * x2 + w1 * b + b
```

这里的 w1、w2 和 b 是我们在 2.4.1 节提到的需要进行训练(调整)的模型参数(又名"魔术常量")。这里先不使用训练数据集来调整这些参数，而是分配一些任意值，看看会发生什么。例如，当 w1=[1, 0]、w2=[0, 1]、b=[0, 0]时，该 RNN 的输入和输出将如图 4.4 所示。

Word 1	Word 2	x1	x2	state	结果	期望值
I	am	[-1, 1]	[-1, -1]	[0, -1]	-1	1
I	are	[-1, 1]	[1, 1]	[0, 1]	1	0
you	am	[1, -1]	[-1, -1]	[0, -1]	-1	0
you	are	[1, -1]	[1, 1]	[0, 1]	1	1

w1 = [1, 0], w2 = [0, 1], b = [0, 0]

图 4.4　当 w1=[1, 0]、w2=[0, 1]、b=[0, 0]且无激活函数时的输入和输出

可以看到，绝大部分都预测错误了（"I am""I are""you am"）。换一组参数值试试，使用 w1=[1, 0]、w2=[－1, 0]、b=[0, 0](结果见图 4.5)。

Word 1	Word 2	x1	x2	state	结果	期望值
I	am	[-1, 1]	[-1, -1]	[2, 0]	2	1
I	are	[-1, 1]	[1, 1]	[0, 0]	0	0
you	am	[1, -1]	[-1, -1]	[0, 0]	0	0
you	are	[1, -1]	[1, 1]	[-2, 0]	-2	1

w1 = [1, 0], w2 = [-1, 0], b = [0, 0]

图 4.5　当 w1=[1, 0]、w2=[－1, 0]、b=[0, 0]且无激活函数时的输入和输出

这次比上次好，有一半预测正确了（"I are""you am"）。

就此打住了，相信到这里，你已经明白，这个神经网络性能很差。

回过头来想想为什么会这样。先看看前面的 update 函数，它所做的就是将输入乘以某个值，然后将它们加起来。更具体地说，它只以线性的方式转换输入。当输入值改变时，这个神经网络的结果会发生变化，但显然是不够的，只有在输入变量是某些定值时，才希望结果为 1。即这个 RNN 只靠线性是不够的，还需要加入非线性部分。

同理，如果在编程语言中只能使用赋值（"="）、加法（"+"）和乘法（"*"）这几个功能，即便可以在一定程度为调整输入值得出结果，但是明显是不够的，因为无法写出更复杂的逻辑。

现在把非线性函数即激活函数 f()放回去，看看会怎样。这里使用双曲正切函数(hyperbolic tangent function)，缩写为 tanh，这是神经网络中最常用的激活函数之一。此处不展开讨论函数的具体细节，因为只需要简单地知道 tanh 能起到 OR 或 AND 逻辑门的作用。

当 w1=[－1, 2], w2=[－1, 2], b=[0, 1]且使用 tanh 激活函数时,RNN 的结果变得更接近期望值(见图 4.6)。将它们舍入为最接近的整数后，可发现 RNN 预测全部正确！

Word 1	Word 2	x1	x2	state	结果	期望值
I	am	[-1, 1]	[-1, -1]	[0.23, 0.75]	0.99	1
I	are	[-1, 1]	[1, 1]	[-0.94, 0.99]	0.06	0
you	am	[1, -1]	[-1, -1]	[0.94, -0.98]	-0.04	0
you	are	[1, -1]	[1, 1]	[-0.23, 0.90]	0.67	1

w1 = [-1, 2], w2 = [-1, 2], b = [0, 1]

图 4.6　当 w1=[-1, 2]、w2=[-1, 2]、b=[0, 1]具有激活函数时的输入和输出

从这个示例可以看到，在神经网络中使用激活函数，就像编程中可以使用 AND、OR

和 IF 一样，能让性能大幅提升。

注意：本节使用的示例在深度学习教科书中常见的 XOR 函数("异或"逻辑)的基础上稍微做了修改。这是最基本和最简单的可以用神经网络来解决的示例。

最后提示一下：RNN 与其他神经网络一样经过训练，使用损失函数将实际值与期望值进行比较，然后基于两者之间的差值——损失值——来更新"魔术常量"。在本例中，魔术常量是 update_simple()函数中的 w1，w2 和 b。注意，该 update 函数及其魔术常量在循环的所有时间步上都相同，这意味着 RNN 正在学习一种可以应用于任何情况的通用更新形式。

4.2 长短期记忆(LSTM)和门控循环单元(GRU)

前面讨论的 Simple RNN 因为梯度消失问题很少在现实生活中使用。本节讲述梯度消失问题，以及更流行的 RNN 架构(即 LSTM 和 GRU)是如何解决梯度消失问题的。

4.2.1 梯度消失问题

就像任何编程语言一样，如果知道输入序列的长度，就可以将函数重写成不用循环的形式。同样，如果知道输入序列的长度，RNN 也可以重写成不用循环的形式，这种形式看起来会像一个多层神经网络。例如，如果知道输入句子中只有 6 个单词，那么前面的 rnn()可以重写为：

```
def rnn(sentence):
    word1, word2, word3, word4, word5, word6 = sentence
    state = init_state()

    state = update(state, word1)
    state = update(state, word2)
    state = update(state, word3)
    state = update(state, word4)
    state = update(state, word5)
    state = update(state, word6)

    return state
```

像这种不用循环来表示的 RNN，可称为展开(unrolling)。基于前面 4.1.3 节学到的知识，可以把 SimpleRNN 的 update 函数(update_simple)替换成：

```
def rnn_simple(sentence):
    word1, word2, word3, word4, word5, word6 = sentence
    state = init_state()

    state = f(w1 * f(w1 * f(w1 * f(w1 * f(w1 * f(w1 * state + w2 * word1 + b)
     + w2 * word2 + b) + w2 * word3 + b) + w2 * word4 + b) + w2 * word5 + b)
     + w2 * word6 + b)
    return state
```

　　这有点难看，不过我只是想让你意识到在多层嵌套函数中会有乘法套乘法(平方)这个细节，这个细节会导致后面提到的信号衰减问题。现在继续 4.1.3 节的任务——预测英语句子是否主谓一致。本节假设输入的句子是 ["The", "books", "I", "read", "yesterday", "were"]。在本例中，函数先处理第一个单词"The"，然后处理第二个单词"books"，再不断逐个单词处理，一直到"were"。把展开后的 RNN 用以下伪代码表示，以便可以更直观地理解。

```
def is_grammatical(sentence):
word1, word2, word3, word4, word5, word6 = sentence
state = init_state()
state = process_main_verb(w1 *
    process_adverb(w1 *
        process_relative_clause_verb(w1 *
            process_relative_clause_subject(w1 *
                process_main_subject(w1 *
                    process_article(w1 * state + w2 * word1 + b) +
                w2 * word2 + b) +
            w2 * word3 + b) +
        w2 * word4 + b) +
    w2 * word5 + b) +
w2 * word6 + b)
return state
```

　　为了预测句子是否主谓一致，RNN 需要一直在 state 中保存主语("books")的信息，直到遇到谓语("were")，在这个过程中，RNN 并不会受它们之间的单词(如"I read yesterday")的干扰。在前面的伪代码中，state 由函数调用的返回值表示，因此，关于主语的信息(process_main_subject 的返回值)需要在这个链中一直向外传播，直到到达最外面的函数(process_main.verb)。每存一个中间单词，RNN 就会多一次乘法，输出值就会越来越小，专业术语称为信号衰减。举个直观的例子，第一次乘法的输出为 0.9，再乘一次就变成了 0.81，再乘一次就会变成 0.729。信号衰减会导致 RNN 的性能变差。

　　我们再深入一点。RNN 和其他神经网络一样，在训练时都会使用 2.5 节提到的反向传播。不过 RNN 与其他神经网络不一样的是，反向传播在调整参数使损失值最小化时，会与前面的组件进行通信。这就是 RNN 的特殊之处，也是导致梯度消失问题的原因所在。首先，查看预测结果，即 is_grammatical() 的返回值，并将其与期望值进行比较。这两者之间的差距称为损失值。最外层的函数 is_grammatical() 为了使其输出更接近期望值，会用 4 种方法减少损失值：(1)调整 w1；(2)调整 w2；(3)调整 b；(4)调整上一个函数 process_adverb() 的返回值。调整参数部分(w1、w2 和 b)是很容易的，因为函数知道将每个参数调整到其返回值的确切效果。但是，第 4 种方法，调整上一个函数的返回值并不容易，因为调用者并不知道上一个函数的内部工作方式。因此，调用函数告知一个函数(被调用函数)调用其返回值，以使损失最小化。有关损失值如何传播回参数和上一个函数的整个过程，详见图 4.7。

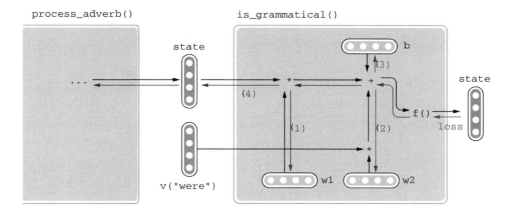

图 4.7　损失值的反向传播

　　嵌套函数重复调用此过程，就像一个电话游戏，不断传递信号，直到信号到达最内层的函数。到了最后，信号因为经过了多层传递，变得微弱和模糊(或者因为一些误解而爆炸[1]或扭曲)，如果中间出了什么错，那么将很难从内部函数中找出错误原因。

　　这个问题在深度学习文献中有一个对应的术语：梯度消失问题。这里我不打算从数学细节层面讲解这些术语，但希望这么解释能够帮助你理解这些概念：梯度是一个数学术语，它表示每个函数从下一个函数接收的消息信号，可以通过这些信号改进它们(改变它们的魔术常量)[2]。反向电话游戏，即消息从最终函数(=损失函数)向后(反向)传递(传播)，称为反向传播。

　　因梯度消失问题，Simple RNN 在现实中已很少使用，大家更多使用 LSTM 和 GRU 这两种 RNN。

4.2.2　长短期记忆

　　前面提到有关嵌套函数处理语法信息的方式似乎效率太低了。为什么最外层的函数(is_grammatical)不直接告诉最终函数(process_main_subject)什么出了问题，而是玩起了电话游戏？因为 w2 和 f()的存在，每次函数调用后，消息的形状都可能会完全改变。仅凭最终输出，外层函数无法确定哪个函数对消息的哪个部分负责。

　　该如何解决这个低效问题呢？与其每次通过激活函数传递信息并完全改变它的形状，不如在每一步新增或减去某些与句子相关的信息？例如，如果 process_main_subject()可以直接将有关主语的信息添加到某种"记忆"中，而网络可以确保该记忆通过中间函数时保持完整，那么 is_grammatical()将更容易告诉之前的函数如何调整其输出。

---

　　1 译者注：即梯度爆炸。梯度爆炸与梯度消失相反，不过一样会造成 RNN 性能不好，因为和梯度消失一样都严重扭曲了信号。

　　2 译者注：这个说法不严谨也不专业，但是很容易懂，大体意思也是对的，考虑到这本书是一本入门科普图书，所以我认可作者这个说法。

长短期记忆单元是基于这一思想而提出的一种 RNN 技术。LSTM 的单元(cell)不是传递状态(即前面的 state),而是共享一个"记忆"(每个单元可以从中删除旧信息和/或添加新信息,就像制造工厂中的装配线)。具体来说,LSTM RNN 使用如下函数来更新状态:

```
def update_lstm(state, word):
    cell_state, hidden_state = state

    cell_state *= forget(hidden_state, word)
    cell_state += add(hidden_state, word)

    hidden_state = update_hidden(hidden_state, cell_state, word)

    return (cell_state, hidden_state)
```

虽然与 Simple RNN 相比,这看起来相对复杂,但如果将其分解为子组件,就不难理解这里发生了什么,如图 4.8 所示。

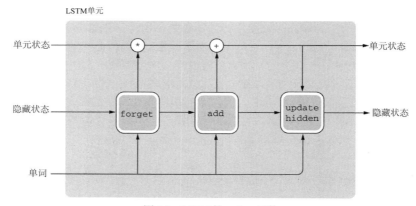

图 4.8 LSTM 的 update 函数

- LSTM 状态包括两个组件——单元状态("记忆"部分)和隐藏状态("心理表征"部分)。
- forget()函数返回一个介于 0 到 1 之间的值,因此乘以这个数字意味着从单元状态(前面代码中的 cell_state)中擦除旧记忆。擦除的量由隐藏状态(前面代码中的 hidden_state)和输入单词(前面代码中的 word)决定。通过乘以 0 到 1 之间的值来控制信息流的这种机制称为门控(gating)。LSTM 是第一个使用这种门控机制的 RNN 架构。
- add()函数返回一个添加到记忆的新值。这个值同样由 hidden_state 和 word(输入)决定。
- 最后,使用一个函数更新 hidden_state,其值基于先前的隐藏状态、更新后的记忆和输入单词计算得出。

这里通过隐藏 forget()、add()和 update_hidden()函数的一些数学细节来抽象 update 函数,因为这些数学的细节在本书并不重要。如果想更深入地理解 LSTM,推荐阅读 Chris Olah 写的一篇精彩文章(http://colah.github.io/posts/2015-08-Understanding-LSTMs/)。

　　因为 LSTM 具有在不同的时间步内保持不变的单元状态(cell state)，除非被明确修改，所以它们更容易被训练，而且表现得相对较好。因为你有一个共享的"记忆"，而且有单独的函数负责添加和删除与输入句子的不同部分相关的信息，所以更容易确定哪个函数做了什么，以及出了什么问题。来自最外层函数的误差信号可以更直接地到达负责的函数。

　　术语 LSTM 指的是图 4.8 提到的架构，但人们使用"LSTM"指代具有 LSTM 单元的 RNN。此外，"RNN"通常用来表示在 4.1.3 节介绍过的"Simple RNN"。因此在文献中看到"RNN"时，需要清晰地了解其使用的确切架构是哪一种。

4.2.3　门控循环单元

　　另一种 RNN 架构，称为门控循环单元(GRU)，顾名思义是使用门控机制。GRU 背后的逻辑与 LSTM 相似，但是 GRU 只使用一组状态，而不是拆开两半。下面显示了 GRU 的 update 函数：

```
def update_gru(state, word):
    new_state = update_hidden(state, word)

    switch = get_switch(state, word)

    state = swtich * new_state + (1 - switch) * state

    return state
```

　　GRU 使用切换机制，而不是新增或删除记忆。单元首先从旧状态和输入值中计算出新状态。然后计算出一个 0~1 的开关值，称为开关(switch).状态根据 switch 的值在新状态和旧状态之间进行选择。如果为 0，则旧状态保持不变，原样通过。如果为 1，则被新状态覆盖。如果在两者之间，状态将是两者的混合。GRU 的 update 函数流程参见图 4.9。[1]

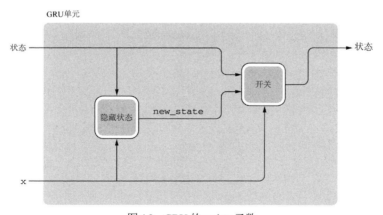

图 4.9　GRU 的 update 函数

---

1 译者注：作者把 LSTM 和 GRU 这两部分讲简单了，实际上的 LSTM 和 GRU 要更复杂一些。不过作者的做法符合本书初衷，实际我们不需要了解 LSTM 和 GRU 的更多细节，最起码在本书不需要。

注意，GRU 的 update 函数比 LSTM 的 update 函数要简单得多。事实上，与 LSTM 相比，GRU 需要训练的参数(魔术常量)更少。正因为如此，GRU 比 LSTM 训练得更快。

最后，尽管我们介绍了两种不同类型的 RNN 架构，LSTM 和 GRU，但是在社区中并没有一致的意见认为哪种类型的架构对于所有应用都是最好的。通常需要将它们视为超参数，并尝试不同的配置。幸运的是，只要使用现代深度学习框架，例如 PyTorch 和 TensorFlow，就可以轻松地尝试不同类型的 RNN 单元。

4.3　准确率、查准率、查全率和 F-度量

2.7 节简要讲述了一些用于评估分类任务性能的度量指标。在本章构建句子分类器之前，我想进一步讨论我们将要使用的评估指标——它们的含义以及它们实际度量的内容。

4.3.1　准确率

准确率(accuracy)可能是这里讨论的所有评估指标中最简单的一个。在分类任务中，准确率是指模型得到正确实例的比例。例如，有 10 封电子邮件，垃圾邮件过滤模型正确预测了 8 封，那么预测的准确率为 0.8，或 80%(见图 4.10)。

实例	标签	预测	正确?
Email 1	垃圾邮件	垃圾邮件	✔
Email 2	非垃圾邮件	非垃圾邮件	✔
Email 3	非垃圾邮件	非垃圾邮件	✔
Email 4	垃圾邮件	非垃圾邮件	✘
Email 5	非垃圾邮件	非垃圾邮件	✔
Email 6	非垃圾邮件	非垃圾邮件	✔
Email 7	非垃圾邮件	非垃圾邮件	✔
Email 8	非垃圾邮件	垃圾邮件	✘
Email 9	垃圾邮件	垃圾邮件	✔
Email 10	非垃圾邮件	非垃圾邮件	✔　准确率 = 8/10×100% = 80%

图 4.10　计算准确率

虽然准确率很简单，但它并非没有局限性。具体来说，当测试集不平衡时，准确率可能会产生误导。测试集不平衡是指测试集某一类别的样本数量明显少于其他类别的样本数量。例如这里的垃圾邮件测试集不平衡是指测试集中垃圾邮件类别只有 10%，而非垃圾邮件有 90%。在这种情况下，即使一个愚蠢的、把所有邮件都标记为非垃圾邮件的分类器，准确率也可能达到 90%。以图 4.10 为例，如果一个"愚蠢的"分类器将所有邮件都归类为"非垃圾邮件"，它仍然可以达到 70% 的准确率(10 个实例中的 7 个都是非垃圾邮件)。如果只看这个指标，就可能会误认为该分类器性能很好。如何处理不平衡问题详见第 10 章。

4.3.2 查准率和查全率

其余的指标——查准率、查全率和 F-度量——都是用于二分类任务的。二分类任务的目标是将实例预测为两个类别(阳性类和阴性类)之一。在前面的垃圾邮件过滤任务中，阳性类(positive)是垃圾邮件，阴性类(negative)是非垃圾邮件。

图 4.11 中的维恩图包含 4 个子区域：真阳性(true positives)、假阳性(false positives)、假阴性(false negatives)、真阴性(true negatives)。真阳性(TP)是指实际为阳性类(=垃圾邮件)、预测也为阳性类的实例，预测正确。假阳性(FP)是指预测为阳性类(=垃圾邮件)、实际为阴性类的实例，预测错误，误报了，导致无辜的非垃圾邮件最终被误认为是垃圾邮件，出现在电子邮件客户端的垃圾邮件文件夹中。

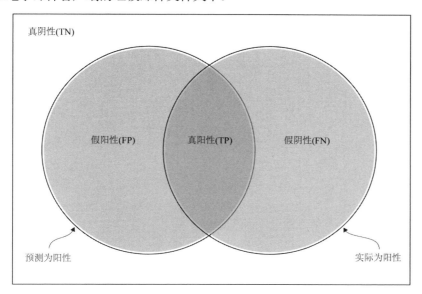

$$查准率 = \frac{TP}{TP + FP} \times 100\% \qquad 查全率 = \frac{TP}{TP + FN} \times 100\% \qquad 准确率 = \frac{TP + TN}{TP + FP + FN + TN} \times 100\%$$

图 4.11 查准率和查全率

另一方面，假阴性(FN)是指预测为阴性类、实际为阳性类的实例，预测错误，漏报了，这些垃圾邮件骗过了垃圾邮件过滤器溜进了收件箱。最后，真阴性(TN)是指实际为阴性类、预测也为阴性类的实例(收件箱中的非垃圾邮件)，预测正确。

查准率(precision)是指在模型预测为阳性类的实例中，预测正确的比例。例如，如果垃圾邮件过滤器将 3 封电子邮件识别为垃圾邮件，而其中 2 封确实是垃圾邮件，那么查准率为 2/3，即约为 66%。

查全率(recall)与查准率有些相反。它是指数据集中为阳性类的实例，能被模型正确识别出来的比例。还是以垃圾邮件过滤为例，如果数据集实际上有 3 封垃圾邮件，模型成功地识别出其中 2 封，那么查全率为 2/3，即约为 66%。

图 4.11 显示了预测标签和实际标签以及查全率和查准率之间的关系。可以看到，查全率和查准率的分子一样，分母不同。

4.3.3 F-度量

你可能已经注意到了，查准率 100%意味着模型预测的都准，但不一定全，有些垃圾邮件没有预测到，漏报了；查全率 100%意味着把所有垃圾邮件都预测出来了，但是可能把一些非垃圾邮件误报为垃圾邮件，预测得不准。想象一下，有一个垃圾邮件过滤器，它在分类电子邮件时非常、非常小心。它只将数千封电子邮件中的一封预测为垃圾邮件(真的也是垃圾邮件)，查准率为 100%。这并不是一项困难的任务，因为一些垃圾邮件非常明显——如果它们在文本中包含一个单词"v1@gra"，并且它是从垃圾邮件黑名单中的某人发送的，那么将它标记为垃圾邮件应该相当安全。同样，还有另一个垃圾邮件过滤器在对电子邮件进行分类时非常、非常粗心。它将每封邮件都预测为垃圾邮件，包括来自同事和朋友的邮件。那它的查全率是多少？当然是 100%。可是这两个垃圾邮件过滤器有用吗？几乎没用！

正如所看到的，单独提高查准率或查全率并不是一个好的做法，必须要同时考虑。就好像在节食时只看体重。减掉了 10 斤？很棒！但如果有 2 米高呢？那么其实减掉的不算多。需要同时考虑身高和体重——怎么样算多怎么样算少？两个变量都需要同时考虑。这就是为什么有像 BMI(身体质量指数)这样的度量方法会把这两种度量指标都考虑进去。在机器学习中，研究人员提出了与 BMI 类似的、称为 F-度量(F-measure)的度量指标，它是查准率和查全率的平均值(或者，更准确地说，是一个调和平均值)。最常用的 F-度量是F1-度量(在 python 库中通常表示为 F1-score)，它是 F 度量的等权版本。在分类任务中，度量和尝试最大化 F-度量是一个很好的实践。

4.4 构建 AllenNLP 训练流水线

本节重新讨论第 2 章构建的情感分析器，并更详细地介绍如何构建其训练流水线。虽然前面已经展示了使用 AllenNLP 构建 NLP 应用的重要步骤，但本节还会深入研究一些重要的概念和抽象类。理解这些概念不仅对使用 AllenNLP 很重要，而且在设计 NLP 应用时也很重要，因为 NLP 应用通常通过调用这些抽象概念的某种实现来构建。

要运行本节代码，需要导入需要的类和模块，具体如下代码所示(本节的代码示例也可以通过 Google Colab 获取，http://www.realworldnlpbook.com/ch2.html#sst-nb)。

```
from itertools import chain
from typing import Dict

import numpy as np
import torch
import torch.optim as optim
from allennlp.data.data_loaders import MultiProcessDataLoader
from allennlp.data.samplers import BucketBatchSampler
from allennlp.data.vocabulary import Vocabulary
from allennlp.models import Model
from allennlp.modules.seq2vec_encoders import Seq2VecEncoder,
    PytorchSeq2VecWrapper
from allennlp.modules.text_field_embedders import TextFieldEmbedder,
    BasicTextFieldEmbedder
from allennlp.modules.token_embedders import Embedding
from allennlp.nn.util import get_text_field_mask
from allennlp.training.metrics import CategoricalAccuracy, F1Measure
from allennlp.training.trainer import GradientDescentTrainer
from allennlp_models.classification.dataset_readers.stanford_sentiment_tree_
    bank import \
   StanfordSentimentTreeBankDatasetReader
```

4.4.1 实例和字段

如 2.2.1 节所述，实例是机器学习算法预测的最小单元。数据集是具有相同形式的实例的集合。在大多数 NLP 应用中，第一步是读取或接收数据(如从文件或通过网络请求)，并将它们转换为实例，以便 NLP/ML 算法可以使用它们。

AllenNLP 有一个名为 DatasetReader 的抽象类，它的工作是读取输入数据(支持原始字符串、CSV 文件、来自网络请求的 JSON 数据结构等)，并将其转换为实例。AllenNLP 提供了一系列该抽象类的具体实现，从而支持 NLP 中主流的数据格式，包括 CoNLL 格式(用于语言分析的流行共享任务，见 5.2.1 节)和前面章节提到的 Penn 树库(用于句法分析的流行数据集)。你可以使用第 2 章使用过的 StanfordSentimentTreeBankDatasetReader 读取斯坦福情感树库。也可以通过重写 DatasetReader 的一些核心方法编写自己的数据集读取器。

AllenNLP 的 Instance 类用于表示单个实例。一个实例可以有一个或多个包含某种类型的数据的字段。例如，情感分析任务的一个实例有两个字段——文本主体和标签，可以将这两个字段封装成一个字典然后传递给 Instance 类构造函数来创建实例,具体代码如下所示。

```
Instance({'tokens': TextField(tokens),
          'label': LabelField(sentiment)})
```

这里假设你已经通过读取输入文件创建了 tokens(词元列表)和 sentiment(情感标签)。然后通过 DatasetReader 抽象类的 read()方法返回实例迭代器，从而能够枚举实例并将其可视化，具体代码如下所示：

```
reader = StanfordSentimentTreeBankDatasetReader()

train_dataset = reader.read('path/to/sst/dataset/train.txt')
dev_dataset = reader.read('path/to/sst/dataset/dev.txt')

for inst in train_dataset + dev_dataset:
    print(inst)
```

在许多情况下，可以通过数据加载器访问数据集读取器。数据加载器是一个 AllenNLP 抽象类(实际上是 PyToch 数据加载器的薄包装器)，它处理数据并在批处理实例上迭代。接下来需要指定实例如何排序、批量大小，以传递给训练算法。这里使用了 AllenNLP 的 BucketBatchSampler 类，具体代码如下所示。

```
reader = StanfordSentimentTreeBankDatasetReader()

sampler = BucketBatchSampler(batch_size=32, sorting_keys=["tokens"])
train_data_loader = MultiProcessDataLoader(
    reader, train_path, batch_sampler=sampler)
dev_data_loader = MultiProcessDataLoader(
    reader, dev_path, batch_sampler=sampler)
```

4.4.2 词表和词元索引器

在许多 NLP 应用中的第二步是构建词表。在计算机科学中，词表是一个理论概念，代表了一种语言中所有可能的单词集合。但在 NLP 中，它通常只意味着出现在数据集中所有词元去重后的集合。因为根本不可能知道一种语言中所有可能的单词组合，而且对于 NLP 应用也没有必要。存储在词表中的内容称为词表项(或简称为项)。词表项通常是一个单词，不过根据手头的任务，可以是任何形式的语言单位，包括字符、字符 n-gram 和用于语言标注的标签(如词性或句法标注)。

AllenNLP 使用 Vocabulary 类来表示词表。Vocabulary 类不仅负责存储在数据集中出现的词表项，而且还保存词表项与其 ID 之间的映射。如前所述，神经网络和机器学习模型通常只能处理数字，因此需要有一种方法将离散的词表项映射为数字表示，如单词 ID。该词表还用于将 NLP 模型的结果映射回原始的单词和标签，以便人类可以阅读它们。

可以使用以下代码从实例中创建一个 Vocabulary 对象。

```
vocab=Vocabulary.from_instances(chain(train_data_loader.iter_instances()
                            dev_data_loader.iter_instances()),
                    min_count={"tokens": 3})
```

这里需要注意几件事。首先，因为处理的是迭代器(由数据加载器的 iter_instances() 方法返回)，所以需要使用 itertools 模块中的 chain 方法来枚举两个数据集中的所有实例。

其次，AllenNLP 的 Vocabulary 类支持命名空间(namespace)，可以用命名空间来避免混淆不同系统中的词表项。这点很有用——若正在构建一个机器翻译系统，要读取一个包含英语原文和法语译文的数据集。如果没有命名空间，就只能将所有英语和法语单词放进一个集合中。这通常问题不大，因为英语单词("hi""thank you""language")和法语单词("bonjour""merci""langue")在大多数情况下看起来非常不同。然而，还是有许多单词在两种语言中看起来是完全相同的。例如，"chat"在英语中表示"talk"，在法语中表示"cat"，但很难想象有人想把这两个词混在一个集合中，并分配相同的 ID(和嵌入)。为了避免这种冲突，可以在词表里使用命名空间按类型存储词表项。

你可能已经注意到 form_instances()函数有一个 min_count 参数。这个参数用于为命名空间指定词表项在数据集出现的最小次数。所有出现频率低于该阈值的词表项都被视为"未知"(unknown)项。这是一个好主意：在一种典型的语言中，极少量的单词会经常使用(如英语中的"the""a""of")，极大量的单词很少使用。这表现为词频的长尾分布。但是，这些超级不常见的单词不太可能为模型添加任何有用的信息，而且正是因为它们很少出现，所以很难从它们那里学到任何有用的模式。此外，如果这类词数量太多，会导致词表大小过大和模型参数数量过多。在这种情况下，NLP 常见的做法是切断这个长尾，并将所有罕见的单词折叠成一个实体<UNK>(用于"未知"单词)。

最后，需要使用 AllenNLP 的词元索引器(TokenIndexer)索引词元。在大多数情况下，词元及其索引之间是一对一映射的，但你可以根据自己的模型需要，使用更高级的方法索引词元(如使用字符 n-gram)。

在创建一个词表后，可以告诉数据加载器使用指定的词表对词元进行索引，如以下代码所示。至此，已通过数据加载器将从数据集中读取的词元映射为整数 ID。

```
train_data_loader.index_with(vocab)
dev_data_loader.index_with(vocab)
```

4.4.3 词元嵌入和 RNN

使用词表和词元索引器索引单词之后，还需要对它们进行嵌入。AllenNLP 的 TokenEmbedder 抽象类可以将单词索引作为输入，并生成词嵌入向量作为输出。有很多种方式可以将单词嵌入成连续向量，但如果只需要将词元一对一映射到嵌入向量，则只需要按以下代码使用 Embedding 类。

```
token_embedding = Embedding(
    num_embeddings=vocab.get_vocab_size('tokens'),
    embedding_dim=EMBEDDING_DIM)
```

以上代码将创建一个 Embedding 实例，它接收单词的 ID，并将它们以一对一的方式转换为固定长度的向量。该实例能够支持的唯一单词数量通过 num_embeddings 传入，该参数等于词表 tokens 命名空间的大小。embedding 实例的维数(即嵌入向量的长度)通过 embedding_dim 参数传入。

接下来定义 RNN，并将一个可变长度的输入(一个单词嵌入值列表)转换为一个固定长度的向量。正如 4.1 节讨论的，可以将 RNN 看作这么一个神经网络结构：它接收一序列事物(单词)然后返回一个固定长度的向量。AllenNLP 将这样的模型抽象为 Seq2VecEncoder 类，因此可以使用 Seq2VecEncoder 类创建一个 LSTM RNN，具体代码如下所示：

```
encoder = PytorchSeq2VecWrapper(
    torch.nn.LSTM(EMBEDDING_DIM, HIDDEN_DIM, batch_first=True))
```

这里封装了很多细节，但只需要知道其本质上是将 PyTorch 的 LSTM 实现 (torch.nn.LSTM)进行了封装，使其能够插入到 AllenNLP 流水线中。torch.nn.LSTM()的第一个参数是输入向量的维数，第二个参数是 LSTM 内部状态的维数。最后一个参数 batch_first 指定了用于批量处理的输入/输出张量结构。但只要使用 AllenNLP，通常就不需要操心里面的细节。

　　注意：在 AllenNLP 中，一切都以批量为第一维，这意味着任何张量的第一个维数总是等于批量中实例的数量。

4.4.4　构建个人模型

现在已经定义好所有的子组件，也已经准备好构建预测模型了。多亏了 AllenNLP 精心设计的抽象类，你可以通过继承 AllenNLP 的模型类并覆盖 forward()方法来轻松地构建个人模型。你通常不需要知道张量的形状和尺寸等细节。代码清单 4.1 定义了用于分类句子的 LSTM RNN。

代码清单 4.1　LSTM 句子分类器

```
@Model.register("lstm_classifier")
class LstmClassifier(Model):                          继承 AllenNLP 的
    def __init__(self,                                Model 类
                 embedder: TextFieldEmbedder,
                 encoder: Seq2VecEncoder,
                 vocab: Vocabulary,
                 positive_label: str = '4') -> None:
        super().__init__(vocab)
        self.embedder = embedder
        self.encoder = encoder                        创建一个线性层将
                                                      RNN 输出转换为另
        self.linear = torch.nn.Linear(                一个长度的向量
            in_features=encoder.get_output_dim(),
            out_features=vocab.get_vocab_size('labels'))
        positive_index = vocab.get_token_index(
            positive_label, namespace='labels')
        self.accuracy = CategoricalAccuracy()         将标签 ID 输入 F1Measure()
        self.f1_measure = F1Measure(positive_index)   表示积极，"4"表示"强
                                                      积极"
        self.loss_function = torch.nn.CrossEntropyLoss()
                                                      使用交叉熵损失
    def forward(self,                                 函数。直接获取
                tokens: Dict[str, torch.Tensor],      CrossEntropyLoss
                label: torch.Tensor = None) -> torch.Tensor:  返回的 logit(不进
        mask = get_text_field_mask(tokens)            行 softmax)

        embeddings = self.embedder(tokens)
        encoder_out = self.encoder(embeddings, mask)
```

将实例分解为字段，然后传递给 forward()

```
        logits = self.linear(encoder_out)

        output = {"logits": logits}
        if label is not None:
            self.accuracy(logits, label)
            self.f1_measure(logits, label)
            output["loss"] = self.loss_function(logits, label)

        return output

    def get_metrics(self, reset: bool = False) -> Dict[str, float]:
        return {'accuracy': self.accuracy.get_metric(reset),
                **self.f1_measure.get_metric(reset)}
```

forward()的输出是一个包含了"loss"的dict

返回准确率、查准率、查全率和F1-度量作为指标

其中，每个 AllenNLP Model 类都继承自 PyTorch 的 Module 类，这意味着如果有需要，即可使用 PyTorch 的底层操作。在利用 AllenNLP 的高级抽象类定义模型时，这一点提供了很大的灵活性。

4.4.5　把所有东西整合在一起

最后，通过实现整条流水线来训练情感分析器并完成本节，具体代码如代码清单 4.2 所示。

代码清单 4.2　情感分析器的训练流水线

```
EMBEDDING_DIM = 128
HIDDEN_DIM = 128

reader = StanfordSentimentTreeBankDatasetReader()

train_path = 'path/to/sst/dataset/train.txt'
dev_path = 'path/to/sst/dataset/dev.txt'

sampler = BucketBatchSampler(batch_size=32, sorting_keys=["tokens"])
train_data_loader = MultiProcessDataLoader(
    reader, train_path, batch_sampler=sampler)
dev_data_loader = MultiProcessDataLoader(
    reader, dev_path, batch_sampler=sampler)
vocab = Vocabulary.from_instances(chain(train_data_loader.iter_instances(),
                                        dev_data_loader.iter_instances()),
                                  min_count={'tokens': 3})
train_data_loader.index_with(vocab)
dev_data_loader.index_with(vocab)

token_embedding = Embedding(
    num_embeddings=vocab.get_vocab_size('tokens'),
    embedding_dim=EMBEDDING_DIM)

word_embeddings = BasicTextFieldEmbedder({"tokens": token_embedding})
```

定义如何构造数据加载器

```
encoder = PytorchSeq2VecWrapper(
    torch.nn.LSTM(EMBEDDING_DIM, HIDDEN_DIM, batch_first=True))

model = LstmClassifier(word_embeddings, encoder, vocab)    ◄── 初始化模型

optimizer = optim.Adam(model.parameters())    ◄── 定义优化器

trainer = GradientDescentTrainer(    ◄── 初始化训练器
    model=model,
    optimizer=optimizer,
    data_loader=train_data_loader,
    validation_data_loader=dev_data_loader,
    patience=10,
    num_epochs=20,
    cuda_device=-1)
    trainer.train()
```

在使用 train()创建和调用训练器实例后，训练流水线就完成了。至此已把训练所需的所有组件(模型、优化器、数据加载器、数据集和一堆超参数)都传递进训练器。

优化器是一种调整模型参数以最小化损失值的算法。这里使用了一种名为 Adam 的优化器，这是一个很好的"默认"优化器，可以作为现实中的第一选项。然而，正如第 2章提到的，很多时候需要尝试不同的模型优化器，以选出最适合模型的那个。

4.5　配置 AllenNLP 训练流水线

你可能已经注意到,代码清单 4.2 中只有很少代码是特定于句子分类问题的。实际上,加载数据集、初始化模型、将迭代器和优化器插入训练器中，这些几乎都是每个 NLP 训练流水线中的常见步骤。如果想在许多相关的任务中重用相同的训练流水线，而不想从头开始编写训练脚本，那该怎么办？另外，如果想尝试不同的配置集(如不同的超参数、神经网络架构)并保存尝试的确切配置，又该怎么办？

对于这些问题，AllenNLP 提供了一个方便的框架，你可以在其中编写 JSON 格式的配置文件。其思路是，编写训练流水线的细节(例如，使用哪个数据集读取器、使用哪些模型和子组件以及超参数)，全部存在一个 JSON 格式的文件中(更准确地说，AllenNLP使用的格式是 Jsonnet，它是 JSON 的超集)。这样便不必重写模型文件或训练脚本，只需要将配置文件提供给 AllenNLP 命令行可执行程序，然后该框架就会根据配置文件运行训练流水线。如果想为模型尝试不同的配置，只需更改配置文件(或创建一个新的配置文件)，然后再次运行流水线，而无须更改 Python 代码。这是一个很好的做法，能使你的实验易于管理和可重复使用。你只需要管理配置文件及其结果——相同的配置总是会产生相同的结果。

一个典型的 AllenNLP 配置文件由 3 个主要部分组成——数据集、模型和训练流水线。下面显示是第一部分(数据集)，该部分指定了要使用哪些数据集文件以及如何使用。

```
"dataset_reader": {
    "type": "sst_tokens"
```

```
    },
    "train_data_path": "https://./s3.amazonaws.com/realworldnlpbook/data/
        stanfordSentimentTreebank/trees/train.txt",
    "validation_data_path": "https://./s3.amazonaws.com/realworldnlpbook/data/
        stanfordSentimentTreebank/trees/dev.txt"
```

这部分有 3 个键：dataset_reader、train_data_path 和 validation_data_path。第一个键 dataset_reader 指定使用哪个 DatasetReader 来读取文件。在 AllenNLP 中，数据集读取器、模型、预测器以及许多其他类型的模块，都可以使用装饰器语法进行注册，然后从配置文件中引用。例如，如果查看 StanfordSentimentTreeBankDatasetReader 类的定义代码：

```
@DatasetReader.register("sst_tokens")
class StanfordSentimentTreeBankDatasetReader(DatasetReader):
...
```

就会注意到它通过使用 @DatasetReader.register("sst_tokens")注解，以 sst_tokens 作为名称进行注册，这么做可以在配置文件中通过"type": "sst_tokens"引用它。

在配置文件的第二部分中，可以按如下方式指定要训练的模型。

```
"model": {
    "type": "lstm_classifier",

    "embedder": {
      "token_embedders": {
        "tokens": {
          "type": "embedding",
          "embedding_dim": embedding_dim
        }
      }
    },
    "encoder": {
        "type": "lstm",
        "input_size": embedding_dim,
        "hidden_size": hidden_dim
    }
}
```

如前所述，在 AllenNLP 中，也可以使用装饰器语法注册模型，然后就可以在配置文件中的 type 键里引用。以这里提到的 LstmClassifier 类为例，其定义如下。

```
@Model.register("lstm_classifier")
class LstmClassifier(Model):
    def __init__(self,
                    embedder: TextFieldEmbedder,
                    encoder: Seq2VecEncoder,
                    vocab: Vocabulary,
                    positive_label: str = '4') -> None:
```

模型定义部分的 JSON 字典中的其他键对应模型构造函数的参数名称。在前面的定义示例中，因为 LstmClassifier 的构造函数显性需要两个参数 embedder 和 encoder(vocab 和 positive_label 不是显性需要的)，所以模型定义部分的 JSON 字典也有两个相应的键，其值也与模型定义遵循相同约定。

　　在配置文件的最后一部分，可以按如下方式指定数据加载器和训练器。这里的约定类似于模型定义——指定类的类型以及传递给构造函数的参数，具体配置如下。

```
"data_loader": {
  "batch_sampler": {
    "type": "bucket",
    "sorting_keys": ["tokens"],
    "padding_noise": 0.1,
    "batch_size" : 32
  }
},
"trainer": {
  "optimizer": "adam",
  "num_epochs": 20,
  "patience": 10
}
```

　　可以在代码存储库(http://realworldnlpbook.com/ch4.html#sst-json)查看完整的 JSON 配置文件。在定义了 JSON 配置文件之后，就可以参照如下代码输入 allennlp 命令。

```
allennlp train examples/sentiment/sst_classifier.jsonnet \
    --serialization-dir sst-model \
    --include-package examples.sentiment.sst_classifier
```

　　serialization-dir 指定了训练得出的模型(以及其他信息，如词表序列化之后的数据)将要存储的位置。你还需要使用--include-package 指定 LstmClassifier 的模块路径，以便配置文件能够找到已注册的类。

　　正如第 2 章所述，训练结束后，可以使用以下命令启动一个简单的基于 Web 的演示界面。

```
$ allennlp serve \
    --archive-path sst-model/model.tar.gz \
    --include-package examples.sentiment.sst_classifier \
    --predictor sentence_classifier_predictor \
    --field-name sentence
```

4.6　实战示例：语言检测

　　本节讨论另一个场景——语言检测，它也可以表述为一个句子分类任务。语言检测系统是指给定一段文本，然后检测文本所使用的语言。它在其他 NLP 应用中有广泛的用途。例如，Web 搜索引擎可能希望在处理和索引网页之前检测网页的语言。Google 翻译还可以根据输入内容自动切换源语言。

　　先看看语言检测系统到底是什么样的。你能说出下面每一行是什么语言吗？这些句子都取自 Tatoeba 项目(https://tatoeba.org/)。

```
Contamos con tu ayuda.
Bitte überleg es dir.
Parti için planları tartıştılar.
Je ne sais pas si je peux le faire.
```

```
Você estava em casa ontem, não estava?
Ĝi estas rapida kaj efika komunikilo.
Ha parlato per un'ora.
Szeretnék elmenni és meginni egy italt.
Ttwaliy nezmer ad nili d imeddukal.
```

答案是：西班牙语、德语、土耳其语、法语、葡萄牙语、世界语、意大利语、匈牙利语和柏柏尔语。我从 Tatoeba 项目中十大受欢迎语言中选择了它们。你可能不熟悉这里列出的一些语言。世界语是 19 世纪晚期发明的一种结构化辅助语言。柏柏尔语实际上是北非一些地区使用的一组相关语言，是阿拉伯语等闪族语言的表示。

即使你不会说，也许你能识别出其中的一些语言。让我们退一步想想你是怎么做到的。人们可以在不会这种语言的情况下做到这一点，因为这些语言都是用罗马字母写的，彼此看起来非常相似。你可能已经识别出一些语言的独特变音符号(重音)——例如，"ü"表示德语，"ã"表示葡萄牙语。这些都是辨识这些语言的有力线索。或者你只知道一些单词——例如，西班牙语中的"ayuda"(意思是"帮助")和法语中的"pas"("ne...pas"是法语的否定语法)。似乎每一种语言都有它自己的特点——都有一些独特的字符或单词，这使它很容易与其他语言区分开来。这听起来很像是一种机器学习擅长解决的问题。能创建一个可以自动做到这一点的 NLP 系统吗？应该怎么构造它呢？

4.6.1 使用字符作为输入

可以以类似于情感分析器的方式构建语言检测器。首先使用 RNN 来读取输入文本，并将其转换为一些内部表示形式(隐藏状态)。然后，使用一个线性层将它们转换为一组对应于文本用每种语言编写的概率的分数。最后，使用交叉熵损失函数来训练模型。

情感分析器和语言检测器之间的一个主要区别是如何将输入参数传入到 RNN 中。在构建情感分析器时，我们使用了斯坦福情感树库，并假设输入文本总是英语，并且已经词元化了。但对于语言检测并非如此。事实上，甚至不知道输入文本是不是用一种很容易词元化的语言写成——如果这个句子是用中文写的呢？或者是用因其复杂形态而出名的芬兰语？如果知道该语言是什么语言，那么就可以使用特定于该语言的词元分析器，但是我们要构建的就是用于检测语言的语言检测器，我们不知道它是什么语言。这听起来像是一个典型的先有鸡还是先有蛋的问题。

为了解决这个问题，我们不使用词元作为 RNN 的输入，而是使用字符。其想法是将输入分解为单个字符，然后一次性地将它们输入给 RNN，甚至把空格和标点符号也一起输入进 RNN。当输入可以更好地表示为一个字符序列(如中文或未知语言)，或者当你想最好地利用单词的内部结构(如第 3 章提到的 fastText 模型)，使用字符是一种常见的做法。RNN 强大的表征能力仍然可以捕捉到字符与前面提到的一些常见单词和 n-gram 之间的关系。

4.6.2 创建数据集读取器

我基于 Tatoeba 项目创建了用于这个语言检测任务的训练集和验证集。我在 Tatoeba

上选择了最流行的 10 种语言，为训练集采样了 10 000 个句子，为验证集采样了 1 000 个句子。以下是这个数据集的一部分节选：

```
por De entre os designers, ele escolheu um jovem ilustrador e deu-lhe a tarefa.
por A apresentação me fez chorar.
tur Bunu denememize gerek var mı?
tur O korkutucu bir parçaydı.
ber Tebḍamt aɣrum-nni ɣef sin, naɣ?
ber Ad teddud ad twalid taqbuct n umaḍal n tkurt n uḍar deg Brizil?
eng Tom works at Harvard.
eng They fixed the flat tire by themselves.
hun Az arca hirtelen elpirult.
hun Miért aggodalmaskodsz? Hiszen még csak egy óra van!
epo Sidiĝu sur la benko.
epo Tiu ĉi kutime funkcias.
fra Vu d'avion, cette île a l'air très belle.
fra Nous boirons à ta santé.
deu Das Abnehmen fällt ihm schwer.
deu Tom war etwas besorgt um Maria.
ita Sono rimasto a casa per potermi riposare.
ita Le due più grandi invenzioni dell'uomo sono il letto e la bomba atomica:
    il primo ti tiene lontano dalle noie, la seconda le elimina.
spa He visto la película.
spa Has hecho los deberes.
```

第一个字段是一个三字母的语言代码，它表示文本使用的语言。第二个字段开始才是文本本身。这些字段用一个制表符字符分隔。可以从代码存储库(https://github.com/mhagiwara/realworldnlp/tree/master/data/tatoeba)中获取这个数据集。

构建语言检测器的第一步是准备一个数据集读取器，用于读取这种格式的数据集。在前面的示例(情感分析器)中，由于 AllenNLP 已经提供了斯坦福情感树库数据集阅读器，因此只需要导入和使用它，而不需要再构造。在本例中，则需要自己构造。但幸运的是，这个工作并不困难。要编写一个数据集读取器，只需要做以下 3 件事：

- 继承 DatasetReader 类以创建个人数据集读取器类。
- 重写 text_to_instance()方法以获取原始文本并将其转换为实例对象。
- 重写_read()方法并调用前面定义的 text_to_instance()方法以读取文件内容并生成实例。

数据集读取器的完整代码如代码清单 4.3 所示。在此之前，我们假设已经导入所需要的类和模块。

```python
from typing import Dict

import numpy as np
import torch
import torch.optim as optim
from allennlp.common.file_utils import cached_path
from allennlp.data.data_loaders import MultiProcessDataLoader
from allennlp.data.dataset_readers import DatasetReader
from allennlp.data.fields import LabelField, TextField
from allennlp.data.instance import Instance
from allennlp.data.samplers import BucketBatchSampler
```

```
from allennlp.data.token_indexers import TokenIndexer, SingleIdTokenIndexer
from allennlp.data.tokenizers.character_tokenizer import CharacterTokenizer
from allennlp.data.vocabulary import Vocabulary
from allennlp.modules.seq2vec_encoders import PytorchSeq2VecWrapper
from allennlp.modules.text_field_embedders import BasicTextFieldEmbedder
from allennlp.modules.token_embedders import Embedding
from allennlp.training import GradientDescentTrainer
from overrides import overrides

from examples.sentiment.sst_classifier import LstmClassifier
```

代码清单 4.3　语言检测器的数据集读取器

```
class TatoebaSentenceReader(DatasetReader):
    def __init__(self,
                    token_indexers: Dict[str, TokenIndexer]=None):
        super().__init__()
        self.tokenizer = CharacterTokenizer()
        self.token_indexers = token_indexers or {'tokens':
SingleIdTokenIndexer()}

    @overrides
    def text_to_instance(self, tokens, label=None):
        fields = {}

        fields['tokens'] = TextField(tokens, self.token_indexers)
        if label:
            fields['label'] = LabelField(label)

        return Instance(fields)

    @overrides
    def _read(self, file_path: str):
        file_path = cached_path(file_path)
        with open(file_path, "r") as text_file:
            for line in text_file:
                lang_id, sent = line.rstrip().split('\t')

                tokens = self.tokenizer.tokenize(sent)

                yield self.text_to_instance(tokens, lang_id)
```

每个新的数据集读取器都要继承 DatasetReader

使用 CharacterTokenizer() 将文本词元化为字符

测试时将标签设为 None

如果 file_path 是一个 URL，则返回磁盘缓存文件的实际路径

使用前面定义的 text_to_instance() 生成实例

　　注意，代码清单 4.3 中的数据集阅读器使用 CharacterTokenizer() 将文本词元化为字符。它的 tokenize() 方法返回一个词元列表，这些词元是 AllenNLP 对象，里面包含着字符。

4.6.3　构建训练流水线

　　构建完数据集读取器之后，训练流水线的其余部分看起来类似于情感分析器。事实上，可以重用之前定义的 LstmClassifier 类，而不需要任何修改。整个训练流水线可以参考代码清单 4.4。也可以访问 Google Colab 笔记本来查看完整代码：http://realworldnlpbook. com/ch4.html#langdetect。

代码清单 4.4 语言检测器的训练流水线

```
EMBEDDING_DIM = 16
HIDDEN_DIM = 16

reader = TatoebaSentenceReader()
train_path = 'https:/ /s3.amazonaws.com/realworldnlpbook/data/tatoeba/
    sentences.top10langs.train.tsv'
dev_path = 'https:/ /s3.amazonaws.com/realworldnlpbook/data/tatoeba/
    sentences.top10langs.dev.tsv'

sampler = BucketBatchSampler(batch_size=32, sorting_keys=["tokens"])
train_data_loader = MultiProcessDataLoader(
    reader, train_path, batch_sampler=sampler)
dev_data_loader = MultiProcessDataLoader(
    reader, dev_path, batch_sampler=sampler)

vocab = Vocabulary.from_instances(train_data_loader.iter_instances(),
                                  min_count={'tokens': 3})
train_data_loader.index_with(vocab)
dev_data_loader.index_with(vocab)

token_embedding = Embedding(num_embeddings=vocab.get_vocab_size('tokens'),
                            embedding_dim=EMBEDDING_DIM)
word_embeddings = BasicTextFieldEmbedder({"tokens": token_embedding})
encoder = PytorchSeq2VecWrapper(
    torch.nn.LSTM(EMBEDDING_DIM, HIDDEN_DIM, batch_first=True))

model = LstmClassifier(word_embeddings,
                       encoder,
                       vocab,
                       positive_label='eng')

train_dataset.index_with(vocab)
dev_dataset.index_with(vocab)

optimizer = optim.Adam(model.parameters())

trainer = GradientDescentTrainer(
    model=model,
    optimizer=optimizer,
    data_loader=train_data_loader,
    validation_data_loader=dev_data_loader,
    patience=10,
    num_epochs=20,
    cuda_device=-1)

trainer.train()
```

运行这个训练流水线，可得到以下验证集中的运行结果。

```
accuracy: 0.9461, precision: 0.9481, recall: 0.9490, f1_measure: 0.9485, loss: 0.1560
```

看起来很不错！这意味着训练得出的检测器在大约 20 个句子中只犯了一个错误。准确率为 0.9481 意味着在 20 个被归类为英语的例子中，只有一个假阳性(被探测器误报的句子)。查全率为 0.9490 意味着在 20 个真实的英语实例中，只有一个假阴性(被探测器遗漏的英语句子)。

4.6.4　用新的实例预测

　　最后用没有出现在训练集或验证集中的数据进行预测，看看语言检测器表现如何。

　　这一步其实可以像 2.8.1 节那样使用 predictor。不过，我不想调用现成的 predictor，想自己写一个。核心代码只有一行，就是调用该模型的 forward_on_instances()方法，具体代码如下。

```
def classify(text: str, model: LstmClassifier):
    tokenizer = CharacterTokenizer()
    token_indexers = {'tokens': SingleIdTokenIndexer()}

    tokens = tokenizer.tokenize(text)
    instance = Instance({'tokens': TextField(tokens, token_indexers)})
    logits = model.forward_on_instance(instance)['logits']
    label_id = np.argmax(logits)
    label = model.vocab.get_token_from_index(label_id, 'labels')

    print('text: {}, label: {}'.format(text, label))
```

　　以上方法首先通过 text 和 model 参数获取输入文本和模型，并将其传递给词元分析器，创建一个实例对象。然后调用模型的 forward_on_instance()方法得到 logit，即目标标签(语言)的分数。再调用 np.argmax 获得与最大 logit 值对应的标签 ID，最后通过使用与模型关联的词表对象将其转换为标签文本。

　　当用没有出现在训练集或验证集中的数据运行这个方法后，得到了以下结果。注意，由于一些随机性，你得到的结果可能与此处的不同。

```
text: Take your raincoat in case it rains., label: fra
text: Tu me recuerdas a mi padre., label: spa
text: Wie organisierst du das Essen am Mittag?, label: deu
text: Il est des cas où cette règle ne s'applique pas., label: fra
text: Estou fazendo um passeio em um parque., label: por
text: Ve, postmorgaŭ jam estas la limdato., label: epo
text: Credevo che sarebbe venuto., label: ita
text: Nem tudja, hogy én egy macska vagyok., label: hun
text: Nella ur nli qrib acemma deg tenwalt., label: ber
text: Kurşun kalemin yok, değil mi?, label: tur
```

　　可见预测几乎是完美的，除了第一句话——它实际上是英语，而不是法语。令人惊讶的是，该模型在这样一个看似简单的句子上预测错误，但它却正确地预测了更难辨别的语言(如匈牙利语)。请记住，说英语的人识别这种语言的困难程度与计算机对这种语言进行分类的困难程度没有任何关系。事实上，一些"困难"的语言，如匈牙利语和土耳其语，有非常清晰的信号(重音标记和独特的单词)，使它们很容易被分辨。另一方面，第一句话中缺乏明确的信号可能导致模型难以正确预测。

接下来你可以尝试以下几件事：调整一些超参数，以查看评估指标和最终的预测结果如何变化；尝试大量的测试实例来看看错误究竟是如何分布的(如在哪两种语言之间)；关注某些实例，看看模型为什么会犯这样的错误。当你在处理现实中的 NLP 应用时，这些都是很重要的实践。第 10 章详细讨论这些主题。

4.7 本章小结

- 循环神经网络(RNN)是一个带有循环的神经网络。它可以将可变长度的输入转换为固定长度的向量。
- 非线性函数是使神经网络真正强大的一个关键组件。
- LSTM 和 GRU 是 RNN 的两种变体，比普通的 RNN 更容易训练。
- 可以使用准确度、查准率、查全率和 F-度量来度量分类问题。
- AllenNLP 提供了一堆有用的 NLP 抽象类，如数据集读取器、实例和词表。它还提供了一种以 JSON 格式配置训练流水线的方法。
- 类似于情感分析器的语言检测器可用作句子分类应用。

第 *5* 章

序列标注和语言模型

本章涵盖以下主题：
- 使用序列标注解决词性(POS)标注和命名实体识别(NER)问题
- 更强大的 RNN——多层和双向循环神经网络(RNN)
- 使用语言模型捕获语言的统计属性
- 使用语言模型评估和生成自然语言文本

本章讨论序列标注(sequential labeling)——为句子或文档中的每个单词或标记分配标签或类别。许多 NLP 应用，如词性标注和命名实体识别，都可以定义为序列标注任务。本章的后半部分介绍语言模型的概念，这是 NLP 中最基本但最令人兴奋的主题之一。在此会讨论为什么它们很重要，以及如何使用它们来评估甚至生成一些自然语言文本。

5.1 序列标注简介

第 4 章讨论了句子分类，句子分类任务是给句子分配标签。垃圾邮件过滤、情感分析和语言检测是句子分类的一些具体例子。虽然许多现实中的自然语言处理问题可以被表述为一个句子分类任务，但这种方法局限性也可能相当大，因为根据定义，该模型只允许给整个句子分配一个标签。但如果想要处理一些更细粒度的细节呢？例如，如果想处理单个单词，而不仅仅是处理句子呢？最典型的场景是当想从句子中提取一些细节时，无法通过句子分类轻易解决。这时就该序列标注登场了。

5.1.1 什么是序列标注

序列标注是一种 NLP 任务：给定一个序列(如句子)，NLP 系统会为输入序列的每个元素(如单词)分配一个标签。句子分类与之不同，句子分类只对整个输入句子分配一个标签。图 5.1 展示了两者的对比。

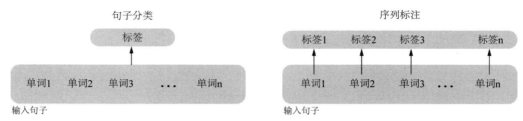

图 5.1   句子分类与序列标注

但为什么这是个好主意呢？什么时候需要为每个单词贴上一个标签？当想要分析一个句子中每个单词的语言信息时。例如，第 1 章提到的词性(POS)标注，会为输入句子中的每个单词生成一个 POS 标记(tag)，如名词、动词和介词，这就是序列标注的完美应用。详见图 5.2。

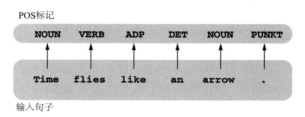

图 5.2   使用序列标注得出的词性(POS)标记

POS 标注是最基本、最重要的 NLP 任务之一。许多英语单词(以及许多其他语言中的单词)都是模棱两可的，这意味着它们有多种可能的解释。例如，"book"这个词可以用来描述一个由页面组成的实物或电子产品("I read a book")或预留一些东西的动作("I need to book a flight")。通过了解"book"在句子的实际含义，下游的 NLP 任务(如解析和分类)，将会大大受益。如果要构建一个语音合成系统，必须知道某些单词的实际含义才能正确发音——"lead"为名词(意为一种金属)时与"bed"发音相近，而为动词(意为引导)时与"bead"的音相近。POS 标注是解决这种模糊性的重要的第一步。

另一种情况是，当你想从一个句子中提取一些信息时。例如，如果想提取句子的子序列(短语)，如名词短语和动词短语，这也是一项序列标注任务。如何通过标注来提取呢？思路是用标签标出所需信息的开始和结束的单词。这方面的一个例子是命名实体识别(Named Entity Recognition，NER)，命名实体识别是一个用来识别真实世界实体(如专有名词和数字表达式)的任务(见图 5.3)。

命名实体识别(NER)

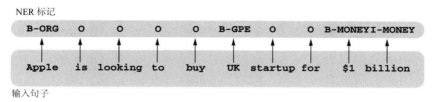

图 5.3　使用序列标注进行命名实体识别(NER)

注意，所有不属于任何命名实体的单词都被标记为 O(Outside 的缩写)。现在，可以先忽略图 5.3 中的一些神秘标签，如 B-GPE 和 I-money。5.4 节会详细讲解它们以及命名实体识别。

5.1.2　使用 RNN 编码序列

句子分类中使用循环神经网络(RNN)将可变长度的输入转换为固定长度的向量。这个固定长度的向量又称状态(state)，由线性层转换成一组"分数"，可捕捉用于获取句子标注所必需的输入句子信息。在继续之前，先回顾一下，这个 RNN 所做的事情可以用以下的伪代码和图 5.4 表示。

```
def rnn_vec(words):
    state = init_state()
    for word in words:
        state = update(state, word)
    return state
```

循环神经网络(RNN)

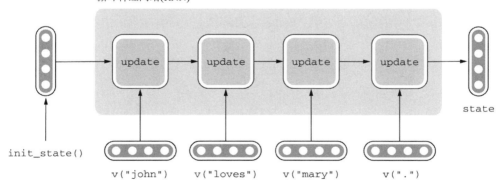

图 5.4　句子分类的循环神经网络(RNN)

什么样的神经网络可以用于序列标注？只有整个句子的信息似乎是不够的，似乎还需要句子中每个单词的信息。如果仔细查看 rnn_vec()的伪代码，就可能会发现已经有了句子中每个单词(word)的信息，只不过都是存在一个状态(state)中。为什么不用一个列表把每个单词的状态都存起来呢？就像下面这个函数：

```
def rnn_seq(words):
    state = init_state()
    states = []
    for word in words:
        state = update(state, word)
        states.append(state)
    return states
```

如果将以上函数应用于图 5.2 所示的示例并展开，即不采用循环的形式，则可转变成如下的形式。

```
state = init_state()
states = []
state = update(state, v("time"))
states.append(state)
state = update(state, v("flies"))
states.append(state)
state = update(state, v("like"))
states.append(state)
state = update(state, v("an"))
states.append(state)
state = update(state, v("arrow"))
states.append(state)
state = update(state, v("."))
states.append(state)
```

注意，这里的 v() 表示一个返回输入单词的嵌入值的函数。以上代码可以可视化成图 5.5。不难发现，与全程只有一个 state 的图 5.4 句子分类 RNN 相比，图 5.5 的序列标注 RNN 对每个 word 都有一个 state。state 列表的长度与 word 序列的长度相同。state 的最终值，即 state[-1]，与前面的 rnn_vec() 的返回值相同。

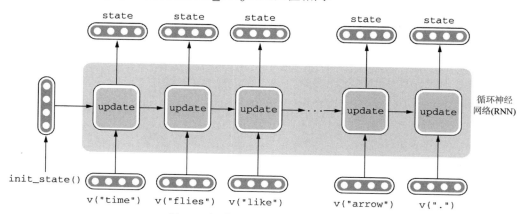

图 5.5　序列标注的循环神经网络(RNN)

可以把这个 RNN 看作一个黑盒子，输入一个(词嵌入)序列，输出一个带有输入中的单个单词信息的(状态)序列。这种架构称为 Seq2Seq("序列到序列")编码器，而前面的句子分类架构是将输入序列返回一个向量(Seq2Vec，即序列到向量)。AllenNLP 对这种架构有一个 Seq2SeqEncoder 的抽象类。

最后一步是对这个 RNN 的每个状态应用一个线性层，以获得一组与每个标签可能性相对应的分数。如果是词性标注任务，那么就需要 NOUN(名词)、VERB(动词)等标签的分数，对每个单词都是这样处理。具体整个转换流程如图 5.6 所示。注意，每个状态都应用相同的线性层(具有相同的一组参数)。

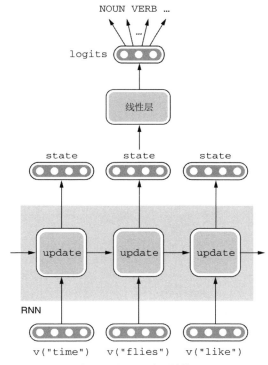

图 5.6　对 RNN 应用线性层

至此，使用几乎与句子分类结构相同的 RNN 来进行序列标注就完成了。唯一的区别就是序列标注 RNN 会对每个单词产生一个隐藏状态，而不仅仅是对整个句子。然后通过对每个隐藏状态应用线性层以获得用于确定该单词标签的分数。

5.1.3　实现 AllenNLP 的 Seq2Seq 编码器

如前所述，AllenNLP 有一个名为 Seq2SeqEncoder 的抽象类，用于抽象所有的 Seq2Seq 编码器，它接收一个向量序列，然后返回另一个修改后的向量序列。理论上，可以继承该类并实现自己的 Seq2Seq 编码器。然而，在现实中，很可能会使用 PyTorch/AllenNLP 自带的现成实现之一，如 LSTM 和 GRU。不知你是否还记得，在前面章节为情感分析器构建编码器时，我们使用 PytorchSeq2VecWrapper 把 PyTorch 内置的 torch.nn.LSTM 包装了一下，从而得以兼容 AllenNLP 的抽象类。

```
encoder = PytorchSeq2VecWrapper(
```

```
torch.nn.LSTM(EMBEDDING_DIM, HIDDEN_DIM, batch_first=True))
```

同样,这里使用 PytorchSeq2SeqWrapper 把 PyTorch 内置的 torch.nn.LSTM 包装了一下,从而得以兼容 AllenNLP 的 Seq2SeqEncoder,因此需要如下初始化 Seq2Seq 编码器。

```
encoder = PytorchSeq2SeqWrapper(
torch.nn.LSTM(EMBEDDING_DIM, HIDDEN_DIM, batch_first=True))
```

就是这么简单!虽然还有一些细节需要注意,但已经足以让人惊喜,只需要对句子分类代码进行很少的修改,就可以用于序列标注。这要归功于 AllenNLP 强大的抽象能力——大多数时候,只需要操心单个组件如何相互交互,而不需要操心这些组件内部是如何工作的。

5.2 构建词性标注器

本节构建我们的第一个序列标注应用——词性(POS)标注器。可以在 Google Colab 笔记本(http://realworldnlpbook.com/ch5.html#pos-nb)上看到该应用的所有代码。假设已经导入了所有需要的依赖项。

```
from itertools import chain
from typing import Dict

import numpy as np
import torch
import torch.optim as optim

from allennlp.data.data_loaders import MultiProcessDataLoader
from allennlp.data.samplers import BucketBatchSampler
from allennlp.data.vocabulary import Vocabulary
from allennlp.models import Model
from allennlp.modules.seq2seq_encoders import Seq2SeqEncoder,
    PytorchSeq2SeqWrapper
from allennlp.modules.text_field_embedders import TextFieldEmbedder,
    BasicTextFieldEmbedder
from allennlp.modules.token_embedders import Embedding
from allennlp.nn.util import get_text_field_mask,
    sequence_cross_entropy_with_logits
from allennlp.training.metrics import CategoricalAccuracy
from allennlp.training import GradientDescentTrainer
from
    allennlp_models.structured_prediction.dataset_readers.universal_dependen
    cies import UniversalDependenciesDatasetReader

from realworldnlp.predictors import UniversalPOSPredictor
```

5.2.1 读取数据集

如第 1 章所述,词性(POS)是指把单词按照相似的语法属性进行分类。词性标注是指把句子中每个单词相应的词性标注出来。POS 标注的训练集需要遵循词性标记类别，这些词性标记类别是每种语言已经预定义好了，不能独创。

NLP 社区比较流行的相关数据集有通用依存(Universal Dependencies，UD)标注集，这是一个适用于许多语言的依存句法标注集。除此以外还有通用词性标注集(universal part-of-speech tagset，http://realworldnlpbook.com/ch1.html#universal-pos)。

我们将使用 UD 的一个子语料库——英语黄金标准通用依存语料库(Gold Standard Universal Dependencies Corpus for English)，它是建立在英语网络树库 (EWT) (http://realworldnlpbook.com/ch5.html#ewt)之上的，可以在知识共享许可下使用。如果需要，可以从数据集页面(http://realworldnlpbook.com/ch5.html#ewt-data)下载整个数据集。

通用依存标注集的文件格式是 CoNLL-U (http://universaldependencies.org/docs/format.html)。AllenNLP 提供了一个名为 UniversalDependenciesDatasetReader 的数据集读取器，它可以读取这种文件格式的数据集，然后返回一组实例集合，实例包括单词形式、POS 标记和依存关系等信息，按如下代码初始化和使用它即可。

```
reader = UniversalDependenciesDatasetReader()
train_path = ('https:/ /s3.amazonaws.com/realworldnlpbook/data/'
              'ud-treebanks-v2.3/UD_English-EWT/en_ewt-ud-train.conllu')
dev_path = ('https:/ /s3.amazonaws.com/realworldnlpbook/'
            'data/ud-treebanks-v2.3/UD_English-EWT/en_ewt-ud-dev.conllu')
```

另外，不要忘记初始化数据加载器和词表实例，具体代码如下。

```
sampler = BucketBatchSampler(batch_size=32, sorting_keys=["words"])
train_data_loader = MultiProcessDataLoader(
    reader, train_path, batch_sampler=sampler)
dev_data_loader = MultiProcessDataLoader(
    reader, dev_path, batch_sampler=sampler)

vocab = Vocabulary.from_instances(chain(train_data_loader.iter_instances(),
                                  dev_data_loader.iter_instances()))
train_data_loader.index_with(vocab)
dev_data_loader.index_with(vocab)
```

5.2.2 定义模型和损失值

构建 POS 标注器的下一步是定义模型。如 5.1 节所述，可以使用 AllenNLP 内置的 PytorchSeq2VecWrapper 初始化一个 Seq2Seq 编码器。接下来，定义其他组件(词嵌入和 LSTM)和模型所需的一些变量，具体代码如下所示。

```
EMBEDDING_SIZE = 128
HIDDEN_SIZE = 128

token_embedding = Embedding(num_embeddings=vocab.get_vocab_size('tokens'),
                            embedding_dim=EMBEDDING_SIZE)
word_embeddings = BasicTextFieldEmbedder({"tokens": token_embedding})

lstm = PytorchSeq2SeqWrapper(
    torch.nn.LSTM(EMBEDDING_SIZE, HIDDEN_SIZE, batch_first=True))
```

现在一切就绪，可以定义 POS 标注器的模型了，具体代码如代码清单 5.1 所示。

代码清单 5.1   POS 标注器模型

```
class LstmTagger(Model):
    def __init__(self,
                 embedder: TextFieldEmbedder,
                 encoder: Seq2SeqEncoder,
                 vocab: Vocabulary) -> None:
        super().__init__(vocab)
        self.embedder = embedder
        self.encoder = encoder

        self.linear = torch.nn.Linear(
            in_features=encoder.get_output_dim(),
            out_features=vocab.get_vocab_size('pos'))      使用准确率评估 POS
                                                           标注器
        self.accuracy = CategoricalAccuracy()    ◄──┘

    def forward(self,
                words: Dict[str, torch.Tensor],
                pos_tags: torch.Tensor = None,            通过**args 捕获
                **args) -> Dict[str, torch.Tensor]:  ◄─┐  AllenNLP 解构后的
        mask = get_text_field_mask(words)             └─ 实例字段

        embeddings = self.embedder(words)
        encoder_out = self.encoder(embeddings, mask)
        tag_logits = self.linear(encoder_out)

        output = {"tag_logits": tag_logits}           Seq2Seq 编码器使用序列
        if pos_tags is not None:                      交叉熵损失函数进行训练
            self.accuracy(tag_logits, pos_tags, mask)
            output["loss"] = sequence_cross_entropy_with_logits(
                tag_logits, pos_tags, mask)    ◄──────┘

        return output

    def get_metrics(self, reset: bool = False) -> Dict[str, float]:
        return {"accuracy": self.accuracy.get_metric(reset)}
```

注意,代码清单 5.1 与我们用于构建情感分析器 LstmClassifier 的代码清单 4.1 非常相似。事实上，两者除了一些命名差异，只有一个根本的差异——损失函数的类型。

回想一下，我们在句子分类任务中使用了一个叫作交叉熵(cross entropy)的损失函数，它主要度量两个分布之间的距离。如果该模型在真实标签得出了高概率，那么损失值将会很低。否则，将会很高。但在这个句子分类任务中，整个句子只有一个标签。当每个单词都有一个标签时，如何度量预测结果离真实标签有多远呢？

答案是仍然使用交叉熵，但对输入序列中的所有元素取平均值。在我们的 POS 标注任务中，先计算每个单词的交叉熵(把每个单词当成一个单独的分类任务)，然后将输入句子中所有单词的交叉熵相加，最后除以句子的长度。最终得出一个数字，来反映模型对输入句子 POS 标记的平均预测程度。整个过程参见图 5.7。

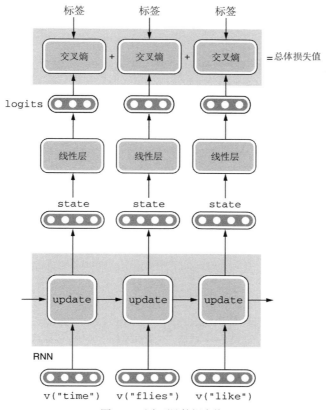

图 5.7　对序列计算损失值

至于评估指标，POS 标注器通常使用准确率进行评估。我们将在这里使用它进行评估。普通人在 POS 标注上的平均表现约为 97%，而最先进的 POS 标注器的表现略优于此 (http://realworldnlpbook.com/ch5.html#pos-sota)。需要注意的是，用准确率进行评估并非完美：假设有一个相对罕见的 POS 标记(例如 SCONJ，即从属连词)，所有词元中只有 2% 是 SCONJ。即使 POS 标注器不能正确标记该词元，只要标注器把其余标记都标注正确了，仍然能达到 98% 的准确率。如果 SCONJ 在任务中很重要，那么就需要认真对待这个问题了。

5.2.3　构建训练流水线

现在，已经准备好着手构建训练流水线了。我们的训练流水线与前面的任务非常相似。训练流水线的具体代码如代码清单 5.2 所示。

代码清单 5.2　POS 标注器的训练流水线

```
model = LstmTagger(word_embeddings, encoder, vocab)
optimizer = optim.Adam(model.parameters())
```

```
trainer = GradientDescentTrainer(
    model=model,
    optimizer=optimizer,
    data_loader=train_data_loader,
    validation_data_loader=dev_data_loader,
    patience=10,
    num_epochs=10,
    cuda_device=-1)
    trainer.train()
```

运行以上代码后，AllenNLP 会在这两个阶段之间交替：(1)使用训练集训练模型；(2)使用每轮(epoch)的验证集评估模型，同时监控两个集的损失值和准确率。几轮过后，准确率稳定在 88%左右。训练结束后，可以使用一个新的实例进行预测，具体代码如下所示。

```
predictor = UniversalPOSPredictor(model, reader)
tokens = ['The', 'dog', 'ate', 'the', 'apple', '.']
logits = predictor.predict(tokens)['tag_logits']
tag_ids = np.argmax(logits, axis=-1)

print([vocab.get_token_from_index(tag_id, 'pos') for tag_id in tag_ids])
```

以上代码使用的预测器是 UniversalPOSPredictor，这是我为这个 POS 标注器特地编写的一个预测器。虽然它的细节并不重要，但如果你对它感兴趣，可以查看它的完整代码(http://realworldnlpbook.com/ch5#upos-predictor)。如果一切顺利，结果将显示一个 POS 标记列表：["DET ", "NOUN ", "VERB ", "DET", "NOUN", "PUNCT"]，这确实是正确的 POS 标记序列。

5.3 多层和双向 RNN

正如我们到目前为止所看到的，RNN 是构建 NLP 应用的一个强大工具。本节讨论它们的结构变体——多层和双向 RNN，它们是构建高准确率的 NLP 应用的更强大组件。

5.3.1 多层 RNN

RNN 可以被看成是一个黑盒子，它是一种神经网络结构，输入一个向量序列(词嵌入)，输出一个向量序列(隐藏状态)。其中输入序列和输出序列的长度相同，这意味着可以通过将 RNN 堆叠起来重复这个"编码"过程。由于输入序列和输出序列的长度相同，因此一个 RNN 的输出可以成为另一个 RNN 的输入。我们把将多个 RNN 像层一样堆叠在一起的神经网络称为多层 RNN。图 5.8 展示的是一个两层 RNN 结构。

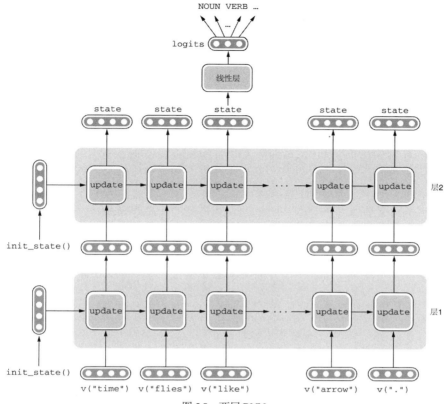

图 5.8　两层 RNN

为什么这是个好主意？如果将一层 RNN 看作一台接收具体内容(如词嵌入)并提取一些抽象概念(如 POS 标记的分数)的机器，多层 RNN 就像多台机器，机器越多，提取抽象概念的能力越强。这也许是对的，虽然没有完整的理论证明，但现实中许多 NLP 应用都使用了多层 RNN。例如，Google 的神经机器翻译(NMT)系统就是使用了一个堆叠了 8 层的 RNN (http://realworldnlpbook.com/ch5.html#nmt-paper)。

要在 NLP 应用中使用多层 RNN，需要做的就是改变编码器的初始化方式。具体来说，只需要使用 num_layers 参数指定层数，如以下代码所示，训练流水线其他部分按原样工作即可，相当简单。

```
encoder = PytorchSeq2SeqWrapper(
    torch.nn.LSTM(
        EMBEDDING_SIZE, HIDDEN_SIZE, num_layers=2, batch_first=True))
```

如果修改了这一行并重新运行 POS 标注器训练流水线，可能会发现准确率几乎没有变化，甚至略低于之前使用单层 RNN 时。这并不奇怪——POS 标注所需的信息大多是表面的，例如被标注单词的信息和相邻单词的信息。它很少需要对句子的深刻理解。另一方面，堆叠 RNN 并非没有额外成本。它会降低训练和预测的速度，增加参数的数量，从而容易发生过拟合。在我们这个小实验中，堆叠 RNN 似乎弊大于利。当要堆叠 RNN 时，请始终记住要验证其影响。

5.3.2 双向 RNN

到目前为止,我们都是单向的、从句子的开头到结尾地给 RNN 输入单词。这意味着,当 RNN 在处理一个单词时,它只能利用它迄今为止遇到的信息,即这个单词左边的上下文。没错,你确实可以从一个单词的左边上下文获得很多信息。例如,如果一个单词前面有一个情态动词(如"can"),这是下一个单词是动词的强烈信号。然而,右边的上下文也包含了很多信息。例如,以前面提到过的"I need to book a flight"为例,如果知道下一个单词是限定词(如"a"),这是一个强烈的信号能够告诉 RNN,其左边的"book"是动词而非名词。因此单向的 RNN 就无法捕捉到这个信息了。

双向 RNN(或简称为 biRNN)通过组合两个方向的 RNN 来解决这个问题。一个正向的RNN,这是本书中一直在使用的——它从左到右扫描输入句子,并使用输入单词和它左边的所有信息来更新状态。然后还有一个反向的 RNN,从右到左扫描输入的句子。它使用输入单词和它右边的所有信息来更新状态,这么做相当于翻转输入句子的顺序,然后将其输入到一个正向的 RNN 中。最后将正向 RNN 和反向 RNN 的隐藏状态整合在一起,作为 biRNN 最终隐藏状态。整个流程参见图 5.9。

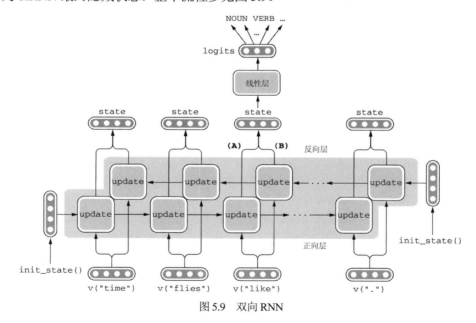

图 5.9 双向 RNN

让我们用一个具体的例子来说明这一点。假设输入的句子是"time flies like an arrow"(光阴似箭),你想知道这个句子中间的单词"like"的 POS 标记。正向 RNN 依次处理"time"和"flies",当它到达"like"时,它的内部状态(图 5.9 中的 A)编码包含了"time flies like"的所有信息。同理,反向 RNN 依次处理"arrow"和"an",当它到达"like"时,它的内部状态(图 5.9 中的 B)编码包含了"like an arrow"的所有信息。"like"在 biRNN 中的内部状态就是这两种状态的组合(A+B)。因此，biRNN 的"like"内部状态能够对整个句子中的所有信息进行编码。比起只知道一半信息的句子，这是一个很大的进步！

　　实现一个 biRNN 也同样容易——在初始化 RNN 时，只需要添加 bidirectional=True即可，具体代码如下所示。

```
encoder = PytorchSeq2SeqWrapper(
    torch.nn.LSTM(
        EMBEDDING_SIZE, HIDDEN_SIZE, bidirectional=True, batch_first=True))
```

　　用 biRNN 修改训练 POS 标注器之后，准确率从约 88%跃升到 91%。这意味着组合单词两边的信息对 POS 标注是有用的。

　　注意，可以结合使用本节介绍的两种技术——堆叠双向 RNN。来自一层 biRNN 的输出可以成为另一层 biRNN 的输入(详见图 5.10)。在 PyTorch/AllenNLP 中初始化 RNN 时，可以通过指定两个参数(num_layers 和 bidirectional)来实现这一点。

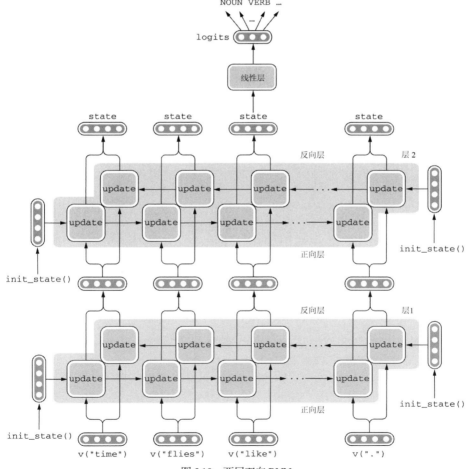

图 5.10　两层双向 RNN

5.4 命名实体识别

序列标注可以应用于许多信息提取任务,而不仅仅是词性标注。本节介绍命名实体识别(named entity recognition,NER)任务,并演示如何使用序列标注构建 NER 标注器。本节代码可以通过 Google Colab 平台(http://realworldnlpbook.com/ch5#ner-nb)查看和执行。

5.4.1 什么是命名实体识别

如前所述,命名实体是指现实世界中的实体,如专有名词。NER 系统常见命名实体列举如下。

- 人名(PER):Alan Turing、Lady Gaga、Elon Musk。
- 组织(ORG):Google、联合国、巨人体育馆。
- 地点(LOC)[1]:雷纳山、巴厘岛、尼罗河。
- 地缘政治实体(GPE):英国、旧金山、东南亚。

然而,不同的 NER 系统可以拥有不同的命名实体集。可以在 NLP 应用中重写命名实体概念,以提取该应用目标用户感兴趣的任何内容。例如,在医学领域,可能希望提取药物和化合物名称。在金融领域,可能希望提取公司、产品和股票代码。在许多领域中,还需要提取数值和时间表达式。

识别命名实体本身就很重要,因为命名实体(谁、什么、地点、何时等)通常是大多数人感兴趣的对象。此外,NER 任务还是 NLP 应用中其他任务的基础,例如关系提取任务:从文档中提取命名实体之间的所有关系。对于一份新闻稿文档,你可能希望提取文档中描述的事件,例如哪个公司以什么价格购买了其他公司。要完成这个任务,首先需要把公司实体识别出来,那么就需要先完成 NER 任务。另一个需要基于 NER 的任务是实体链接(entity linking),将识别出来的实体链接到一些知识库,如维基百科。当维基百科用作知识库时,实体链接又称为维基化(Wikification)。

但你可能想知道,提取命名实体有什么困难吗?如果要提取的命名实体全是专有名词,那么编一本包含了所有名人(或所有国家,或任何你感兴趣的事)的词典,然后使用它就可以了吧?这么做的整体思路是,每当系统遇到一个名词时,它就在这个词典里检索这个名词,如果词典里有它,就把它标注为实体。这样的词典称为地名词典(gazetteers),许多 NER 系统确实使用它们作为一个组件。

然而,仅仅依赖这样的词典有一个主要问题——歧义(ambiguity)。在前面的章节中,我们看到一个单词可能有多个词性(例如 "Book" 作为名词时的含义是书,作为动词时的含义是预订),命名实体也不例外。例如,"Georgia" 可以是美国的一个州、一个市、一个镇、一部电影、一组歌曲、一艘船和一个人的名字。像 "Book" 这样简单的单词也可以被命名为实体,包括:Book(路易斯安那州的一个社区)、Book/Books(一个姓氏)、The Books(一支美国乐队)等。这种歧义会导致我们无法通过词典来识别出其实体标签。

---

1 译者注:GPE 指的是政治实体,如国家、地区、城市等。LOC 指的是地理位置,如城市、建筑物、地区等。GPE 强调的是政治因素,而 LOC 则是地理因素。

幸运的是，通常句子里的其他线索可以用来消除歧义。例如 "I live in Georgia" (我住在乔治亚州)，这句话通常是一个强烈的信号，表明 "Georgia" (乔治亚州)是一个地方而非一部电影或一个人的名字。可见 NER 系统可以将内容本身(如是否在一个预定义词典中)和其上下文(是否位于某些单词的前面或后面)的信号组合起来以确定其标签。

5.4.2 标注 span

在 POS 标注任务中，每个单词都被分配一个 POS 标签，但是命名实体识别则不同，被命名的实体可以由多个单词组成，例如 "the United States" 和 "World Trade Organization"。像这种由一个或多个连续词元组成的词元区间，在 NLP 中称为 span。我们如何使用与前面相同的序列标注框架来建模 span 呢？

在 NLP 中，一种常见的做法是使用某种形式的编码对每个词元赋予标记来标注 span。NER 最常用的编码方案是 IOB2 标注。它通过组合位置标记和类别标记来表示 span。位置标志有以下 3 种。

- B(Beginning，开始)：分配给 span 的第一个(或唯一的)词元。
- I(Inside，内部)：分配给除 span 的第一个词元以外的所有词元。
- O(Outside，外部)：分配给所有 span 范围之外的所有词元。

回到 5.1.1 节的 NER 例子，如图 5.11 所示。词元 "Apple" 是 ORG(表示 organization 即 "组织")的第一个词元(也是唯一的词元)，它被分配了一个 B-ORG 标记。同样，"UK" 是 GPE(表示 Geopolitical entity，即 "地缘政治实体")的第一个和唯一的词元，它被分配了一个 B-GPE 标记。"$1" 和 "billion" 这两个词元组成一个货币表达式实体(MONEY，即货币)，其中 "$1" 是该实体的第一个词元，被分配了 B-MONEY 标记，"billion" 是第二个词元，被分配了 I-MONEY 标记。所有其他的词元被分配了 O 标记。

命名实体识别(NER)

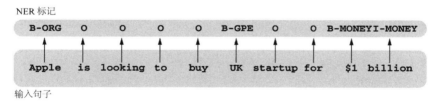

图 5.11 使用序列标注进行命名实体识别(NER)

此外，NER 训练流水线的其余部分与词性标注非常相似：两者都为每个单词分配一个适当的标记，并且都可以使用 RNN 来解决。5.4.3 节使用神经网络构建一个简单的 NER 系统。

5.4.3 实现命名实体识别器

我们的 NER 系统将使用由 Abhinav Walia 在 Kaggle(http://realworldnlpbook.com/

ch5.html#ner-data)上发布的命名实体识别注解语料库(Annotated Corpus for Named Entity Recognition)。在接下来的内容里，假设你已经下载并把该语料库保存到 data/entity-annotated-corpus 目录下。或者，你也可以使用我上传到 S3(http://realworldnlpbook.com/ ch5.html#ner-data-s3)的数据集副本。我编写了一个用于读取这个数据集的数据集读取器 (http://realworldnlpbook.com/ch5.html#ner-reader)，这样你只需要按照以下代码就可以使用它读取数据了。

```
reader = NERDatasetReader('https:/ /s3.amazonaws.com/realworldnlpbook/'
                          'data/entity-annotated-corpus/ner_dataset.csv')
```

　　原始数据集没有被划分为训练集、验证集和测试集，但我写的数据集读取器已将其划分为训练集和验证集。你所需要做的就是在初始化数据加载器时指定你想要哪个集，具体代码如下所示。

```
sampler = BucketBatchSampler(batch_size=16, sorting_keys=["tokens"])
train_data_loader = MultiProcessDataLoader(
    reader, 'train', batch_sampler=sampler)
dev_data_loader = MultiProcessDataLoader(
    reader, 'dev', batch_sampler=sampler)
```

　　接下来的基于 RNN 的序列标注模型和训练流水线的其余部分几乎与前面的例子 (POS 标注器)相同。唯一的区别就是我们如何评估 NER 模型。因为一个典型的 NER 数据集里的大多数标记都是 "O"，所以如果按标记的准确率来评估会产生误导——一个愚蠢的、把所有词元都标记为 "O" 的系统将获得非常高的准确率。NER 通常是按信息提取任务进行评估的，其目标是从文本中提取被命名的实体，而不仅仅是标记它们。我们希望按以下两点评估：1)在模型预测的所有实体中，真实存在的实体占的比例；2)在真实存在的所有实体中，模型预测正确的实体占的比例。这两点你听起来是否有点熟悉？是的，这就是 4.3 节讨论过的查准率和查全率的定义。另外因为一个 NER 系统通常有多种类型的命名实体，所以这些指标(查准率、查全率和 F1-度量)是按每个实体类型计算的。

　　注意：忽略实体类型计算出来的这些指标，称为微平均(micro average)。例如，微平均查准率是指用所有类型的真阳性的总数除以检索到的命名实体的总数(不管它是什么类型)。与之相反，如果这些指标是先按每个实体类型计算的，然后再进行平均，则称为宏平均(macro average)。例如，如果 PER 和 GPE 的查准率分别为 80%和 90%，则其宏平均值是 85%。接下来按微平均来计算。

　　AllenNLP 实现了 SpanBasedF1Measure，它计算每种类型的指标(查准率、查全率和 F1-度量)以及平均值。可以在模型的__init__()函数按如下代码定义该指标。

```
self.f1 = SpanBasedF1Measure(vocab, tag_namespace='labels')
```

　　然后在训练和验证期间使用它来获取指标，具体代码如下所示。

```
def get_metrics(self, reset: bool = False) -> Dict[str, float]:
    f1_metrics = self.f1.get_metric(reset)
    return {'accuracy': self.accuracy.get_metric(reset),
```

```
            'prec': f1_metrics['precision-overall'],
            'rec': f1_metrics['recall-overall'],
            'f1': f1_metrics['f1-measure-overall']}
```

运行这个训练流水线之后，得到的准确率在 0.97 左右，查准率、查全率、F1-度量大致都是 0.83。最后，还可以按如下代码使用 predict()方法预测一个新句子的命名实体标签。

```
tokens = ['Apple', 'is', 'looking', 'to', 'buy', 'UK', 'startup',
          'for', '$1', 'billion', '.']
labels = predict(tokens, model)
print(' '.join('{}/{}'.format(token, label)
               for token, label in zip(tokens, labels)))
```

最终得出以下预测结果。

```
Apple/B-org is/O looking/O to/O buy/O UK/O startup/O for/O $1/O billion/O ./O
```

这并不完美——NER 标注器检索到了第一个命名实体（"Apple"），但错过了另外两个实体（"UK"和"$1 billion"）。回头看看训练数据，会发现"UK"从未在训练数据中出现过，训练数据中也没有标记过货币值。因此得出这个预测结果并不奇怪，毕竟我们的 NER 标注器从未见过它们。在 NLP(以及一般的机器学习)中，测试实例的特征需要与训练数据的特征相匹配，才能使模型完全有效。

5.5 语言模型

本节转而介绍语言模型，这是 NLP 中最重要的概念之一。我们将讨论语言模型是什么，为什么很重要，以及如何使用到目前为止所介绍的神经网络组件训练语言模型。

5.5.1 什么是语言模型

想象一下，若要预测这句话所缺的内容："My trip to the beach was ruined by bad ___."(我的海滩之旅被坏___毁了。)要填补的内容应该是什么呢？很多事情都可能破坏海滩旅行，但最可能的是坏天气。也许是坏人(海滩上不礼貌的人)，或者是变质的食物(他在旅行前吃了不好的食物)，但大多数人会认为是"天气"。在这种情况下，很少有其他名词(people、food、dog)和其他词性词汇(be、the、run、green)像"weather"一样适合这句话。

你刚才所做的是为一个英语句子分配一些概率。你只是比较了几种选择，然后判断它们作为英语句子的可能性。大多数人都会认同"My trip to the beach was ruined by bad weather"(我的海滩之旅被坏天气毁了)的概率比"My trip to the beach was ruined by bad dogs"(我的海滩之旅被坏狗毁了)要高得多。

语言模型是指一种给出一段文本概率的统计模型。英语语言模型会给看起来像英语的句子分配更高的概率。例如，英语语言模型会对"My trip to the beach was ruined by bad weather"(我的海滩之旅被坏天气毁了)给出比"My trip to the beach was ruined by bad dogs"(我的海滩之旅被坏狗毁了)更高的概率，也会给出比"by weather was trip my bad beach the ruined to"(句子里的单词一样，但是顺序打乱了)更高的概率。句子越符合语法，越"合理"，概率就越高。

5.5.2 为什么语言模型很有用

你可能想知道这种统计模型有什么用。虽然在解答考试中的填空题时预测下一个词可能会派上用场，但语言模型在 NLP 中还有什么样的用途呢？

答案是，它对任何生成自然语言的系统都是必要的。例如，机器翻译系统本质就是生成句子(只不过是生成另一种语言的句子)，它将从高质量的语言模型中极大受益。为什么呢？假设要把一个西班牙语句子"Está lloviendo fuerte"翻译成英语"It is raining hard"(雨下得很大)。最后一个单词"fuerte"在英语中有好几个对等词——strong、sharp、loud、heavy 等。在这种情况下，如何确定哪个英语对等词才是最合适的？可能有很多方法来解决这个问题，但最简单的方法之一就是使用英语语言模型来对这几个对等词按概率排序。假设已经翻译完前面部分"It is raining"，现在可以简单地把"fuerte"替换成能在西班牙语-英语词典中找到的所有对等词，填入后会生成句子"It is raining strong""It is raining sharp""It is raining loud""It is raining hard"。然后所需要做的就是问语言模型，哪一个句子的概率最高。

注意： 事实上，神经机器翻译模型可以被认为是语言模型的一种变体，它基于其输入(源语言的句子)来生成目标语言的句子。这种语言模型称为条件语言模型(conditional language model)，而不是本章讨论的无条件语言模型(unconditional language model)。第 6 章详细讨论机器翻译模型。

语言模型的另一个实例是语音识别，这是一项根据(语音音频)输入生成文本的任务。例如，如果有人说"You're right"，语音识别系统怎么知道它实际上是"You're right"？因为"you're"和"your"可以有相同的发音，所以同样地，"right"和"write"，甚至"Wright"和"rite"都会有相同的发音。系统输出可以是"You're write""You're Wright""You're rite""Your right""Your write""Your Wright"等。同样，解决这种歧义的最简单方法是使用语言模型。一个英语模型会正确地给出这些候选单词的概率，最终确定"you're right"是最有可能的转录文本。

事实上，人类一直在做这种消除歧义的方法，尽管是无意识的。当你在一个大型聚会上和其他人交谈时，你接收到的实际音频信号通常非常嘈杂。大多数人仍然可以毫无疑问地理解彼此，就是因为人类的语言模型可以帮助"校正"听到的内容，并插入任何缺失的部分。如果你尝试用一种不那么熟练的第二语言进行交谈，就会显而易见地注意到这一点——在嘈杂的环境中，你会更难理解对方，因为现在所用的语言模型不如第一语言好。

5.5.3　训练 RNN 语言模型

讲到这里，你会发现前面只是填补句子中最后的一个单词(预测下一个单词)，而像机器翻译系统，则是生成一整个句子(预测一个句子里所有单词的概率)，你可能会好奇，两者之间有什么联系吗？这两者实际上是等价的。与其用一些数学(特别是概率论)解释它背后的理论，不如举一个直观的例子。

假设，你想估计明天会下雨和地面变湿的概率。先简化一下，假设只有两种天气类型：阳光明媚和下雨。地面只有两种结果：干和湿。于是该问题就等价于估计这么一个序列[下雨，湿]的概率。

进一步假设明天有 50%概率会下雨。下雨后，地面变湿的概率为 90%。那么，明天会下雨并且地面会变湿的概率是多少呢？是 50%的 90%，也就是 45%，或者 0.45。如果我们知道一连串事件发生的概率，就可以简单地将其概率相乘得到序列的总概率。这在概率论中称为链式规则(chain rule)。

同样，如果能正确地估计一个单词出现在一个局部句子之后的概率，就可以简单地将它与这个局部句子的概率相乘。可以从第一个单词开始一直这样做，直到句子的末尾。例如，如果想计算"The trip to the beach was ..."的概率，就可以将以下几个概率相乘。

- "The"出现在句子开头的概率；
- "trip"发生在"The"之后的概率；
- "to"发生在"The trip"之后的概率；
- "the"发生在"The trip to"之后的概率；
- 等等。

这意味着要构建一个语言模型，就需要一个模型来预测给定上下文的下一个单词的概率(或者，更准确地说，是概率分布)。你可能已经注意到，这听起来有点熟悉。事实上，这里所做的与我们在本章讨论的序列标注模型非常相似。例如，词性(POS)标注模型预测了给定上下文 POS 标记的概率分布。命名实体识别(NER)模型预测了给定上下文命名实体标记的概率分布。而语言模型则是预测给定上下文下一个单词的概率分布。说到这里，希望你对语言模型已经有点了解了。

总之，要构建一个语言模型，需要稍微调整一下基于 RNN 的序列标注模型，将输出从 POS 或 NER 标记改为下一个单词的概率。这里类似于第 3 章谈到的 Skip-gram 模型，Skip-gram 模型在某个给定目标单词(即输入)的上下文中，预测单词序列的概率。注意这里的相似之处——两种模型都预测单词序列的概率。只不过 Skip-gram 模型的输入只有一个单词，而语言模型的输入是一个序列。因此可以先使用线性层将一个向量转换为另一个向量，然后使用 softmax 将其转换为第 3 章讨论过的 Skip-gram 模型的概率分布。具体架构如图 5.12 所示。

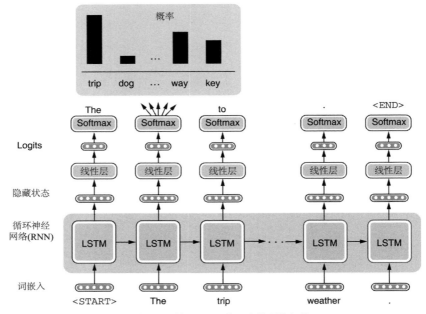

图 5.12　基于 RNN 的语言模型的架构

　　基于 RNN 的语言模型的训练方式与其他序列标注模型相似。我们使用的损失函数是序列交叉熵损失函数[1]，它可以度量预测单词与实际单词有多接近。交叉熵损失函数将计算每个单词，然后取句子中所有单词的平均值。

5.6　使用 RNN 生成文本

　　前面都是给句子填空，现在将从零开始生成自然语言句子！本节构建一个用来评估和生成英语句子的语言模型。你可以在 Google Colab 笔记本(http://realworldnlpbook.com/ch5.html#lm-nb)上找到本节的所有代码。

5.6.1　向 RNN 提供字符

　　现在开始构建一个英语语言模型，并使用通用英语语料库进行训练。在开始之前，需要提一下，我们在本章构建的 RNN 语言模型是基于字符而非单词或词元的。到目前为止，所看到的所有 RNN 模型都是基于单词进行操作的，这意味着 RNN 的输入总是单词序列。但是，我们将在本节使用的 RNN 的输入是字符序列而非单词序列。

　　理论上，RNN 可以操作任何序列，无论是词元还是字符，甚至是 NLP 以外的元素(如用于语音识别的波形)，只要它们可以变为向量。在构建语言模型时，我们经常输入字符，甚至输入空格和标点符号，只不过把它们都视为长度为 1 的单词。模型的其余部分的工

---

1 译者注：在 AllenNLP 的实现为本章配套源代码中的 sequence_cross_entropy_with_logits。

作原理与前面的模型完全相同——首先嵌入单个字符(转换为向量)，然后输入 RNN，RNN 进行训练，然后用于预测下一个可能出现的字符的概率分布。

决定 RNN 的输入是单词还是字符时，需要考虑几个问题。使用字符作为输入肯定会降低 RNN 的效率，因为它需要更多的计算来"解决"相同的概念。例如，同样是处理单词"dog"，基于单词的 RNN 可以在一个时间步接收单词"dog"并更新其内部状态，而基于字符的 RNN 不得不接收 3 个元素 d、o 和 g，甚至可能还有"＿"(空格)。此外，基于字符的 RNN 还得考虑"学习"这 3 个字符序列中的含义(如"dog"的概念)。

但是，基于字符的 RNN 也有优点，可以绕过处理词元产生的许多问题。其中一个问题是 3.3.2 节和 3.6.1 节提到过的 OOV(out-of-vocabulary，词表外)单词问题。基于单词的 RNN 在遇到 OOV 问题时，虽然有很多办法，但都只能缓解不能根治(如 3.3.2 节和 3.6.1 节所述)。而基于字符的 RNN 则先天性不会出现这个问题，首先，下一个字符只需要在有限的字符列表中选择，例如英语中的下一个字符只需要在 26 个字母和标点符号中选择，中文中的选项多很多，但终究还是有限的，其他语言也类似。其次，基于字符的 RNN 还能基于过去学到的规则进一步缩小选择范围，例如它在训练集中观察到了"dog"的规则，也许就能理解"doggy"的含义，即使它以前从未见过"doggy"这个词。

5.6.2　构建语言模型

讲完了原因，现在开始构建一个基于字符的语言模型。第一步是读取一个纯文本数据集文件，然后生成用于训练模型的实例。因为篇幅限制，这一步就不展开描述了。完成这一步之后，便可以得到一个 Python 字符串对象 text，接下来需要将它转换为训练语言模型的实例。首先，需要使用 CharacterTokenizer 将其分割成字符，具体代码如下。

```
from allennlp.data.tokenizers import CharacterTokenizer

tokenizer = CharacterTokenizer()
tokens = tokenizer.tokenize(text)
```

注意，这里的 tokens 是一个 Token 对象列表。列表中的每个 Token 对象都包含一个字符，而非一个单词。接下来往列表开头插入<START>符号(术语为句子起始标识符)，往列表结尾插入<END>符号(术语为句子结束标识符)，具体代码如下。

```
from allennlp.common.util import START_SYMBOL, END_SYMBOL

tokens.insert(0, Token(START_SYMBOL))
tokens.append(Token(END_SYMBOL))
```

在每个句子的开头和结尾插入像这样的特殊标识符是 NLP 中常见的做法。这些标识符可以帮助模型正确地区分词元在句中、句首还是句尾出现。例如，句点出现在句子结尾(".<END>")的概率比出现在开头("<START>.")更高。依赖这些标识符，语言模型可以给出两种非常不同的概率。

最后构造用于训练模型的实例。注意，用于训练语言模型的实例的"输出"只是将输入右移了一位，具体代码如下。

```
from allennlp.data.fields import TextField
from allennlp.data.instance import Instance

input_field = TextField(tokens[:-1], token_indexers)
output_field = TextField(tokens[1:], token_indexers)
instance = Instance({'input_tokens': input_field,
                     'output_tokens': output_field})
```

以上代码中的 token_indexers 指定了如何将单个词元映射到 ID 中。这里依旧使用前面章节一直在使用的 SingleIdTokenIndexer。

```
from allennlp.data.token_indexers import TokenIndexer

token_indexers = {'tokens': SingleIdTokenIndexer()}
```

图 5.13 展示了通过以上流程创建的实例。

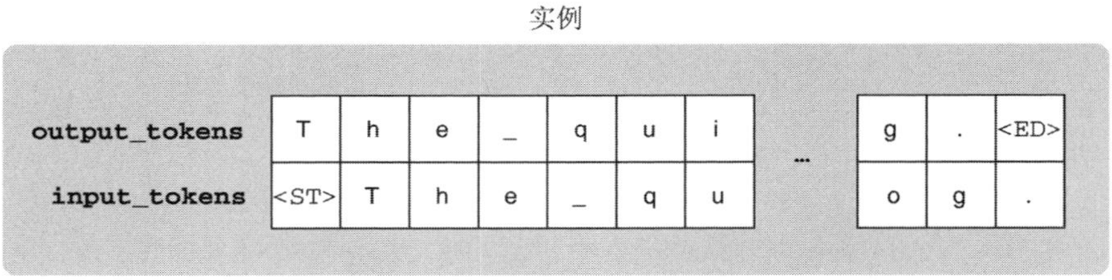

实例

output_tokens	T	h	e	_	q	u	i	...	g	.	<ED>
input_tokens	<ST>	T	h	e	_	q	u		o	g	.

图 5.13　语言模型的训练实例

训练流水线的其余部分与本章前面提到的序列标注非常相似。更多细节参见 Colab 笔记本。在模型经过充分训练之后，可以使用新的文本构建实例、转换为实例、输入进模型进行验证，然后计算损失值以度量模型的成功程度，以下是我们用于验证模型的数据和结果。

```
predict('The trip to the beach was ruined by bad weather.', model)
{'loss': 1.3882852}

predict('The trip to the beach was ruined by bad dogs.', model)
{'loss': 1.5099115}

predict('by weather was trip my bad beach the ruined to.', model)
{'loss': 1.8084583}
```

这里的损失值(loss)是指预测字符(这里为用于验证的字符)和期望字符之间的交叉熵损失值。字符越"意外"，值就越高，因此可以使用这些值来度量输入的英语文本有多自然。正如期望的那样，自然的句子(如第一个句子)的损失值低于不自然的句子(如最后一个句子)。

注意：用于评估语言模型预测能力的度量指标除了交叉熵，还有困惑度(perplexity)，困惑度是 2 的交叉熵次幂。输入文本越自然，困惑度就越低，因为语言模型能够更好地预测接下来会发生的事情，所以它通常在文献中用于评估语言模型的质量。

5.6.3　使用语言模型生成文本

构建完语言模型之后，接下来使用语言模型生成文本。语言模型通过预测下一个字符的概率分布来生成下一个字符。例如，如果语言模型在通用英语文本上进行了充分训练，然后已经生成了"t"和"h"，那么对于下一个字符，它可能会为字母"e"分配比较高的概率，以生成包括 the、they、them 等常见的英语单词。如果从<START>标识符开始进行该过程，并一直保持到句子结束(即生成<END>标识符)，那么就从零开始生成了一整个英语句子。顺便说一句，这也是<START>和<END>标识符有用的另一个原因——需要给 RNN 一个信号以启动生成过程，并且还需要给 RNN 一个信号告知何时结束生成过程。

整个过程的 Python 伪代码中如下：

```
def generate():
    state = init_state()
    token = <START>
    tokens = [<START>]
    while token != <END>:
        state = update(state, token)
        probs = softmax(linear(state))
        token = sample(probs)
        tokens.append(token)
    return tokens
```

这个循环看起来与 5.1.2 节的 RNN Python 伪代码非常相似，但有一个关键的区别：5.1.2 节的函数是有一个输入参数 words 的，而这里是没有任何输入参数的[1]，循环所遍历的字符都是函数内部自己生成的。换句话说，RNN 操作 RNN 本身生成的字符序列。这种对自己过去生成的序列进行操作的模型称为自回归模型(autoregressive models)。整个过程如图 5.14 所示。

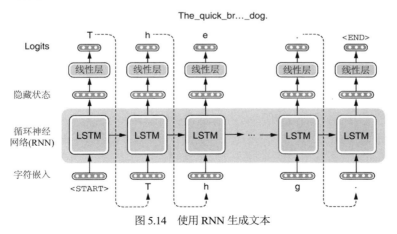

图 5.14　使用 RNN 生成文本

---

1 译者注：这个知识点会在 6.1 节中讲解，此处大体了解即可。

在前面的代码中，与前面的 NLP 任务一样，init_state()函数和 update()函数分别初始化和更新 RNN 的隐藏状态。update()函数的下一行，先是通过 linear()函数(线性层)处理隐藏状态，然后再进行 softmax()得出概率。然后使用 sample()函数从得出的概率分布中返回一个字符。例如，如果分布是 "a"：0.6，"b"：0.3，"c"：0.1，它将选择 "a" 60%，"b" 30%，"c" 10%。这确保了生成的字符串每次都是不同的，而每个字符串串起来很可能看起来就像一个真正的英语句子。

注意：这里你可以换成使用 PyTorch 的 torch.Multinomial() 从概率分布中采样一个元素。

如果使用 Tatoeba 项目的英语句子训练这个语言模型，然后根据以上算法生成句子，系统将生成类似于以下精选的例子。

```
You can say that you don't know it, and why decided of yourself.
Pike of your value is to talk of hubies.
The meeting despoit from a police?
That's a problem, but us?
The sky as going to send nire into better.
We'll be look of the best ever studented.
There's you seen anything every's redusention day.
How a fail is to go there.
It sad not distaples with money.
What you see him go as famous to eat!
```

这是一个不错的开始！这些句子中有很多单词和短语都是有效的英语(如 You can say that、That's a problem、to go there、see him go 等)。即使生成的有些单词比较怪异(despoit、studented、redusention、distaples)，但看起来也很像真正的英语单词，因为它们基本上都遵循英语的形态和语音规则。这意味着语言模型成功学会了英语的基本构件，例如如何排列字母(拼写法)，如何形成单词(词法)，以及如何形成基本的句子结构(句法)。

但是，作为一个整体来看，这些句子很少符合逻辑并有意义(如 What you see him go as famous to eat!)。这意味着我们训练的语言模型不能建模句子语义一致性。这可能是因为该模型不够强大(我们的 LSTM-RNN 需要将句子的所有内容压缩成 256 维向量)或者训练数据集太小(只有 10 000 个句子)，或者两者原因皆有。但是可以很容易想象到，如果不断增加模型的容量和训练集的大小，这个模型将非常擅长生成逼真的自然语言文本。2019 年 2 月，OpenAI 宣布，它开发了一个基于 Transformer 模型的巨大语言模型(见第 8 章)，这个模型使用了 40GB 的互联网文本进行训练。事实表明，该模型可以生成逼真的文本，并体现出近乎完美的语法和与输入提示语(prompt)主题的长期一致性(long-term topical consistency)。事实上，这个模型非常好，以至于 OpenAI 决定不对外发布其训练好的大型模型，因为其担心有人会恶意使用该技术。但最重要的是要记住，无论输出看起来有多智能，它们的模式都是一样的。

5.7　本章小结

- 序列标注模型使用标签标记输入中的每个单词，这一点可以通过循环神经网络(RNN)实现。
- 序列标注任务实例包括词性(POS)标注和命名实体识别(NER)。
- 多层 RNN 是指将多层 RNN 堆叠起来，而双向 RNN 是指结合正向和反向 RNN编码整个句子。
- 语言模型通过计算文本的概率分布来预测下一个单词。
- 可以使用已经训练好的语言模型评估一个自然语言句子的"自然度"，甚至可以从头生成看起来很逼真的文本。

高 级 模 型

NLP 领域在过去几年中取得了快速的进展。具体来说,Transformer 模型和 BERT 等预训练语言模型的出现,已经完全改变了该领域的格局,以及从业者构建 NLP 应用的方式。本书的这一部分将帮助你了解这些最新的发展。

第 6 章介绍序列到序列模型,这是一类重要的模型,可支持构建更复杂的应用,如机器翻译系统和聊天机器人。第 7 章介绍另一种流行的神经网络结构,卷积神经网络(CNN)。

第 8 章和第 9 章可以说是本书最重要和最令人兴奋的章节。它们分别涵盖 Transformer 模型和迁移学习方法(如 BERT),并演示如何使用这些技术构建高级的 NLP 应用,如高质量的机器翻译和拼写检查程序。

当读完这部分时,相信你会有信心用到目前为止学到的知识解决一系列 NLP 任务。

第 **6** 章

序列到序列(Seq2Seq)模型

本章涵盖以下主题：
- 使用 Fairseq 构建机器翻译系统
- 使用 Seq2Seq 模型将一个句子转换为另一个句子
- 使用束搜索(beam search)解码器生成更好的输出
- 机器翻译系统的评估指标
- 使用 Seq2Seq 模型构建一个对话系统(聊天机器人)

本章讨论序列到序列(Seq2Seq)模型，这是一类重要而又复杂的 NLP 模型，并被广泛应用，其中包括机器翻译。Seq2Seq 模型及其变体已经在 Google 翻译和语音识别等许多现实应用中被用作基本的构建模块。我们将使用一个强大的框架构建一个简单的神经机器翻译系统，以了解这些模型的工作原理，以及如何使用贪婪算法和束搜索算法生成输出。本章的结尾还将构建一个聊天机器人——一个你可以与之进行对话的 NLP 应用，并讨论 Seq2Seq 模型的挑战性和局限性。

6.1 介绍序列到序列模型

第 5 章讨论了两种强大的自然语言处理(NLP)模型：序列标注模型和语言模型。这里再回顾一遍，序列标注模型接收一些单元(如单词)序列，然后为每个单元分配一个标签(如 POS 标记)，而语言模型则接收一些单元(如单词)序列，然后估计给定序列在训练模型领域中的概率。你还可以使用语言模型从头开始生成逼真的文本。这两个模型的概览见图 6.1。

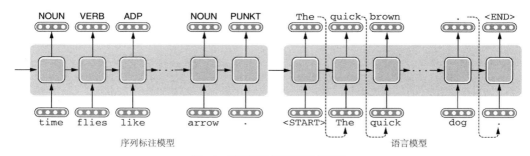

图6.1　序列标注模型和语言模型

　　尽管这两种模型对于许多 NLP 任务都很有用，但对于某些任务来说，你可能想将两者合而为一——希望模型接收一些输入(如一个句子)，然后生成其他一些输出(如另一个句子)作为响应。例如，如果希望将一种语言文本翻译成另一种语言，则需要模型获取一个句子然后生成另一个句子。只用序列标注模型能完成这个任务吗？不能，因为序列标注模型只能产生与输入句子词元相同数量的输出标签。这对翻译来说显然太有限了，一种语言的表达方式，如法语中的"Enchanté"(很高兴见到你)，在另一种语言的表达方式中可以有比它多很多或者少很多的单词，如英语中的"Nice to meet you"(很高兴见到你)。只用语言模型能完成这个任务吗？显然不现实。虽然可以使用语言模型生成逼真的文本，但无法控制生成什么样的内容，因为语言模型没有接收任何输入。

　　但是，如果更仔细地查看图 6.1，可能会注意到一些细节。左边的模型(序列标注模型)接收一个句子，而右边的模型(语言模型)生成一个可变长度的句子，这个生成的句子看起来还像自然语言文本。其实我们已经有了足够的组件去构建想要的最终成品，唯一缺少的部分就是将这两个模型连接起来，以控制语言模型生成的内容。

　　事实上，当左边的模型完成对输入句子的处理后，RNN 已经产生了输入句子的抽象表征，句子的信息已经编码进 RNN 的隐藏状态。简单地将两个模型连接起来后，如果有办法将左边模型生成的句子表征传递给右边的模型，语言模型就可以根据一个句子生成另一个句子，那么似乎就可以实现前面你想要做的事情了！

　　序列到序列的模型(或简称 Seq2Seq 模型)就是建立在这一思想之上。Seq2Seq 模型由两个子组件(一个编码器和一个解码器)组成。详情参见图 6.2。编码器接收一些单元的序列(如一个句子)，并将其转换为一些内部表征。然后解码器接收内部表征，生成一些单元的序列(如一个句子)。作为一个整体，一个 Seq2Seq 模型接收一个序列然后生成另一个序列。与语言模型一样，当解码器生成了一个特殊的词元<END>时，生成过程就会停止，通过这点使 Seq2Seq 模型能够生成比输入序列更长或更短的输出。

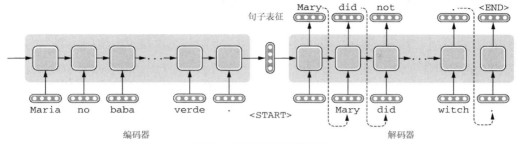

图 6.2　从序列到序列的模型

Seq2Seq 模型存在许多变体，变体变在编码器的架构和解码器的架构，以及信息如何在两者之间流动。本章介绍 Seq2Seq 模型的最基本类型——通过句子表征简单地连接两个 RNN。第 8 章介绍更高级的变体。

机器翻译是 Seq2Seq 模型的第一个应用，也是迄今为止最流行的一个应用。而且，Seq2Seq 架构是一个适用于许多 NLP 任务的通用模型。在一个生成摘要的任务中，NLP 系统需要一个长文本(如一篇新闻文章)去生成其摘要(如一个新闻标题)，这个 Seq2Seq 模型可以将较长的文本"翻译"为较短的文本。另一种任务是一个对话系统(又称聊天机器人)，如果将用户的话语看作输入，将系统的响应看作输出，那么对话系统的工作就是将前者"翻译"为后者——本章后面将讲解一个使用 Seq2Seq 模型构建聊天机器人的示例。还有另一个(有些令人吃惊的)应用——如果将输入文本看作一种语言，其语法表征看作另一种语言，那就可以使用 Seq2Seq 模型去对输入文本进行句法解析。[1]

6.2　机器翻译入门

1.2.1 节曾简要介绍过机器翻译。简单地说，机器翻译(MT)系统就是将输入文本从一种语言翻译成另一种语言的 NLP 系统。输入文本的语言称为**源语言**(source language)，输出文本的语言称为目标语言(target language)。源语言和目标语言的组合称为语言对(language pair)。

先来探讨几个机器翻译的例子，然后再探讨为什么把一门语言翻译成另一门语言并不容易。第一个例子是将西班牙语"Maria no daba una bofetada a la bruja verde."翻译成英语"Mary did not slap the green witch."。讲解翻译过程的一种常见做法是画出含义相同的单词或短语在两个句子中的对应关系。这种在两个句子中的语言单位对应关系称为对齐(alignment)。图 6.3 展示了西班牙语和英语例句之间的对齐。

图 6.3　西班牙语和英语之间的翻译和词对齐

---

1 更多细节请查看 Oriol Viniyals 等人的文章"Grammar as a Foreign Language"(2015；https://arxiv.org/abs/1412.7449)。

　　有些单词完全是一一对应的,例如"Maria"和"Mary"、"bruja"和"witch"、"verde"和"green"。但是,有些却差别很大,例如"daba una bofetada"和"slap",以至于只能将一个词组与一个单词对应。最后,即使单词是一一对应的,但是单词的排列方式或顺序在两种语言中也可能不同。例如,西班牙语中形容词置于名词后("la bruja verde"),而英语中形容词置于名词前("the green witch")。这还算好的了,毕竟西班牙语和英语在语法和词汇方面相差不大,与汉语翻译成英语相比,实在是小意思。

　　接下来举个汉语与英语的例子:图6.4展示了汉语句子("布什与沙龙举行了会谈。")与其英语翻译("Bush held a talk with Shalon.")之间的对齐方式。

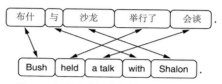

图6.4　汉语和英语之间的翻译和词对齐

　　从图中可以看到,交叉的箭头比前面西班牙语和英语的例子多了很多。与英语不同,汉语的"沙龙"放在了动词的前面。另外,汉语没有对时态的明确标记,因此机器翻译系统需要跟人工翻译一样"猜测"用于英语翻译的正确时态。最后,中译英机器翻译系统还需要推断出每个名词在对应英语翻译中应该是单数还是复数,因为汉语也没有对此有明确的标记,例如"会谈"只标记"talk",但是没有标记"a"。现在我们可以看到,机器翻译的难度取决于语言对。在不同语系的语言(汉语属于汉藏语系、英语属于印欧语系)之间开发机器翻译系统通常比在同一语系的语言(英语和西班牙语同属印欧语系)之间开发机器翻译系统更具挑战性。

　　再来看一个例子——将日语翻译成英语,如图6.5所示。图中所有箭头都是交叉的,这意味着这两个句子中的词序几乎完全相反。日语的宾语(例如"i love listening"中的"listening")是放在动词"love"之前的。换句话说,日语是一种 SOV(主语-宾语-谓语)语言,而我们到目前为止提到的所有其他语言(英语、西班牙语和汉语)都是 SVO(主语-谓语-宾语)语言。这种结构上的差异是直接导致词到词翻译效果不佳的原因。

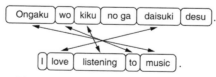

图6.5　日语和英语之间的翻译和词对齐

　　注意: 这种词序分类系统(如 SOV 和 SVO)常用于语言类型学。世界上绝大多数语言是 SOV(最常见的)[1],其次是 SVO(不太常见),还有一小部分语言遵循其他语序系统,例如阿拉伯语和爱尔兰语使用的 VSO(谓语-主语-宾语),还有极少数语言(不到所有语言的

---

1 译者注:这里的最常见是针对语言种类数量来说的,虽然使用人数最多的英语、西班牙语和汉语都是SVO,但是从语言种类的角度来说,绝大多数语言是SOV。

3%)遵循其他类型(VOS、OVS 和 OSV)。

除了前面所示的结构性差异外，还有许多其他因素也可能让机器翻译成为一项艰巨的任务。其中一个因素就是词汇差异。例如，如果要把日语单词"ongaku"翻译成英语的"music"，几乎没有歧义。"ongaku"几乎总是"music"。然而，如果要把英文单词"brother"翻译成中文，就会面临歧义，因为中文的"哥哥"和"弟弟"都对应着"brother"。在更极端的情况下，如果把"cousin"翻译成中文，就有高达 8 种的选择，因为在中国的家庭体系中，还需要严格区分母系和父系，女性和男性，年长或年幼。

另一个因素是省略。从图 6.5 可以看到，英语"I"这个单词在日语翻译中被省略了。在汉语、日语、西班牙语和许多语言中，如果能够从上下文和/或动词形式中清楚地推断出主语代词，则可以省略。这在语言学中称为零代词。当从一种经常省略代词的语言翻译成一种很少省略代词的语言(如英语)时，这可能会成为一个问题。

最早的机器翻译系统之一是冷战期间为了将俄语翻译成英语，由 IBM 公司联合乔治城大学开发的。不过它只是简单地在双语词典中查找每个单词然后逐个翻译替换。前面举的 3 个例子应该足以说明，简单地逐词替换局限性太大了。后来的机器翻译系统包含了更多的词汇和语法规则，但是这些规则都是由语言学家手工编写的，不足以处理语言的复杂性(再次想起第 1 章那个可怜的软件工程师)。

在神经机器翻译(NMT)出现之前，在学术界和工业界一直占据主导地位的机器翻译主要范式是统计机器翻译(SMT)。其背后的思想很简单：从数据中学习如何翻译，而不是通过手动制定规则。具体而言，SMT 系统从包含源文本和翻译结果集合的数据集学习如何翻译。这类数据集称为平行语料库(或平行文本，或位文本)。该算法通过查看两种语言的配对句子集合来找出一种语言应该如何翻译成另一种语言的模式。由此生成的统计模型称为翻译模型。同时，该算法可以通过查看目标语句的集合来学习目标语言中的有效句子应该是什么样子。听起来很耳熟？这正是语言模型的全部内容(参阅第 5 章)。最终的SMT 模型将这两个模型结合在一起，产生的输出既是输入的合理翻译，又是目标语言中有效、流畅的句子。

大约在 2015 年，强大的神经机器翻译(NMT)模型颠覆了 SMT 的主导地位。SMT 和NMT 有两个关键的区别。首先，从名字可以看出，NMT 是基于神经网络的，而神经网络正是以其精确建模语言的能力而闻名。因此，NMT 生成的目标句子往往比 SMT 生成的目标句子更流畅自然。第二，正如第 1 章所述，NMT 模型是端到端训练的。这意味着NMT 模型由一个单一的神经网络组成，该神经网络接收输入然后直接生成输出，而不需要将一个个独立训练的子模型和子模块拼凑起来。因此，与 SMT 模型相比，NMT 模型的训练更简单，代码量更少。

MT 已经应用于许多不同的行业和人们生活的方方面面。人们先使用 MT 翻译初步的结果(术语为摘要翻译，即 gisting)。看过这份初步结果之后，若认为它足够重要，则可能会送给专业翻译人员进行处理。专业翻译人员在工作中也会使用 MT。通常情况下，专业翻译人员先使用 MT 将源语言翻译成目标语言，然后再对生成的结果进行编辑。这种编辑称为译后编辑(Post-Editing，简称 PE)。这种工作方法简称 MTPE，即机器翻译(Machine Translation)+译后编辑(Post-Editing)。MT 还可以成为计算机辅助翻译(Computer-Aided

Translation，CAT)系统的一部分，从而加快翻译过程和降低成本。

6.3 构建你的第一个翻译器

本节构建一个 MT 系统。我们将最大限度利用现有的 MT 框架，而不是自己编写 Python 代码来做到这一点。有许多开源框架能够令构建 MT 系统变得更加容易，包括用于 SMT 的 Moses(http://www.statmt.org/moses/)和用于 NMT 的 OpenNMT(http://opennmt.net/)。本节使用 Fairseq(https://github.com/pytorch/fairseq)，这是一个由 Facebook 开发的 NMT 工具包，如今在 NLP 从业者中越来越流行。以下几个方面令 Fairseq 成为快速开发 NMT 系统的一个很好的选择：1)它是一个现代化的框架，带有许多预定义的、最先进的、开箱即用的 NMT 模型；2)它的可扩展性很强，这意味着可以通过遵循它们的 API 来快速实现自己的模型；3)它非常快，默认支持多 GPU 和分布式训练。有了这么强大的框架，你可以在几小时内构建一个质量不错的 NMT 系统。

在开始之前，请通过在项目目录的根目录中运行 pip install fairseq 来安装 Fairseq。另外，在你的 shell 中运行以下命令来下载和扩展数据集(如果你使用 Ubuntu，就可能需要运行 sudo apt-get install unzip 命令来安装 unzip)。[1]

```
$ mkdir -p data/mt
$ wget https://realworldnlpbook.s3.amazonaws.com/data/mt/tatoeba.eng_spa.zip
$ unzip tatoeba.eng_spa.zip -d data/mt
```

我们将使用第 4 章用过的 Tatoeba 项目中的西班牙语和英语的练习句子。该语料库由大约 20 万个英语句子及其西班牙语翻译组成。我已经格式化了数据集以便你可以使用它，而不需要担心获取数据、词元化文本等。数据集也已经被分成了训练集、验证集和测试集。

6.3.1 准备数据集

如前所述，MT 系统(SMT 和 NMT)都是机器学习模型，都是为训练数据而服务的。MT 系统的开发过程看起来与任何其他现代 NLP 系统类似，如图 6.6 所示。首先对平行语料库的训练集进行预处理，然后使用它们来训练一组 NMT 候选模型。接下来对平行语料库的验证集进行预处理，再使用它们从所有候选模型中选择出性能最好的模型。该过程称为模型选择(可回顾第 2 章)。最后对平行语料库的测试集进行预处理，使用它们对最佳模型进行测试，以获得反映模型好坏的评估指标。

---

1 请注意，每一行开头的$都是由 shell 呈现的，不需要键入。

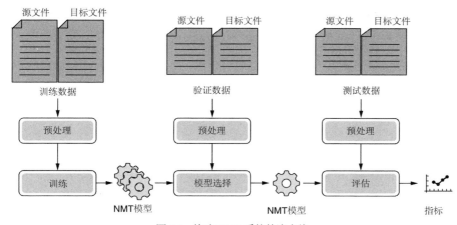

图 6.6　构建 NMT 系统的流水线

　　MT 开发的第一步是对数据集进行预处理。但在进行预处理之前，还需要将数据集转换为易于使用的格式，通常是纯文本格式。在实践中，用于训练 MT 系统的原始数据有许多不同的格式，例如，纯文本文件(如果幸运的话)、XML 格式、PDF 文件和数据库记录。你的第一项工作就是格式化原始文件，将源句子和它们的目标翻译逐句对齐。然后通常生成一个 TSV 文件，其中每一行都是一个以制表符分隔的句子对，具体示例如下。

```
Let's try something.              Permíteme intentarlo.
Muiriel is 20 now.                Ahora, Muiriel tiene 20 años.
I just don't know what to say.    No sé qué decir.
You are in my way.                Estás en mi camino.
Sometimes he can be a strange guy. A veces él puede ser un chico raro.
…
```

　　在对齐之后，将平行语料库输入预处理流水线。预处理过程需要的操作会因应用不同、语言不同而不同，但以下步骤最常见。

(1) 筛选；

(2) 清理；

(3) 词元化。

　　筛选步骤是指从数据集删除任何不适合训练 MT 系统的句子对。句子对不合适取决于许多因素，例如，太长(如超过 1 000 个单词)的句子对没有用，因为大多数 MT 模型不能建模这么长的句子。此外，任何一个句子太长而另一个句子太短的句子对都可能带有因数据处理错误或对齐错误引起的干扰。例如，一个西班牙语句长 10 个单词，其英语翻译的长度则应该在 5 到 15 个单词的范围内。最后，平行语料库包含除源语言和目标语言之外的任何语言都应该被删除。这种情况发生的频率比你想象的要高得多——许多文档都是多语言的，例如，由于引用、解释或代码转换从而导致在一个句子中混合了多种语言。语言检测(见第 4 章)可以帮助检测这些异常情况。

筛选完后，需要进一步清理数据集中的句子。该过程可能包括删除 HTML 标签和任何特殊字符，以及规范化字符(如繁体中文和简体中文)和拼写(如美式英语和英式英语)。

如果目标语言使用拉丁字母(a、b、c...)或西里尔字母(а、б、в...)之类的区分大小写的文字，那么就可能需要规范化大小写。通过这样做，MT 系统能够将 "NLP" 与 "nlp" 和 "Nlp" 分成一组。这通常是一个好的做法，MT 模型了解这 3 种不同表示实际上是同一个概念。规范化大小写还减少了单词的数量，从而使训练和预测速度更快。然而，这一点也会导致将 "US" "Us" "us" 分成一组，这可能不是一个理想的行为，取决于数据的类型和业务领域。在实践中，这些决定，包括是否规范化大小写，都是通过观察它们对验证数据性能的影响并仔细考虑后做出的。

机器翻译和 NLP 中的数据清理

注意，这里提到的清理技术并不是专门针对 MT 的。任何 NLP 应用和任务都可以从精心设计的筛选操作和清理操作中获益。然而，训练数据的清理对于 MT 尤其重要，因为翻译的一致性对构建一个健壮的 MT 模型大有帮助。如果训练数据在某些情况下使用 "NLP"，在其他情况下使用 "nlp"，模型将很难找出正确的翻译方法，虽然人类很容易理解这两个单词其实代表同一个概念。

完成了筛选操作和清理操作后，数据集仍然还是一堆字符串。大多数 MT 系统都是对单词进行操作的，因此需要输入词元化(详见 3.3 节)来识别单词。根据语言的不同，可能需要运行不同的流水线(如中文和日语需要分词)。

至此，已经对之前下载和展开的 Tatoeba 数据集完成了所有预处理流水线。现在可以将数据集交给 Fairseq 了。第一步是告诉 Fairseq 将输入文件转换为二进制格式，以便训练脚本可以轻松地读取它们，具体命令如下所示。

```
$ fairseq-preprocess \
    --source-lang es \
    --target-lang en \
    --trainpref data/mt/tatoeba.eng_spa.train.tok \
    --validpref data/mt/tatoeba.eng_spa.valid.tok \
    --testpref data/mt/tatoeba.eng_spa.test.tok \
    --destdir data/mt-bin \
    --thresholdsrc 3 \
    --thresholdtgt 3
```

成功后，会显示这条消息 Wrote preprocessed data to data/ mt-bin。这时候应该能在 data/mt-bin 目录下找到以下这么一组文件。

```
dict.en.txt dict.es.txt test.es-en.en.bin test.es-en.en.idx test.esen.
    es.bin test.es-en.es.idx train.es-en.en.bin train.es-en.en.idx
    train.es-en.es.bin train.es-en.es.idx valid.es-en.en.bin valid.esen.
```

```
en.idx valid.es-en.es.bin valid.es-en.es.idx
```

这个步骤的关键之一是构建词表(在 Fairseq 中称为词典)，它包含了从词表项(通常是单词)到其 ID 的映射。注意，该目录中会有两个词典文件：dict.en.txt 和 dict.es.txt。MT 处理两种语言，因此系统需要维护两个映射，每种语言对应一个词典文件。

6.3.2　训练模型

现在训练数据已经转换为二进制格式了，可以训练 MT 模型了。在二进制格式文件所在的目录按以下方式调用 fairsreq-train 命令。

```
$ fairseq-train \
    data/mt-bin \
    --arch lstm \
    --share-decoder-input-output-embed \
    --optimizer adam \
    --lr 1.0e-3 \
    --max-tokens 4096 \
    --save-dir data/mt-ckpt
```

你不需要理解这里大多数参数的含义(目前还不需要)。此时，只需要知道你正在使用第一个参数(data/mt-bin)指定的目录中的数据以及使用 LSTM 架构(--arch lstm)和一堆其他的超参数来训练模型，然后将结果保存在 data/mt-ckpt 目录(ckpt 是 checkpoint 的缩写)。

运行该命令后，终端将交替显示两种类型的进度条，一种用于训练，另一种用于验证，具体如下所示。

```
| epoch 001: 16%|???               | 61/389 [00:13<01:23, 3.91it/s,
    loss=8.347, ppl=325.58, wps=17473, ups=4, wpb=3740.967, bsz=417.180,
    num_updates=61, lr=0.001, gnorm=2.099, clip=0.000, oom=0.000, wall=17,
    train_wall=12]

| epoch 001 | valid on 'valid' subset | loss 4.208 | ppl 18.48 | num_updates
    389
```

很容易就看出第二段是在验证集上的结果——很清晰地写着 valid on 'valid' subset。训练过程每轮交替进行着两个阶段：训练和验证。轮(epoch)是机器学习里的概念，一轮表示一次完整的训练过程。在训练阶段，利用训练数据计算损失值，然后调整模型参数，使用新的参数集降低损失值。在验证阶段，模型参数固定不变，我们使用一个单独的数据集(验证集)来度量模型对数据集的执行效果。

第 1 章提到过，验证集用于模型选择，在这个选择过程中，会先列出从训练集训练出来的所有可能的模型，再从中选择最好的机器学习模型。在每轮的训练和验证交替阶段，我们使用验证集来验证所有中间模型(即第一轮得出的模型、第二轮得出的模型等)的性能。换句话说，我们使用验证阶段来监控训练的进展。

为什么这是个好主意？验证阶段可以帮我们获得许多好处，其中最重要的一个是避免过拟合(overfitting)——这正是验证集如此重要的原因。为了进一步说明这一点，让我们看看在西班牙语转换成英语的 MT 模型过程中，训练集和验证集的损失值如何变化，具体如图 6.7 所示。

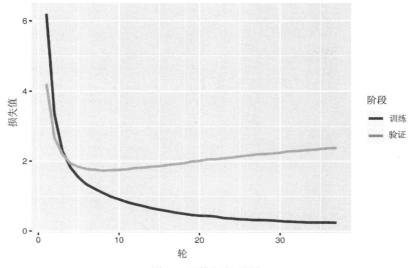

图 6.7　训练和验证损失

随着训练的继续，训练损失值变得越来越小，并逐渐趋近于零，因为这正是我们告诉优化器要做的：尽可能多地减少损失值。检查训练损失值是否在一轮又一轮的训练中稳定地减少下来，这是一个很好的合理性检验(sanity check)，可以观察模型和训练流水线是否正在按期望工作。

相对而言，如果发现验证损失值一开始几轮是下降的，但在某一点之后，逐渐上升，形成一个 u 形曲线——这就是过拟合的典型标志。那么则表明经过几轮训练之后，模型已非常适合训练集，以至于它开始失去在验证集上的泛化能力。

让我们在 MT 中使用一个具体例子来说明当一个模型过拟合时发生了什么事情。例如，假设训练数据包含英语句子"It is raining hard"和它的西班牙语翻译"Esta lloviendo fuerte"，显然西班牙语翻译中没有"hard"一词，过拟合的模型可能认为"fuerte"是"hard"唯一可能的翻译。一个刚好拟合的模型可能会留下一些回旋余地让"hard"的西班牙翻译拥有更多可能性，但一个过拟合的 MT 系统总是将"hard"翻译成"fuerte"，对于训练集来说这是"正确"的，但如果想构建一个健壮的 MT 系统，这显然不是理想的。例如，在"She is trying hard"中 "hard"的最好翻译并不是"fuerte"。

如果看到验证损失值开始缓慢攀升，那么就没有必要继续训练了，因为很有可能，该模型在某种程度上已经过拟合数据了。在这种情况下，一种常见的做法是早停法(early stopping)，即提前停止训练。更具体地说，就是当验证损失值在一定轮数内没有改善时，停止训练，然后选择在验证损失值最低时得到的模型。这里的一定轮数称为等待期(patience)。在实践中，你应该使用你最关心的度量指标(如 BLEU；参见 6.5.2 节)而非验证损失值来做早停法。

　　关于训练和验证的内容就先讲到这里了。如图 6.7 所示，第 8 轮前后验证损失值最低，大约 10 轮后，验证损失值没有继续下降反而上升了，这时候便可以通过按 Ctrl+C 组合键停止 fairseq-train 命令，以停止训练。不然的话，该命令将无限期地继续运行。Fairseq 会自动将最佳模型参数(就验证损失值而言)保存到 checkpoint_best.pt 文件中。

　　警告：如果只是使用 CPU，那么训练可能需要很长时间。第 11 章解释了如何使用 GPU 加速训练。

6.3.3　运行翻译器

　　训练完模型之后，可以调用 fairseq-interactive 命令，以交互式的方式运行 MT 模型。可以按照以下方式指定二进制文件和模型参数文件来运行该命令。

```
$ fairseq-interactive \
    data/mt-bin \
    --path data/mt-ckpt/checkpoint_best.pt \
    --beam 5 \
    --source-lang es \
    --target-lang en
```

　　在看到提示 Type the input sentence and press return 之后，尝试逐个输入(或复制和粘贴)以下西班牙语句子。

```
¡ Buenos días !
¡ Hola !
¿ Dónde está el baño ?
¿ Hay habitaciones libres ?
¿ Acepta tarjeta de crédito ?
La cuenta , por favor .
```

　　在输入之后(特别是手工输入而非复制粘贴的情况下)，请注意这些句子中的标点符号和空白然后再按回车——Fairseq 假设输入已经词元化了。你的结果可能会略有不同，这取决于许多因素(深度学习模型的训练通常会带有一些随机性)，但你会得到以下内容(已加粗作为强调)。

```
¡ Buenos días !
S-0        ¡ Buenos días !
H-0        -0.20546913146972656    Good morning !
P-0        -0.3342 -0.3968 -0.0901 -0.0007
¡ Hola !
S-1        ¡ Hola !
H-1        -0.12050756067037582    Hi !
P-1        -0.3437 -0.0119 -0.0059
¿ Dónde está el baño ?
S-2        ¿ Dónde está el baño ?
H-2        -0.24064254760742188    Where &apos;s the restroom ?
P-2        -0.0036 -0.4080 -0.0012 -1.0285 -0.0024 -0.0002
```

```
¿ Hay habitaciones libres ?
S-3          ¿ Hay habitaciones libres ?
H-3          -0.25766071677207947    Is there free rooms ?
P-3          -0.8187 -0.0018 -0.5702 -0.1484 -0.0064 -0.0004
¿ Acepta tarjeta de crédito ?
S-4          ¿ Acepta tarjeta de crédito ?
H-4          -0.10596384853124619    Do you accept credit card ?
P-4          -0.1347 -0.0297 -0.3110 -0.1826 -0.0675 -0.0161 -0.0001
La cuenta , por favor .
S-5          La cuenta , por favor .
H-5          -0.4411449432373047     Check , please .
P-5          -1.9730 -0.1928 -0.0071 -0.0328 -0.0001
```

这里的大多数输出句子几乎都是完美的，除了第四个句子(正确的翻译应该是"Are there free rooms?")。虽然这些句子都很简单，我们的 MT 系统能够翻译正确并非了不起，但是这对于一个只用了一小时构建的系统来说是一个不错的开始!

6.4　Seq2Seq 模型的工作原理

本节深入研究构成 Seq2Seq 模型的组件,其中包括编码器(encoder)和解码器(decoder)。我们还将介绍用于解码目标句子的算法——贪婪解码(greedy decoding)和束搜索解码(beam search decoding)。

6.4.1　编码器

正如本章开头所看到的,Seq2Seq 模型的编码器与第 5 章介绍的序列标注模型并没有太大的不同。它的主要工作是获取输入序列(通常是一个句子),并将其转换为一个固定长度的向量表征。可以使用 LSTM-RNN,具体如图 6.8 所示。

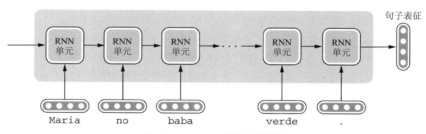

图 6.8　Seq2Seq 模型的编码器

与序列标注模型不同,我们只需要一个 RNN 的最终隐藏状态,然后将其传递给解码器以生成目标句子。还可以使用多层 RNN 作为编码器,在这种情况下,句子表征是每层输出的级联,如图 6.9 所示。

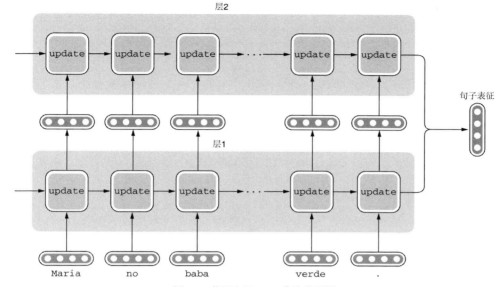

图 6.9　使用多层 RNN 作为编码器

同理，可以使用双向(甚至双向多层)RNN 作为编码器。然后把正向层和反向层的结果串联起来作为句子表征，如图 6.10 所示。

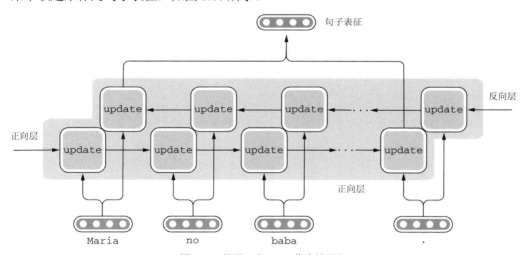

图 6.10　使用双向 RNN 作为编码器

注意：这是一个小细节，但请记住，LSTM 单元会产生两种类型的输出：单元状态和隐藏状态(参见 4.2.2 节)。当使用 LSTM 编码序列时，通常只使用最终的隐藏状态，而不用单元状态。可以将单元状态看作一个类似用于计算最终结果(隐藏状态)的临时循环变量。具体如图 6.11 所示。

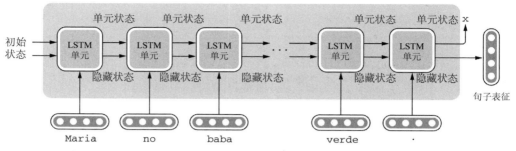

图 6.11 一个使用 LSTM 单元的编码器

6.4.2 解码器

同样，Seq2Seq 模型的解码器也类似于第 5 章介绍的语言模型。事实上，它们是相同的，除了一个关键的区别——解码器从编码器接收一个输入。第 5 章介绍的语言模型称为无条件语言模型(unconditional language model)，因为它们生成的语言没有任何输入或前提条件。基于某些输入(条件)生成语言的语言模型则称为条件语言模型(conditional language model)。Seq2Seq 解码器是一种条件语言模型，其中条件是由编码器产生的句子表征。Seq2Seq 解码器的工作原理详见图 6.12。

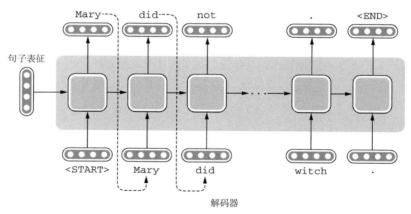

图 6.12 Seq2Seq 模型的解码器

与语言模型一样，Seq2Seq 解码器从左到右生成文本。与编码器一样，你也可以使用 RNN 来完成这一点。解码器也可以是多层 RNN。然而，解码器不能是双向的——你不能从两边都生成一个句子。正如在第 5 章中提到的，这种对自己过去生成的序列进行操作的模型称为自回归模型(autoregressive model)。

非自回归模型

如果你认为简单地从左到右生成文本不够用，那我给你介绍下非自回归模型。人类也并不总是线性地写语言——我们经常在写语言之后修改、添加和删除单词和短语。此外，以线性方式生成文本也不是很有效。句子的后半部分需要等到前半部分完成，这使得生成过程并行化非常困难。在撰写本文时，研究人员已经投入了大量的精力来开发非自回归的 MT 模型，这些模型不会以线性的方式生成目标句子(参见 Salesforce Research 的论文：https://arxiv.org/abs/1711.02281)。然而，它们在翻译质量方面还没有超过自回归模型，因此大多数研究和用于生产的 MT 系统仍然采用自回归模型。

　　解码器的行为方式在训练阶段和预测阶段略有不同。让我们先看看它是如何训练的。在训练阶段，我们确切地知道源句子如何翻译成目标句子。换句话说，我们清楚地知道解码器应该逐字逐句地生成什么。正因为如此，解码器的训练方式与序列标注模型的训练方式相似(见第 5 章)。

　　首先，解码器接收由编码器产生的句子表征和一个特殊的词元<START>标识符，<START>表示一个句子的开始。然后通过 update 函数处理这两个输入，并产生隐藏状态向量。再将隐藏状态向量输入到一个线性层，该层缩小或放大这个向量，以匹配词表的大小。最后，得到的向量经过 softmax 激活函数，softmax 激活函数将向量转换为一个概率分布。这个分布决定了词表中的每个单词下一步出现的概率。

　　接下来详细讲解一下训练过程。这里假设输入是"Maria no daba una bofetada a la bruja verde."，我们希望解码器产生它的英语译本："Mary did not slap the green witch."这意味着我们希望最大化图 6.13 第一个单元生成"Mary"的概率。这是一个多分类问题，到目前为止在本书已经讲解很多种多分类问题——词嵌入(第 3 章)，句子分类(第 4 章)和序列标注(第 5 章)。使用交叉熵损失值计算期望结果与神经网络实际输出结果的差距。如果神经网络认为"Mary"的概率很大，那么很好——会产生很小的损失值。另一方面，如果神经网络认为"Mary"的概率很小，就会产生很大的损失值，从而鼓励优化算法大量地修改参数(魔术常量)。

　　然后进入图 6.13 的第二个单元。第二个单元接收由第一个单元计算出的单词"Mary"的隐藏状态以及单词 "Mary"。第二个单元基于这两个输入产生隐藏状态，并使用这个隐藏状态计算第二个单词的概率分布。继续使用交叉熵损失值计算期望结果(即概率分布)与神经网络实际输出结果的差距，进入下一个单元。如此循环，直到遇到结束标识符<END>。句子的总损失值是句子中所有单词的损失值的平均值，如图 6.13 所示。

　　最后，利用这种方法计算出的损失值调整解码器的模型参数，以使下一次能够产生所需的输出。注意，编码器的参数在这个过程中也会进行调整，因为损失值是从编码器通过句子表征一路传到解码器的。如果编码器产生的句子表征效果不好，那么解码器无论如何努力，都无法产生高质量的目标句子。

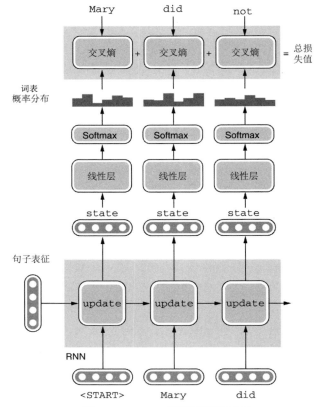

图 6.13　Seq2Seq 解码器训练流水线

6.4.3　贪婪解码算法

现在来看看解码器在预测阶段的表现，在预测阶段将一个源句子提供给神经网络，但我们不知道正确的翻译应该是什么。在预测阶段，解码器的行为还是类似于第 5 章介绍的语言模型。它接收由编码器产生的句子表征和一个标识句子开始的特殊的词元<START>标识符。然后通过 update 函数处理这两个输入，并产生隐藏状态向量，将隐藏状态向量输入线性层和 softmax 激活函数层，最后生成目标词表上的概率分布。这是关键的部分——不像训练阶段，你不知道下一个正确的单词是什么，因此有多个选项。你可以随机从概率相当高的单词中选一个(如"dog")，但可能最好的选择是概率最高的那个(如果它是"Mary"，你就很幸运了)。MT 系统生成刚刚被选择的那个单词，然后将其输入下一个单元。如此循环，直到遇到结束标识符<END>。整个过程如图 6.14 所示。

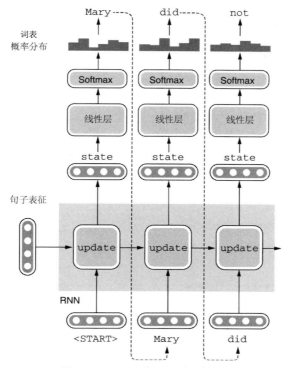

图 6.14 Seq2Seq 解码器预测流水线

这一部分就讲完啦？可以进入下一部分评估 MT 系统啦？还没有呢——以这种方式解码目标句子可能会导致很多问题。

MT 解码的目标是最大化目标句子整体的概率，而不仅仅是个别单词。这正是训练神经网络所要做的——生成正确句子的最大概率。然而，在前面描述的每一步中选择单词的方式只最大化该单词的概率。换句话说，这个解码过程仅保证局部的最大概率。这种短视的局部最优算法在计算机科学中称为贪婪算法(greedy)，我刚刚解释的解码算法称为贪婪解码(greedy decoding)。仅仅因为在每一步中最大化了单个单词的概率，并不意味着也最大化了整个句子的概率。贪婪算法通常不能保证产生全局最优解，使用贪婪解码也可能得不到最优的翻译。这么说不是很直观，下面用一个简单的例子说明这一点。

当在每个时间步选择单词时，有多个单词可供选择。选择其中一个，然后移动到下一个 RNN 单元，它会依据之前选择的单词生成另一组可能的单词。整个过程可以使用如图 6.15 所示的树形结构来表示。该图显示了在一个时间步中选择的单词(如"did")如何分支到另一组可能的单词("you"和"not")。

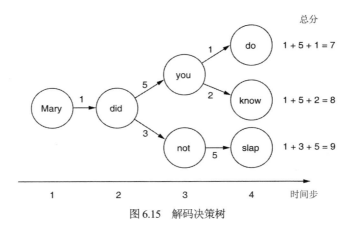

图 6.15 解码决策树

从一个单词到另一个单词的每个转换都有一个分数，对应于选择转换的概率有多大。目标是最大化从时间步 1 到 4 这一整条路径的总分。严格来说，从数学上讲，概率是 0 到 1 之间的实数，而且应该是相乘(而不是相加)每个概率来得到总数，这里只是为了更容易理解而简化了。例如，如果从"Mary"转到"did"，然后再到"you"和"do"，你生成了这么一个句子"Mary did you do"，总分是 1+5+1=7。

我们之前看到的贪婪解码器在时间步 2 生成"did"后将面临两个选择：要么生成 5 分的"you"，要么生成 3 分的"not"。因为它所做的就是选择得分最高的一个，所以它就会选择"you"并继续前进。然后，它将在时间步 3 之后面对另一个分支——生成 1 分的"do"或生成 2 分的"know"。同样，它会选择最大的分数，最终会翻译成"Mary did you know"，总分是 1+5+2=8。

这是一个不错的结果。至少，它没有第一条路径那么糟糕(总分为 7)。如果选择每个分支的最高分数，就可以确保最终结果至少是体面的(虽然不是最优)。但是，如果在时间步 3 选择了"not"呢？乍一看，这似乎不是一个好主意，因为得到的分数只有 3，比走另一条路得到的分数要少。但在下一个时间步，通过选择"slap"，会得到 5 分。回想起来，这么做是对的——会得到 1+3+5=9 的总分，这比选择另一条"you"路径得到的任何总分都要大。通过牺牲短期奖励，可以在更长远的范围内获得更大的回报。但是由于贪婪解码器的短视本性，它永远不会选择这条路径——一旦选择了另一个分支，就不能倒退和改变想法了。

看完图 6.15 之后，会觉得选择哪种方式最大化总分似乎很容易，但在现实中，并不能"预见"未来——如果在时间步 t，就不能预测在时间步 t+1 之后将会发生什么。但是，使个体概率最大化的路径并不一定是最优解。也无法尝试每一个可能的路径，看看会得到多少总分，因为词表通常包含成千上万个单词，这意味着可能的路径数量呈指数级增长。

遗憾的事实是，没有办法在合理的时间内找到使整个句子概率最大化的最优路径。但是却可以避免被次优解决方案所困(或者至少不太可能被困)，这就是束搜索解码器所做的。

6.4.4　束搜索解码

假设你处于同样的境况下，你会怎么做。打个比方，假设你是一名高三学生，现在需要填报专业。你的目标是最大化你一生中的总收入(或幸福或任何你关心的事情)，但你不知道哪个专业最好。你不能简单地尝试每一个可能的专业，看看几年后会发生什么——有太多的专业了，你也无法回到过去。此外，仅仅因为一些专业在短期内看起来很有吸引力(例如，选择经济学专业可能会在大型投资银行获得一些好的实习机会)并不意味着这条道路从长远来看是最好的(看看 2008 年经济危机发生了什么)。

在这种情况下，可以做的一件事是通过同时选择多个专业(考上大学后选修第二专业)对冲风险，而不是 100%选择某一个专业。几年后，如果情况与想象的不同，仍然可以改变想法，追求另一个选择，如果贪婪地选择专业(即只基于短期前景)，就不能追求另一个选择了。

束搜索(beam search)解码的主要思想与此类似——它不是致力于一条路径，而是同时寻求多条路径(称为假设，英文为 hypotheses)。这样，就给"黑马"留出了一些空间，也就是说，这些假设的分数起初很低，但后来可能被证明很有希望。可借图 6.16 中的示例来看这个问题，这是基于图 6.15 的一个稍微修改过的版本。

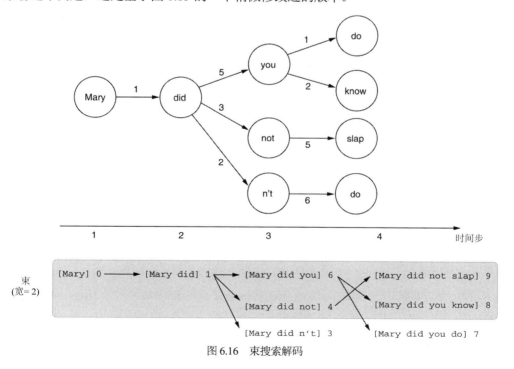

图 6.16　束搜索解码

束搜索解码的关键思想是使用图 6.16 底部所示一个束(beam)，可以把它看作一个可以同时保留多个假设的缓冲区。束的大小，即它可以保留的假设的数量，称为束宽(beam width)。先使用大小为 2 的束看看会发生什么。最初，第一个假设只有一个词，"Mary"，得分为 0。当转向下一个单词时，选择的单词将被附加到假设中，分数会随着刚才选择的路径的分数而增加。例如，当继续到"did"时，它就会做出一个新的假设："Mary did"，得分为 1。

如果在任何时间步都有多个单词可供选择，那么一个假设可以产生多个子假设。在时间步 2，有 3 个不同的选择——"you""not""n't"——这就产生了 3 个新的子假设：[Mary did you](6)，[Mary did not](4)，[Mary did n't](3)。这是束搜索解码的关键部分：因为束的空间是有限的，任何不够好的假设都会在根据分数排序后从束中踢出去。在这个例子中，束只能容纳两个假设，除了前两个，其他假设都被踢出束，这样就只留下了[Mary did you](6)和[Mary did not](4)。

在时间步 3，每个剩余的假设可以产生多达两个子假设。第一个([Mary did you](6))会产生[Mary did you know](8)和[Mary did you do](7)，而第二个([Mary did not](4))变成了[Mary did not slap](9)。然后对这 3 个假设根据它们的分数进行排序，分数最高的两个将作为束搜索解码的结果返回。

恭喜你——现在你的算法已能够找到总分最大的路径。通过同时考虑多个假设，束搜索解码可以增加你找到最佳解决方案的机会。然而，这从来都不是完美的——你会发现，一条同样是最优的路径[Mary did n't do](9)早在第 3 步就被踢了出去。要"拯救"它，需要把束宽增加到 3 或更大。一般来说，束宽越大，结果的质量就越高。然而，这里会有一个取舍：因为计算机需要考虑多个假设，随着束宽的增加，它将会线性变慢。

可以在 Fairseq 中使用"--beam"选项更改束宽。在 6.3.3 节的示例中，使用了--beam 5 指定束宽为 5。因此其实你已经使用过束搜索了。如果将—beam 设置为 1，则意味着使用的是贪婪解码而非束搜索，就可能会得到略有不同的结果。我尝试的结果几乎完全相同，除了最后一个"count, please"，它并非是"La cuenta, por favor"的好的翻译。这意味着束搜索确实有助于提高质量。

6.5 评估翻译系统

本节简要介绍如何评估机器翻译系统。如何准确评估 MT 系统在理论和实践中都是一个重要的课题。

6.5.1 人工评估

评估 MT 系统输出最简单和最准确的方法是使用人工评估。毕竟，语言是为人类翻译的。人类认为是好的翻译才是好的翻译。

如前所述，我们有一些考虑。这里有两个最重要和最常用的概念：充分性(英文为 adequacy，又称为保真度)和流畅性(fluency)——与可理解性(intelligibility)密切相关。充分性是指源句子中的信息在翻译中所反映的程度。如果能通过阅读源句子的翻译重构大部分源句子所表达的信息，那么翻译就具有很高的充分性。另一方面，流畅性是指翻译在目标语言中的自然程度。例如，英语译文"Mary did not slap the green witch"流畅，而"Mary no had a hit with witch, green"蹩脚，尽管这两种翻译完整性几乎一样。注意，这两个方面在某种程度上是独立的——你可以想到一个流畅但不够完整的翻译(如"Mary saw a witch in the forest"就是一个非常流畅但不完整的翻译)，反之亦然，就像前面的例子一样。完整性和流畅性兼备的 MT 系统才是优秀的 MT 系统。

MT 系统的人工评估方法通常是通过将其翻译呈现给人类标注员，并让他们从各个方面以 5 分或 7 分的比例来判断其输出。流畅性很容易，因为它只需要评估者会目标语言即可，而完整性则需要评估者同时会说源语言和目标语言。

6.5.2　自动评估

虽然人工评估对 MT 系统的质量是最准确的评估，但它并不总是可行的。这样的成本很高，也有可能做不到。例如要处理的语言不常见，可能根本找不到会这种语言的人来评估。

但更重要的是，在开发 MT 系统时，需要不断地评估和监控该系统的质量。例如，如果使用 Seq2Seq 模型来训练 NMT 系统，则需要在每次调整其中一个超参数后重新评估其性能。否则，就不知道更改对其最终性能有好或坏的影响。更糟糕的是，如果要做一些像早停法的操作(见 6.3.2 节)减少过拟合现象，还需要在每轮之后评估模型的表现。你不可能雇用某些人，让他们在每轮之后评估中间模型——这样开发 MT 系统的进度会非常缓慢。同时也是一个巨大的时间浪费，因为初始模型的输出大多是没用的信息，不值得人工评估。而中间模型的输出存在着大量的相关性，使用人工评估需要花费大量的时间。

出于以上种种原因，如果可以使用一些自动评估方式判断翻译质量，将会非常有用。这种工作方式类似于我们之前看到的其他 NLP 任务的一些自动度量，如准确率、查准率、查全率和 F1-度量。其思路是预先为每个输入实例创建期望输出，然后将系统输出与之进行比较。这通常通过为每个源句子准备一组称为参考(reference)的人工翻译，然后计算源句子参考和系统输出之间的某种相似度来实现。创建参考并定义指标后，就可以自动评估翻译质量。

计算源句子参考和系统输出之间的相似度的最简单方法之一就是使用单词错误率(word error rate，WER)。WER 反映了系统与参考相比所犯错误的数量，这个数量是通过插入、删除和替换的相对次数来度量的。这个概念类似于计算距离，只不过 WER 是计算单词而非字符。例如，当源句子参考为"Mary did not slap the green witch"，系统翻译为"Mary did hit the green wicked witch"时，你需要 3 次"编辑"以使后者与前者匹配——插入"not"、将"hit"替换为"slap"、删除"wicked"。将 3 除以源句子参考的长度(=7)，即可得出 WER(=3/7，或 0.43)。WER 越低，翻译的质量就越好。

虽然 WER 操作简单、易于计算，但目前还未广泛应用于 MT 系统的评估。其中一个原因与一个源句子可能会有多个参考有关。对于一个源句子可能有多个、同样有效的翻译，即有多个参考时，如何应用 WER 尚不清楚。在 MT 中，一个更先进的、迄今为止最常用的自动评估指标是 BLEU(bilingual evaluation understudy)。BLEU 利用修正查准率(modified precision)解决多个参考的问题。接下来，用一个简单的例子说明这一点。

以表 6.1 为例，假设正在评估的一个候选对象(系统输出)"the the the the the the the"(顺便说一下，这是一个糟糕的翻译)有两个源句子参考："the cat is on the mat"和"there is a cat on the mat"。BLEU 的基本思路是计算候选对象中所有唯一词的查准率。因为在候选对象中只有一个唯一词，"the"，所以查准率为 100%。但这似乎有问题。

表 6.1 多参考情形

候选对象	the	the	the	the	the	the	the
参考 1	the	cat	is	on	the	mat	
参考 2	there	is	a	cat	on	the	mat

因为参考中并没有那么多"the"，所以由系统产生的虚假的"the"不应该计入查准率。换句话说，应该把它们当作假阳性(误报)。用该词在任何源句子参考中出现的最大次数作为分母。在本例中为 2(在参考 1 中)，因此它的修正查准率为 2/7，或约为 29%。在实践中，BLEU 不仅可以使用唯一词(即一元语法，英文为 unigram)，而且可以在候选对象和源句子参考中使用长度最多为 4 的 n-gram，即使用二元语法(bigram)、三元语法(trigram)、四元语法(4-gram)。

即使这样修正之后，我们一样有方法来戏弄 BLEU 这种指标——因为它基于查准率而非查全率，所以 MT 系统可以通过只生成一些系统确定的单词轻松获得高分。还是以前面例子为例，如果系统只输出"cat"(或"the")，那么 BLEU 分数将是 100%(即使已经使用了修正查准率)，然而这显然不是一个好的翻译。BLEU 通过引入简短惩罚(brevity penalty)来解决这个问题，如果候选对象比源句子参考短，就会降低分数，但是这样还是有办法戏弄，例如生成"cat cat cat cat cat cat cat"。

开发精确的自动评估指标一直是一个活跃的研究领域。业界提出过许多新的指标，以解决 BLEU 的缺点。因为篇幅原因，这里尚未提及它们。尽管这些新指标看起来更好，但 BLEU 仍然是迄今为止最广泛使用的指标，主要是因为它的简单性和悠久的历史。

6.6 实战示例：构建聊天机器人

本节详细介绍 Seq2Seq 模型的另一个应用——聊天机器人，它是一个人类可以与之进行对话的 NLP 应用。我们将使用 Seq2Seq 模型构建一个非常简单但功能齐全的聊天机器人，并讨论在构建智能对话系统方面的技术和挑战。

6.6.1 对话系统简介

1.2.1 节已简要地介绍过对话系统。总之，对话系统主要有两种类型：面向任务的对话系统和面向闲聊的对话系统。面向任务的对话系统被用来实现一些特定的目标，例如预订餐馆房间和获取一些信息，面向闲聊的对话系统被用来与人类交谈。由于 Amazon Alexa、Apple Siri 和 Google Assistant 等商业人工智能对话系统的成功和普及，相关技术目前是 NLP 从业者的热门话题。

你可能对如何开始构建一个能进行对话的 NLP 应用毫无头绪。如何构建一个能够"思考"的"智物"，使它能够对人类的输入产生有意义的响应？这似乎有些勉强和困难。但如果退一步，看看我们与他人的典型对话，到底有多少算得上"聪明"就容易多了。如果你和我们大多数人一样，那么你的谈话中有很大一部分会是"你好吗？""我很好，谢谢""祝你今天愉快""你也是！"等，你也可能对很多日常问题有一套"模板"的回答，如"你在做什么？"还有"你来自哪里？"，这些问题简单到你一看就能回答，根本不用思考。更复杂的问题，如"*X* 区你最喜欢的餐厅是什么？"(*X* 是你所在城市一个社区的名字)和"你最近看过 *Y* 电影吗？"(其中 *Y* 是一类电影)，这些问题只需要通过"模式匹配"和从你的记忆中检索相关信息就能回答。

如果把一个对话看作一组"回合"(turns)，其中响应是通过与前面的话语模式匹配产生的，这看起来就很像一个典型的 NLP 问题了。特别是，如果将对话看作一个问题，即 NLP 系统只是简单地将你的问题转换为它的响应，那么这正是我们可以应用本章介绍的 Seq2Seq 模型的地方。我们可以把人类说的话当作一个外来的句子，然后让聊天机器人将它"翻译"成另一种语言，尽管这两种语言都是同一种语言。在 NLP 中将输入和输出视为两种不同的语言来应用 Seq2Seq 模型，这种做法在现实工作十分常见，具体应用包括文本摘要(将长文本转换为短文本)和语法错误更正(将有错误的文本转换为没有错误的文本)。

6.6.2　准备数据集

这个实战示例将使用自我对话语料库(Self-dialogue Corpus，https://github.com/jfainberg/self_dialogue_corpus)，这是一个包含了 24 165 个对话的集合。这个数据集的特别之处在于，这些对话并不是两个人之间的真实对话，而是一个人扮演两面角色所写的虚构对话。自我对话语料库通过收集编造的对话，降低了一半成本(因为只需要一个人，而不是两个人！)。

与前面一样，我已经将语料库进行词元化并转换为 Fairseq 可读取的格式。你可以按如下方式获得转换后的数据集。

```
$ mkdir -p data/chatbot
$ wget https://realworldnlpbook.s3.amazonaws.com/data/chatbot/selfdialog.zip
$ unzip selfdialog.zip -d data/chatbot
```

你可以组合使用 paste 命令 (将文件横向拼接) 和 head 命令 (查看文件开头)来查看训练集。注意，我们使用"fr"(代表"foreign，外语"而不是"French，法语")[1]来表示正在翻译的"源语言"。

```
$ paste data/chatbot/selfdialog.train.tok.fr data/chatbot/
    selfdialog.train.tok.en | head
...
Have you played in a band ? What type of band ?
```

---

1 译者注：原因会在 8.5.2 节讲述。

```
What type of band ? A rock and roll band .
A rock and roll band . Sure , I played in one for years .
Sure , I played in one for years . No kidding ?
No kidding ? I played in rock love love .
I played in rock love love . You played local ?
You played local ? Yes
Yes Would you play again ?
Would you play again ? Why ?
...
```

正如你所看到的，每一行都包含一个话语(左边)和对它的响应(右边)。注意，这个数据集与 **6.3.1** 节使用的西班牙语-英语平行语料库具有相同的结构。下一步是运行 **fairseq-preprocess** 命令，将其转换为二进制格式。

```
$ fairseq-preprocess \
    --source-lang fr \
    --target-lang en \
    --trainpref data/chatbot/selfdialog.train.tok \
    --validpref data/chatbot/selfdialog.valid.tok \
    --destdir data/chatbot-bin \
    --thresholdsrc 3 \
    --thresholdtgt 3
```

看到这里，你是否发现其跟前面的西班牙语翻译器例子很像？只不过区别在于所指定的源语言——在这里使用 fr 而非 es。

6.6.3 训练和运行聊天机器人

现在聊天机器人的训练数据已经准备好了，接着使用这些数据训练一个 Seq2Seq 模型。你可以使用与上次几乎相同的参数调用 **fairseq-train** 命令，具体命令参数如下所示。

```
$ fairseq-train \
    data/chatbot-bin \
    --arch lstm \
    --share-decoder-input-output-embed \
    --optimizer adam \
    --lr 1.0e-3 \
    --max-tokens 4096 \
    --save-dir data/chatbot-ckpt
```

如前所述，注意每轮中验证损失值是如何变化的。当我运行这些代码时，验证损失值在大约前 5 轮持续减少，但随后开始慢慢回升。在观察到验证损失值不再减少后，按 Ctrl+C 组合键停止训练命令。Fairseq 将自动把最佳模型(通过验证损失值来度量)保存到 checkpoint_best.pt。

最后，可以通过调用 **fairseq-interactive** 命令运行聊天机器人模型，具体命令参数如下所示。

```
$ fairseq-interactive \
    data/chatbot-bin \
    --path data/chatbot-ckpt/checkpoint_best.pt \
    --beam 5 \
```

```
--source-lang fr \
--target-lang en
```

与前面机器翻译的例子一样，你可以输入源句子，然后聊天机器人将它"翻译"成另一种语言来与你对话！下面是我与我所训练的模型进行对话的一部分(为了清晰起见，我特意加粗了)。注意，你的结果可能会有所不同。

```
Hi !
S-0     Hi !
H-0     -1.011711835861206            Hey .
P-0     -0.6860 -2.1352 -0.2140
How are you ?
S-1     How are you ?
H-1     -0.6552960276603699          Doing good , you ?
P-1     -0.6472 -0.8651 -1.0960 -0.9257 -0.3337 -0.0640
Good .
S-2     Good .
H-2     -0.8540937900543213          Do you have a favorite team ?
P-2     -2.3027 -0.0550 -1.7088 -0.4403 -0.1763 -2.0262 -0.1150 -0.0085
Yeah I like the Seahawks .
S-3     Yeah I like the Seahawks .
H-3     -0.6036218404769897          Do you have a favorite team ?
P-3     -2.7614 -0.0525 -1.0905 -0.3178 -0.3213 -0.1049 -0.1701 -0.0106
How about you ?
S-4     How about you ?
H-4     -1.2329542636871338          I 'm a big fan of them .
P-4     -0.7648 -1.8435 -1.6808 -1.2868 -0.2102 -0.1362 -3.5273 -1.0031 -0.6438
What 's your favorite movie ?
S-5     What 's your favorite movie ?
H-5     -0.8238655924797058          Oh , that 's a tough one . I 'd have to say
    Ghost Busters .
P-5     -3.2622 -0.3213 -1.4815 -0.1012 -0.3417 -0.3069 -0.2432 -0.6954 -
    1.0858 -2.3246 -0.4296 -0.0039 -0.0905 -2.6429 -0.1676 -0.3853 -0.1221
Oh yeah , I like that movie too .
S-6     Oh yeah , I like that movie too .
H-6     -1.0659444332122803          Yeah , that 's a good one .
P-6     -2.0782 -0.1724 -2.5089 -0.9560 -1.5034 -0.9040 -0.4471 -0.5435 -0.4801
```

在这个例子中，对话看起来很自然。因为自我对话语料库是根据某类话题来构建对话的，所以如果你聊的话题(电影、体育、音乐等)是自我对话语料库中自带的内容，对话就更有可能顺利进行。

然而，当你聊到的话题超出了自我对话语料库的范畴，聊天机器人就不知道怎么回答了，具体示例如下所示。

```
What 's your name ?
S-0     What 's your name ?
H-0     -0.9807574152946472            I do n't know , but I do n't think I 've
                            heard of them .
P-0     -1.4680 -2.2938 -0.0635 -1.0242 -1.2039 -0.5201 -0.3381 -2.2612 -
    0.1665 -1.6033 -0.6112 -1.5515 -0.8739 -0.8453 -1.0143 -0.4702 -0.3637
What do you do ?
S-1     What do you do ?
H-1     -1.170507788658142           I do n't know .
P-1     -0.9807 -2.1846 -0.3276 -0.9733 -1.3650 -1.1919
```

```
Are you a student ?
S-2          Are you a student ?
H-2          -0.9505285024642944          I 'm not sure .
P-2          -1.5676 -1.5270 -0.6944 -0.2493 -0.8445 -0.8204
```

这是一个众所周知的现象——一个简单的基于 Seq2seq 的聊天机器人，每当被问到它语料库中没有的内容时，很快就会回归到生成诸如"我不知道"和"我不确定"等千篇一律的答案。这与我们训练这个聊天机器人的方式有关。因为我们训练目标是将训练损失值最小化，而减少损失值的最佳策略是生成一些适用于尽可能多输入句子、非常通用的短语。例如"我不知道"可以作为许多问题的答案，因此这是一个安全万能的减少损失值的方法！

6.6.4 下一步

虽然我们的聊天机器人可以针对许多输入生成看起来真实的响应，但远非完美。其中一类不擅长处理的问题是专有名词。当你询问一些需要具体答案的问题时，便可以看到这一点，例如：

```
What 's your favorite show ?
S-0          What 's your favorite show ?
H-0          -0.9829921722412109 I would have to say <unk> .
P-0          -0.8807 -2.2181 -0.4752 -0.0093 -0.0673 -2.9091 -0.9338 -0.3705
```

这里的<unk>是一个特殊的通配符，用于表示未知单词。聊天机器人试图回答某个问题，但因为这个问题在训练数据中出现的频率太低，所以聊天机器人无法回答。这种问题在简单的神经机器翻译系统经常出现。因为模型需要将一个单词的所有相关内容压缩成一个大约 200 维的数字向量，所以许多细节都被牺牲了。想象一下将你所在城市所有餐厅的信息压缩到一个 200 维的向量中是什么概念！

此外，我们训练的聊天机器人没有任何"记忆"或任何上下文的概念。你可以通过询问以下一系列相关的问题来测试这一点。

```
Do you like Mexican food ?
S-0          Do you like Mexican food ?
H-0          -0.805641770362854 Yes I do .
P-0          -1.0476 -1.1101 -0.6642 -0.6651 -0.5411
Why do you like it ?
S-1          Why do you like it ?
H-1          -1.2453081607818604 I think it 's a great movie .
P-1          -0.7999 -2.1023 -0.7766 -0.7130 -1.4816 -2.2745 -1.5750 -1.0524 -0.4324
```

在第二个问题中，聊天机器人并没有理解到上下文，从而生成了一个完全不相关的回答。要正确回答这样的问题，该模型需要理解代词"it"指的是前面提到的一个名词，在本例中为"Mexican food"。像这种提及指向现实世界中的实体的任务称为指代消解 (coreference resolution)。此外，系统还需要维护一些记忆，以跟踪对话中前面讨论过的内容。

最后，我们在本章讨论的简单的 Seq2Seq 模型并不擅长处理长句子。回顾图 6.2，你就会理解其原因——模型使用 RNN 读取输入句子，然后使用固定长度的句子表征向量表示关于句子的所有内容，最后从该向量生成目标句子。不管是很短的输入"Hi!"或者是很长的输入"The quick brown fox jumped over the lazy dog."，句子表征的长度都是固定的，这样当输入很长时，句子表征因为固定长度这个限制就成了瓶颈。正因为种种这些问题，直到 2015 年左右，神经网络 MT 模型才击败了传统的基于短语的统计 MT 模型，因为当时一种叫"注意力"(attention)的机制诞生了，注意力机制解决了以上种种问题。第 8 章详细讨论注意力机制。

6.7　本章小结

- 序列到序列(Seq2Seq)模型使用编码器和解码器将一个序列转换为另一个序列。
- 可以使用 fairseq 框架在一小时内构建一个可工作的 MT 系统。
- Seq2Seq 模型使用解码算法生成目标序列。贪婪解码使每一步的概率最大化，而束搜索则试图通过多个假设找到更好的解决方案。
- 通常使用一个称为 BLEU 的度量指标来自动评估 MT 系统。
- 可以使用 Seq2Seq 模型和对话数据集构建一个简单的聊天机器人。

第 *7* 章
卷积神经网络

本章涵盖以下主题：
- 通过检测模式解决文本分类问题
- 使用卷积层检测模式并生成分数
- 使用汇聚层汇聚由卷积层生成的分数
- 通过组合卷积层和汇聚层构建卷积神经网络(CNN)
- 使用 AllenNLP 构建基于 CNN 的文本分类器

前几章讨论了线性层和 RNN，这是 NLP 中常用的两种主要神经网络结构。本章介绍另一类重要的神经网络——卷积神经网络(CNN)。CNN 与 RNN 具有不同的特性，这使得其适合以检测语言模式为主的 NLP 任务，例如文本分类。

7.1 卷积神经网络(CNN)简介

本节介绍卷积神经网络(CNN)，这是另一种神经网络架构，其操作方式与 RNN 的工作方式不同。CNN 特别擅长匹配模式任务，并且在 NLP 社区中越来越受欢迎。

7.1.1 RNN 简介及其缺点

第 4 章讨论了句子分类，这个 NLP 任务接收一些文本作为输入，然后生成一个标签。还讨论了如何使用循环神经网络(RNN)来完成这类任务。RNN 神经网络有一个"循环"，可从头到尾遍历输入序列里每个元素，每一步处理一个元素。每一步处理完之后会得到一个内部变量，这个内部变量称为隐藏状态。当 RNN 处理完整个序列后，最后一步的隐藏状态表示输入序列的压缩内容，可用于包括句子分类在内的 NLP 任务。另外，也可以在每一步之后取出隐藏状态，将其用于为单个单词分配标签(如 POS 和命名实体标签)。这个在循环中重复应用的结构称为单元(cell)。一个只有简单乘法和非线性的 RNN 称为

vanilla RNN[1]或 Elman RNN。更强大的 RNN 变体有 LSTM 和 GRU，它们使用了更复杂的、运用了记忆和门控技术的单元。

　　RNN 是现代 NLP 中一个强大的工具，具有广泛的应用；然而，RNN 并非没有缺点。首先，RNN 的速度很慢——无论如何，都需要逐个处理输入序列的元素。其计算复杂度与输入序列长度成正比。其次，由于其顺序性质，RNN 很难并行化。想想一个多层 RNN，其中多个 RNN 层堆叠在一起(见图 7.1)。每层都需要等到它下面的所有层都完成了才能处理。

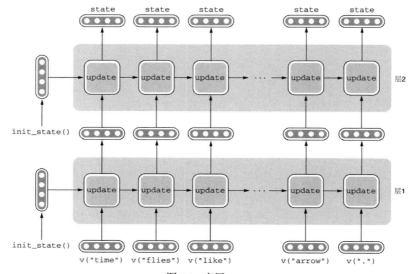

图 7.1　多层 RNN

　　再次，RNN 结构对于某些任务来说过于复杂和低效。例如，回顾一下第 4 章的语法检测任务。该例子的任务是在最简单形式(一个只有 2 个单词的句子)中识别有效和无效的主谓一致语法。如果一个句子包含像 "I am" 和 "you are" 这样的短语，则符合语法。如果包含了 "I are" 或 "you am"，则不符合语法。在第 4 章中，我们构建了一个简单的非线性 LSTM-RNN 来识别整个词表只有 4 个词汇、整个句子只有 2 个单词的语法。但如果整个词表有大量的词汇、句子的长度是任意的呢？突然间，这个过程变得非常复杂了。你的 LSTM 需要学习如何从大量的干扰信息[2](所有其他与主谓一致无关的单词和短语)中获取有用信息(即信号，主谓一致的内容)，需要对这些大量的无关的单词进行 update 操作。

　　但如果你仔细思考，不管句子有多长，词汇量有多大，你的神经网络的工作仍然应该相当简单——只要句子包含有效的搭配(如 "I am" 和 "you are")，它就是符合语法的。否则就不符合语法。这样就不需要对那些大量无关的单词进行 update 操作了。

　　这个思路实际上与第 1 章讲解的 "if-then" 情感分析器相差不远。很明显，LSTM RNN 的结构对于这个任务来说过于复杂，这个任务只需要对单词和短语进行简单的模式匹配

---

1 译者注：和前文的 Simple RNN 是一回事，只不过是不同的叫法。

2 译者注：术语为噪声。

就足够了。

7.1.2　使用模式匹配进行句子分类

　　许多文本分类任务都可以通过这种"模式匹配"来有效地解决问题。以垃圾邮件过滤为例——如果想检测垃圾邮件,只需要寻找像"v1agra"和"business opportunity"这样的单词和短语,甚至不用阅读整个电子邮件;这些模式出现在哪里并不重要。如果想对影评分析情感,在影评中检测出诸如"amazing"和"awful"这样的积极或消极的词汇将会大有帮助。换句话说,学习和检测这种局部语言模式(不需要理会它们在什么位置),是文本分类任务的一个有效策略,甚至可能对其他 NLP 任务也有效。

　　第 3 章学习了 n-gram 的概念——一个或多个单词的连续序列。在 NLP 中,它们经常被用作具有更正式定义的语言单位(如短语和从句)的代理。如果有什么工具可以跳过文本中的大量噪声,并检测到作为信号的 n-gram,那将是一个非常适合文本分类的工具。

7.1.3　卷积神经网络

　　卷积神经网络(CNN),就是这种非常适合文本分类的神经网络。CNN 是一种涉及卷积(convolution)的神经网络,卷积是一种数学运算。此处不过多讨论数学细节,简单地说,CNN 可以检测到对当前任务有用的局部模式。CNN 通常由一个或多个卷积层和汇聚层组成,其中卷积层负责卷积,汇聚层负责汇聚卷积的结果。具体关系如图 7.2 所示。7.2 节和 7.3 节将讲述卷积层和汇聚层的一些细节。

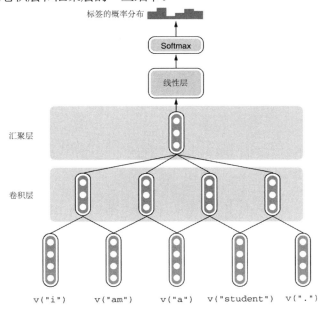

图7.2　卷积神经网络

CNN 的灵感来自人脑中的视觉系统，已广泛应用于图像分类和目标检测等计算机视觉任务。近年来，CNN 在 NLP 中的应用越来越流行，特别是在文本分类、序列标注和机器翻译等任务中。

7.2 卷积层

本节讨论卷积层，这是 CNN 架构的基本部分。卷积这个术语听起来可能有点难懂，但从本质上讲，它就是模式匹配。我们将使用图表和直观的例子来说明它实际的工作方式。

7.2.1 使用过滤器匹配模式

卷积层是 CNN 中最重要的组件。如前所述，卷积层对输入的向量应用了一种称为卷积的数学运算来产生输出。但卷积是什么呢？理解卷积的严谨定义需要知道线性代数，在此借用一些比喻和具体的例子来理解卷积。想象一下，你拿着一块带有复杂图案的长方形彩色玻璃(就像你在教堂里看到的彩色玻璃)，对着输入光源[1]移动玻璃。如果输入形状与玻璃图案的形状匹配，能够让更多的光穿过玻璃，就会得到更大的输出值。如果输入形状与玻璃图案的形状不匹配或相反，就会得到更小的输出值。换句话说，你正在使用一块彩色玻璃在输入光源中寻找匹配的图案。

这个比喻有点太模糊了，不妨使用第 4 章的语法检测任务来举例，看看我们将如何将卷积层应用于该任务。综上所述，我们的神经网络接收一个只有两个单词的句子，然后区分是否符合语法。词表中只有 4 个词汇——"I""you""am""are"，它们用词嵌入来表示。同样，输入的句子也只有 4 种可能性——"I am""I are""you am""you are"。你希望神经网络为第一个和最后一个句子生成 1，为其他句子生成 0。详见图 7.3。

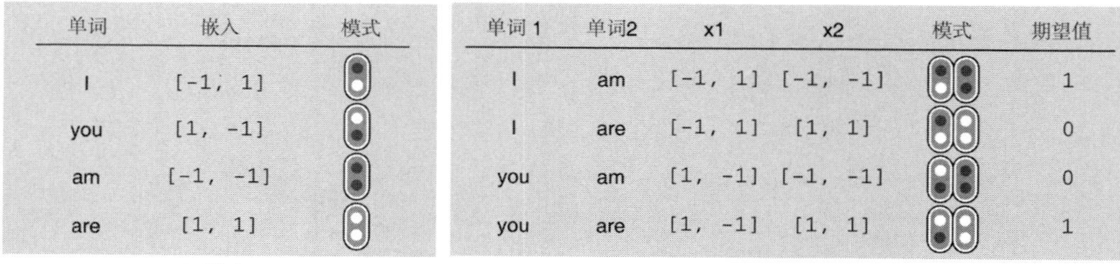

图 7.3 语法检测任务详解

现在，用模式(pattern)表示词嵌入。用一个黑色圆圈表示 - 1，一个白色圆圈表示 1。然后将每个单词向量表示为两个圆圈(参见图 7.3 左侧的表格)。同样，将由两个单词组成的句子表示为由两个向量组成的圆圈组，即 4 个圆圈(见图 7.3 中右边的表格)。这么表示

---

1 译者注：这里的光源不是指太阳光和普通光源，是指有特殊形状的灯具，即"装饰灯具"或"艺术灯具"。它们具有特殊的造型，如球形、椭圆形、花瓣状等，发出的光也具有特殊的形状。

后，我们的任务开始看起来更像是一个模式识别任务，即通过神经网络学习与语法句子相对应的黑白模式。

接着使用一个相同大小的"过滤器"(filter，又称滤波器)(两个圆圈×两个圆圈)，作为前面讨论过的彩色玻璃。这个过滤器的每个圆也是黑色或白色的，对应于值－1和1。将通过这个过滤器查看一个模式，并确定该模式是否是你正在寻找的模式。你可以通过将过滤器放在一个图案上，并计算两者之间的颜色匹配数量来实现这一点。对于 4 个位置中的每一个，如果颜色匹配(黑黑或白白)，就加 1 分，如果不匹配(黑白或白黑)，则减 1 分。你的最终分数是 4 个分数的总和，从－4(一个都没匹配上)到+4(4 个全匹配)不等。图 7.4 展示了具体示例[1]。

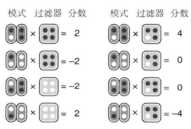

图 7.4 卷积过滤器示例

得到的分数根据模式和过滤器的不同而不同，但正如你在图中看到的，当过滤器看起来与模式相似时，分数变大，当两者不相似时，分数变小。当两者完全匹配时，得到最大的分数(4)，当两个完全不匹配时，得到最小的分数(－4)。过滤器充当了一个对输入进行检测的模式检测器。虽然这个例子非常简单，但基本上展现了卷积层所做的工作。在卷积神经网络中，这种过滤器称为内核(kernel)。

好了，现在进入更贴近实际例子的讲解，你有一个任意长度的输入句子，然后从左到右在句子上滑动一个内核。整个过程详见图 7.5。该内核被重复地应用于两个连续的单词，以产生一系列的分数。因为在这里使用的内核包含了两个单词，所以称它的大小为 2。另外，因为输入嵌入(在这里它们被称为通道)有两个维度，所以内核的输入通道的数量是 2。

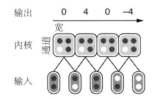

图 7.5 在输入的句子上滑动内核

注意：嵌入维度之所以被称为通道，是因为 CNN 最常用于计算机视觉任务，其输入

---

1 译者注：以图 7.4 左上角的第一个例子为例，第一行第一列匹配，加 1 分，此时总分为 1 分；第一行第二列匹配，加 1 分，此时总分为 2 分；第二行第一列不匹配，减 1 分，此时总分为 1 分；第二行第二列匹配，加 1 分，此时总分为 2 分；最终分数为 2 分。

通常是图像,而一张彩色图像通常有 3 个通道:红色(Red)、绿色(Green)和蓝色(Blue)。在计算机视觉中,内核是二维的,并在输入的二维图像上移动,因此又被称为二维卷积。但是在 NLP 中,内核通常是一维的(一维卷积)。

7.2.2 整流线性单元(ReLU)

接下来要思考如何使用内核来获得所需的输出(图 7.3 中的期望值列)。这里使用图 7.4 第二列所示的过滤器。从现在开始,将该内核称为内核 1,它与第一个模式完全匹配,得出最高分数 4,同时给其他模式零分或负分。图 7.6 展示了将内核 1 应用于每个模式时的分数(称为分数 1)。

现在先忽略分数的大小,只关注它们的符号(有负号和没负号[1])。前 3 个模式都匹配成功(都没负号),但与最后一个模式不匹配(分数有负号)。为了对最后一个模式正确评分——也就是说,不让它得负分——需要使用另一个与最后一个模式完全匹配的过滤器。这里称它为内核 2。图 7.7 展示了将内核 2 应用于每个模式时的分数(称为分数 2)。

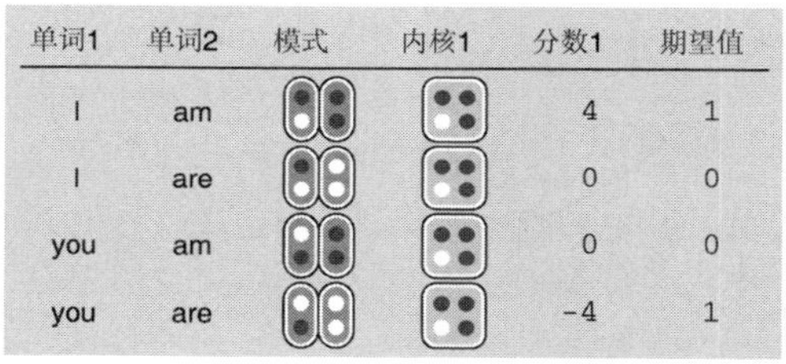

单词1	单词2	模式	内核1	分数1	期望值
I	am			4	1
I	are			0	0
you	am			0	0
you	are			-4	1

图 7.6 使用内核 1 过滤模式

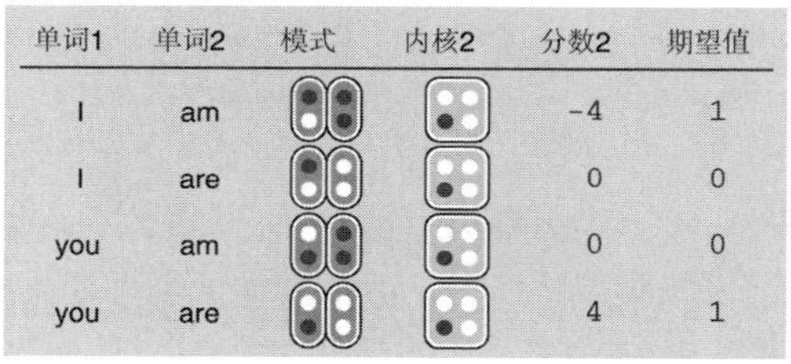

单词1	单词2	模式	内核2	分数2	期望值
I	am			-4	1
I	are			0	0
you	am			0	0
you	are			4	1

图 7.7 使用内核 2 过滤模式

内核 2 能够匹配后 3 个模式,但不能匹配第一个模式。但是,仔细观察图 7.6 和图 7.7 可知,如果有一种方法可以在内核给出负分时,以某种方式忽略输出,那么就似乎可以更接近期望的分数。

让我们构造这么一个函数,它对任何负输入都返回零,对任何正输入都原样返回。这个函数用 Python 实现如下:

```
def f(x):
    if x >= 0:
        return x
    else:
        return 0
```

或者简化成:

```
def f(x):
    return max(0, x)
```

在将该函数应用于分数 1 和分数 2 之后,可以得到图 7.8 和图 7.9。

---

1 译者注:0 不是正数也不是负数,因此这里以有没有负号来区分,而不是以是正数还是负数来区分。

图 7.8　应用 ReLU 后的分数 1

图 7.9　应用 ReLU 后的分数 2

这个函数称为整流线性单元(rectified linear unit)，简称 ReLU(发音为"rel-you")，是深度学习中最简单但最常用的激活函数之一。它经常与卷积层一起使用，虽然它非常简单(所做的只是将负值转化为零)，但仍然是一个激活函数，是一个能让神经网络学到复杂非线性关系的函数(参见 4.1.3 节)。它一样具有良好的数学性质，使它更容易优化网络，不过很可惜，其理论细节超出了本书范畴，这里就不展开讲述了。

7.2.3　组合分数

尽管使用了 ReLU 把负分变成了零，但是实际上依然没有全预测对，如何解决这个问题呢？把图 7.8 的 f(分数 1)列和图 7.9 的 f(分数 2)列组合在一起(通过求和)，然后将分数值调整为 0~1(通过除以 4)，最终得出了如图 7.10 所示的结果。

图 7.10　组合了来自两个内核的结果

组合后，分数与期望结果完全匹配。到目前为止，我们所做的只是设计了两个与我们想要检测的模式相匹配的内核，然后简单地组合分数。将其与 4.1.3 节的 RNN 示例相比，RNN 需要使用一些更复杂的数值来计算推导出参数。两相比较之下，希望这个例子足以向你展示 CNN 在文本分类方面是多么的简单和强大！

本节中的示例只是为了介绍 CNN 的基本概念，因此走了很多捷径。首先，在现实中，模式和内核不仅是黑白的，而且还包含实值数。将内核应用到模式后的分数不是通过计数颜色匹配获得的，而是通过一个称为内积(inner product)的数学运算获得的，该运算捕获了模式和内核的相似度。其次，内核产生的分数不是通过这么简单的操作组合的(就像本节所做的那样)，而是通过线性层(见 3.4.3 节)，它可以学习针对输入的线性转换来产生输出。最后，最终线性层中的内核和权重(魔术常量 w 和 b)都是 CNN 的可训练参数，这意味着它们的值是能够被调整的，从而使 CNN 能够产生所需的分数。

7.3 汇聚层

到目前为止，输入都还只是两个单词的组合——主语和谓语，但在现实中，CNN 的输入是任意长度的。CNN 不仅需要检测模式，还需要在输入中潜在的大量噪声中发现检测模式。正如在 7.2 节看到的，从左到右滑动一个内核，内核被重复应用于两个连续的单词以产生一系列的分数。剩下的问题是如何处理这些分数。具体来说，就是应该在图 7.11 的 "？" 位置做什么操作才能得到所需的分数？这个操作必须可以应用于任意长度的输入，因为句子可能非常长。这个操作还需要不管目标模式("I am")在句子中的位置都能处理。你能找出答案吗？

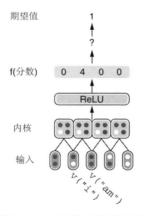

图 7.11 汇总分数以获得期望值

最简单的方法是取这些分数中的最大值。图 7.11 中的最大分数是 4，因此取 4 作为该层的输出。这种聚合(aggregation)操作称为汇聚(pooling)，而执行汇聚的神经网络子结构称为汇聚层(pooling layer)。也可以通过其他类型的数学操作进行聚合，如取平均值，尽管取最大值(称为最大汇聚，英文为 max pooling)是最常用的方法。

汇聚后的分数将被输入到一个线性层，可选择与来自其他内核的分数组合以用作预测分数。这整个过程如图 7.12 所示。现在我们有了一个功能齐全的 CNN！

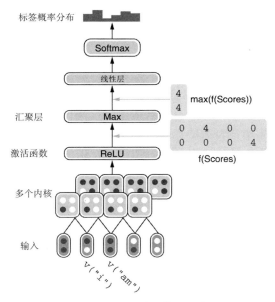

图 7.12　一个具有多个内核的完整 CNN

与我们迄今为止看到的其他神经网络一样，线性层的输出被输入到 softmax 函数，以产生标签概率分布。然后将这些预测值与真实的标签进行比较，以产生损失值，用于优化网络。

在总结之前，补充一点，图 7.12 中的 CNN，无论搜索模式("I am")在输入句子中的哪个位置，CNN 都会产生相同的预测值。这是由于内核的局部性以及刚刚添加的最大汇聚层的特性决定的。一般来说，即使输入的句子移动了几个单词，CNN 一样会生成相同的预测。这种性质在术语上称为变换不变性(transformation invariant)，这是 CNN 的一个重要特性，是指对图像进行某种变换(如平移、旋转、缩放等)后，图像的特征不发生改变。可使用图像识别示例更直观地讲述这个特性。即无论猫在图像中的哪个位置，猫仍然是猫。同样，无论主语和谓语在句子中的哪个位置，一个符合语法的英语句子仍然符合语法，例如"I am a student"，即使在开头句子加几个单词，变成"That's right, I am a student"，也一样符合语法。

因为 CNN 的内核并不相互依赖(不像 RNN，一个单元需要等待前面的所有单元都处理完才能开始运行)，所以 CNN 的计算效率很高。我们可以使用 GPU 并行处理这些内核，而不需要等待其他内核的输出。因为这一特性，CNN 通常比类似大小的 RNN 更快。

7.4　实战示例：文本分类

现在已学完 CNN 的基础知识，本节使用 CNN 构建 NLP 应用，以查看它在实践中是如何工作的。如前所述，CNN 在 NLP 中最流行和最直接的应用之一是文本分类。CNN

擅长检测模式(如文本中的显著单词和短语)，这也是文本分类准确的关键。

7.4.1 回顾文本分类

第 2 章和第 4 章已介绍过文本分类，这里还是先回顾一下，文本分类任务的定义是 NLP 系统对输入的文本分配标签。如果文本是电子邮件的内容，标签为电子邮件是否为垃圾邮件，那么这个 NLP 应用称为垃圾邮件过滤器。如果文本是一个文档(如一篇新闻文章)，而标签为它的主题种类(如政治、商业、技术或体育)，那么这个 NLP 应用称为文档分类。根据输入和输出的不同，文本分类还有许多变体。本节的 NLP 应用是情感分析，输入是作者的主观意见表达(如电影和产品评论)，输出是意见的标签(如积极或消极，甚至星级)，又称为极性(polarity)。

第 2 章和第 4 章构建了一个 NLP 系统，该系统使用斯坦福情感树库检测影评的极性，斯坦福情感树库是一个包含影评及其极性标签(强积极、积极、中性、消极或强消极)的数据集。本节构建相同的文本分类器，但使用 CNN 而非 RNN。好消息是，可以重用第 2 章编写的大部分代码——事实上，只需要修改几行代码就可以从 RNN 转换成 CNN。这在很大程度上要归功于 AllenNLP 强大、设计良好的抽象类，其支持通过常见接口处理架构不同的模块。接下来看看具体是如何操作的。

7.4.2 使用 CNN 编码器(CnnEncoder)

还记得 4.4 节为文本分类定义的 LstmClassifier 吗？具体代码如下：

```
class LstmClassifier(Model):
    def __init__(self,
                 embedder: TextFieldEmbedder,
                 encoder: Seq2VecEncoder,
                 vocab: Vocabulary,
                 positive_label: str = '4') -> None:
    ...
```

我们没有深入研究这个类，但从这个构造函数可以看出，这个模型构建在以下两个子组件之上：嵌入器(TextFieldEmbedder)和编码器(Seq2VecEncoder)，至于其他两个参数 vocab 和 positive_label 与本节内容无关。第 3 章详细讨论了词嵌入，不过也只是简单地提到了编码器。那么这个编码器(Seq2VecEncoder)到底有什么用呢？

AllenNLP 的 Seq2VecEncoder 是一个接收一个向量序列然后返回一个向量的神经网络结构。以 RNN 为例，其可接收由多个向量组成的可变长度输入，然后在最后一个单元输出一个向量。使用以下代码创建一个基于 LSTM-RNN 的 Seq2VecEncoder 实例。

```
encoder = PytorchSeq2VecWrapper(
    torch.nn.LSTM(EMBEDDING_DIM, HIDDEN_DIM, batch_first=True))
```

但是，只要组件具有跟接口相同的输入和输出规范，就可以使用任何神经网络架构构建 Seq2VecEncoder。从编程语言的角度看，Seq2VecEncoder 类似于 Java 中的接口(以及在许多其他语言中的接口)——接口定义了类的输入和输出参数，但并不关心实现它的类具体是怎么实现的。实际上，你可以换成更简单的模型，甚至简单到不采用任何复杂的变换，如非线性变换，只是将所有的输入向量相加然后产生输出。事实上，BagOfEmbeddingsEncoder 就是这么做的——BagOfEmbeddingsEncoder 是 AllenNLP 中 Seq2VecEncoder 的一个实现。因此我们可以把原来的 LSTM-RNN 换成 CNN。

接下来，便使用 CNN 将一个向量序列"压缩"成一个向量。AllenNLP 基于 CNN 的 Seq2VecEncoder 实现是 CnnEncoder，具体实例化代码如下。

```
encoder = CnnEncoder(
    embedding_dim=EMBEDDING_DIM,
    num_filters=8,
    ngram_filter_sizes=(2, 3, 4, 5))
```

在以上示例代码中，embedding_dim 指定了输入的嵌入维数。第二个参数，num_filters，告诉每个 n-gram 将使用多少个过滤器(又称内核，如 7.2.1 节所述)。最后一个参数 ngram_filter_sizes 指定了 n-gram 大小的列表，也是这些内核的大小。本例使用 n-gram 的大小为 2、3、4 和 5，这意味着有 8 个二元语法(bigrams)内核，8 个三元语法(trigrams)内核，8 个四元语法(4-gram)内核，8 个五元语法(5-gram)内核。这个 CNN 总共使用了 32 个不同的内核来检测模式。CnnEncoder 通过最大汇聚层从这些内核中汇聚结果，最后输出一个向量。

训练流水线其余部分几乎与第 2 章中的 LSTM 版本完全相同。完整代码可以在 Google Colab(http://www.realworldnlpbook.com/ch7.html#cnn-nb)上找到。注意，因为有些 n-gram 过滤器的形状很宽(如 4-gram 和 5-gram)，所以需要确保每个文本字段至少有这么长，即使原始文本很短(如只有一个或两个单词)。你需要了解如何使用 AllenNLP 进行批量处理和填充(见第 10 章)，以充分了解如何处理这个问题，但简言之，在初始化词元索引器时，需要指定 token_min_padding_length 参数，具体代码如下所示。

```
token_indexer = SingleIdTokenIndexer(token_min_padding_length=5)
reader = StanfordSentimentTreeBankDatasetReader(
    token_indexers={'tokens': token_indexer})
```

7.4.3 训练和运行分类器

运行脚本后，在训练结束时将会看到如下日志输出。

```
{'best_epoch': 1,
 'best_validation_accuracy': 0.40236148955495005,
 'best_validation_f1_measure': 0.37362638115882874,
 'best_validation_loss': 1.346440097263881,
 'best_validation_precision': 0.4722222089767456,
 'best_validation_recall': 0.30909091234207153,
 'epoch': 10,
 'peak_cpu_memory_MB': 601.656,
 'training_accuracy': 0.993562734082397,
 'training_cpu_memory_MB': 601.656,
 'training_duration': '0:01:10.138277',
 'training_epochs': 10,
 'training_f1_measure': 0.994552493095398,
```

```
'training_loss': 0.03471498479299275,
'training_precision': 0.9968798756599426,
'training_recall': 0.9922360181808472,
'training_start_epoch': 0,
'validation_accuracy': 0.35149863760217986,
'validation_f1_measure': 0.376996785402298,
'validation_loss': 3.045241366113935,
'validation_precision': 0.3986486494541168,
'validation_recall': 0.35757574439048767}
```

这意味着训练准确率达到约 99%，而验证准确率达到 40%左右。这是过拟合的典型征兆，模型非常强大，能够很好地拟合训练数据，但不能够拟合验证和测试数据集。我们的 CNN 有许多过滤器，它们可以记住训练数据中的显著模式，但这些模式并不一定有助于预测验证数据集的标签。本章先不关心过拟合问题。有关避免过拟合的常见技术，参见第 10 章。

如果你想用新实例进行预测，可以使用与第 2 章同样的 Predictor。AllenNLP 中的 Predictor 抽象类是一个包裹了训练模型的薄包装器，它负责以 JSON 格式格式化输入和输出，以将实例提供给模型。以下是使用 CNN 模型进行预测的示例代码：

```
predictor = SentenceClassifierPredictor(model, dataset_reader=reader)
logits = predictor.predict('This is the best movie ever!')['logits']
label_id = np.argmax(logits)

print(model.vocab.get_token_from_index(label_id, 'labels'))
```

7.5 本章小结

- CNN 使用一个称为内核的过滤器和一种称为卷积的技术来检测输入中的局部语言模式。
- 有一个名为 ReLU 的激活函数，它将负值变为零，可以与卷积层一起使用。
- CNN 使用汇聚层聚合来自卷积层的结果。
- 即使输入经过线性修改后，CNN 的预测值依旧不变。
- 可以使用 AllenNLP 基于 CNN 的 Seq2VecEncoder——CnnEncoder，然后只需要修改几行代码，就可以构建成个人的文本分类器。

第 **8** 章

注意力机制和 Transformer 模型

本章涵盖以下主题:

- 使用注意力生成输入的摘要以提高 Seq2Seq 模型的质量
- 使用自注意力代替 RNN 风格的循环,从而使输入可以对自己进行摘要
- 使用 Transformer 模型提高机器翻译系统质量
- 使用 Transformer 模型和公开可用的数据集构建高质量的拼写检查器

到目前为止,我们关注的重点都是循环神经网络(RNN),这是一个强大的模型,可以应用于各种 NLP 任务,如情感分析、命名实体识别和机器翻译。本章介绍一个更强大的模型,Transformer 模型[1],一种基于自注意力机制概念的新型编码器-解码器神经网络结构。自从 2017 年诞生以来,它是毫无争议的、至今最重要的 NLP 模型。它本身不仅是一个强大的模型(如对于机器翻译和各种 Seq2Seq 任务),而且还被用作底层架构支持许多现代 NLP 预训练模型,包括 GPT-2(8.4.3 节)和 BERT(9.2 节)。因此自 2017 年以来,现代 NLP 的发展可以概括为 "Transformer 模型时代"。

本章首先关注一个在机器翻译方面取得突破的机制——注意力机制,然后引入自注意力机制这个概念,自注意力机制形成了 Transformer 模型的基础。再构建两个 NLP 应用(一个从西班牙语到英语的机器翻译器和一个高质量的拼写检查器)以学习如何将 Transformer 模型应用于 NLP 应用中。正如稍后将看到的,Transformer 模型能够大幅提高 NLP 系统的质量,并在某些任务中实现近乎人类水平的性能,如翻译和文本生成。

8.1 什么是注意力机制

第 6 章介绍了 Seq2Seq 模型——使用编码器和解码器将一个序列转换为另一个序列的 NLP 模型。Seq2Seq 是一个通用和强大的范式,许多 NLP 应用都使用它,尽管如此,"普通"(vanilla)Seq2Seq 模型也有其局限性。本节讨论 Seq2Seq 模型的瓶颈,以引出注

---

1 Vaswani et al., "Attention Is All You Need," (2017). https://arxiv.org/abs/1706.03762.

意力机制。

8.1.1 普通 Seq2Seq 模型的局限性

先回顾一下，Seq2Seq 模型是如何工作的。Seq2Seq 模型由编码器和解码器组成。编码器先是在源语言中获取词元序列，然后通过 RNN 处理这些词元，最后生成一个固定长度的向量。这个固定长度的向量即输入句子表征(sentence representation)。解码器是另一个 RNN，它接收输入句子表征然后以目标语言生成一个序列。图 8.1 演示了如何使用普通 Seq2Seq 模型将西班牙语句子翻译成英语。

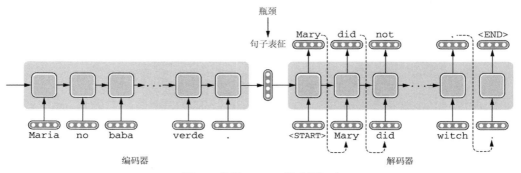

图 8.1 普通 Seq2Seq 模型的瓶颈

这个 Seq2Seq 架构非常简单和强大，但众所周知，它的普通版本(见图 8.1)不能像其他传统机器翻译算法(如基于短语的统计机器翻译模型)那样翻译句子。你可能已经猜到原因，仔细观察它的结构，不难发现编码器试图把句子所有信息都"压缩"进一个固定长度(如 256 个浮点数)的向量，而解码器试图从这个向量恢复句子所有信息。无论句子有多长(或有多短)，中间向量的大小都是固定的。中间向量就变成了一个巨大的瓶颈。你可以想想人类是如何在不同语言之间翻译的。人类专业译员并非一气呵成地把一个长句子翻译完，而是分成多个部分，在源句子和目标句子之间多次往返，每次生成目标句子一部分时，再去取源句子相关部分(而不是全部)来翻译。以将西班牙语"Maria no daba una bofetada a la bruja verde."翻译成英语"Mary did not slap the green witch."为例，当译员翻译出"Mary did"之后，他会关注源句子中的 no，而不会关注 Maria 和其他单词。

将所有信息压缩到一个向量中可能(而且确实)适合短句子，详见 8.2.2 节，但随着句子越来越长，这会变得越来越困难。研究表明，普通 Seq2Seq 模型的翻译质量会随着句子的变长而变差[1]。

8.1.2 注意力机制

如果有这么一种机制，在解码器生成目标语言时只引用编码器的相关部分，而不是依赖一个固定长度的向量来表示句子中的所有信息，那么将会变得更容易。这类似于人

---

1 Bahdanau et al., "Neural Machine Translation by Jointly Learning to Align and Translate," (2014). https://arxiv.org/abs/1409.0473 .

类译员(解码器)根据当前需要取源句子(编码器)相关部分的方式。

注意力机制(attention mechanism)根据上下文关注输入的某一部分,并计算出该部分摘要。这就像把所有输入信息用一个键值对(key-value)来保存,然后带着查询(上下文)根据键(key)查找所需要关注的信息(value)[1]。与之前的 Seq2Seq 架构用一个固定长度的向量存储相比,键值对这种方式使用向量列表来存储,而且是每个键(对应每个词元)都存储了一个与该键相关的向量列表。这有效地增加了解码器在进行预测时可以引用的"记忆"(memory)的大小。

在讨论如何在 Seq2Seq 模型应用注意力机制之前,先看看注意力机制的工作流程,具体参见图 8.2。

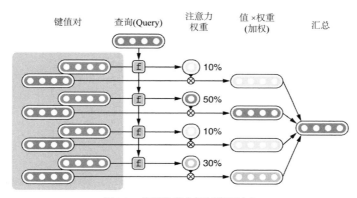

图 8.2　使用注意力机制摘要输入

(1) 注意力机制的输入是值及其相关的键。输入值可以采取许多不同的形式,但在 NLP 中,几乎总是向量列表。对于 Seq2Seq 模型,这里的键和值都是编码器的隐藏状态,它是对输入句子所有词元逐个编码的结果。

(2) 使用注意力函数 f(查询)对键值对进行计算得出一组分数,然后对其进行规范化得出一组注意力权重。函数 f 的具体形式取决于具体架构(稍后详细介绍)。在 Seq2Seq 模型中,越相关的词元权重越大。

(3) 将输入值乘以步骤(2)获得的权重(即加权),然后通过求和进行汇总得出最终的摘要向量。Seq2Seq 模型的这个摘要向量将附加到解码器的隐藏状态中,以帮助翻译过程。

步骤(3)使得注意力机制的输出总是输入向量的加权和,但具体如何加权由注意力权重决定,而注意力权重基于键和查询计算出来。换句话说,注意力机制计算的是一个依赖于上下文(查询)的输入摘要。神经网络的下游组件(例如基于 RNN 的 Seq2Seq 模型的解码器,或 Transformer 模型的上一层)使用这个摘要进一步处理输入。

之后的章节学习 NLP 中最常用的两种注意力机制类型——编码器-解码器注意力机制(用于基于 RNN 的 Seq2Seq 模型和 Transformer 模型)和自注意力机制(用于 Transformer 模型)。

---

1 译者注: 可以想象,若要从几百页的书里找到想要的答案,什么方法最快? 带着问题(查询)快速浏览图书,当看到与问题相关的关键词(key)时,停下来认真阅读关键词附近的文字(value)。

8.2 用于 Seq2Seq 模型的注意力机制

本节学习如何将注意力机制应用于基于 RNN 的 Seq2Seq 模型。下面通过一个例子研究它是如何工作的,然后对有注意力机制和无注意力机制的 Seq2Seq 模型做实验以进行比较,并使用 fairseq 观察注意力机制如何影响翻译质量。

8.2.1 编码器–解码器注意力机制

如前所述,注意力机制是一种根据给定上下文创建输入摘要的机制。我们使用一个键值对和一个查询函数来类比它的工作方式。接下来看看如何将注意力机制应用于基于 RNN 的 Seq2Seq。

图 8.3 是编码器-解码器注意力机制的详细架构。乍一看很复杂,但其实只是一个基于 RNN 的 Seq2Seq 模型,在左边编码器的顶部添加了一些额外的组件(图左上角的阴影框)。你可以忽略阴影框中的内容,将它看作一个黑盒子:接收一个查询然后返回从输入创建的摘要。计算这个摘要的方式只是 8.1.2 节讨论的普通注意力机制形式的一个变体。整个流程如下。

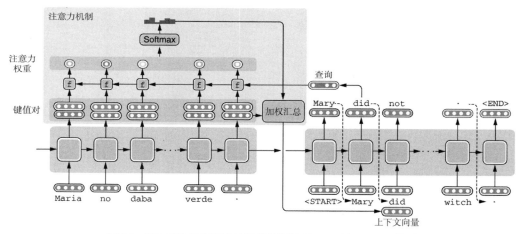

图 8.3 添加了注意力机制(较浅的阴影框)的 RNN 的 Seq2Seq 模型

(1) 注意力机制的输入是由编码器计算出的隐藏状态列表。这些隐藏状态同时用作键和值(即键和值是相同的)。编码器在某个词元(如 "no")的隐藏状态反映了关于该词元和它前面的所有词元的信息(如果 RNN 是单向的)或整个句子(如果 RNN 是双向的)。

(2) 假设你已经解码完 "Mary did.",解码器将使用此时的隐藏状态来查询,然后使用函数 f 计算每个键值对。这会产生一个注意力分数列表,每个键值对都有一个。这些分数决定了解码器在试图生成跟在 "Mary did." 后的单词时,应该注意输入的哪一部分。

(3) 这些分数将转换为一个概率分布(一组取值之和为 1 的正值),用来确定哪些向量应该得到最多的关注。该注意力机制的返回值是所有值的总和,由 softmax 泛化后的注意力分数加权而得。

你可能想知道注意力函数 f 是什么样的。f 的几个变量可变，具体取决于它如何计算键和查询之间的注意力分数，但这些细节在这里并不重要。需要注意的一点是，在提出注意力的原始论文中[1]，作者使用了一个"迷你"神经网络来计算来自键和查询的注意力分数。

这种"迷你"的注意力函数，不只是在事后插入一个 RNN 模型并期望它工作的东西。而是作为整个网络的一部分进行优化——也就是说，随着整个网络通过最小化损失函数得到优化，注意力机制也在生成摘要方面变得更好，同时也有助于解码器产生更好的翻译和降低损失值。换句话说，整个网络，包括注意力机制，都能被端到端训练。这通常意味着，随着网络被优化，注意力机制开始学习输入的相关部分，这部分通常是源词元与目标词元对齐的地方。换句话说，注意力机制是在计算源词元和目标词元之间的某种"软"对齐。

8.2.2　通过机器翻译比较带注意力和不带注意力的 Seq2Seq 模型

6.3 节使用 Facebook 开发的 NMT 工具包 fairseq，构建了我们第一个机器翻译(MT)系统。我们利用来自 Tatoeba 的平行语料库构建了一个基于 LSTM 的 Seq2Seq 模型，将西班牙语句子翻译成英语。

本节将对一个 Seq2Seq 机器翻译系统进行对照实验，看看注意力机制是如何影响翻译质量的。假设你已经完成了构建 MT 系统时所采取的步骤：下载数据集并运行了 fairseq-preprocess 和 fairseq-train 命令(6.3 节)。在那之后，你又运行了 fairseq-interactive 命令，交互式地将西班牙语句子翻译成英语。你可能已经注意到，这个 MT 系统只花了 30 分钟就构建完成，而且似乎还挺不错。但是事实上，我们使用的模型架构(--arch lstm)中有一个默认的内置的注意力机制。当你运行以下 fairseq-train 命令时：

```
$ fairseq-train \
    data/mt-bin \
    --arch lstm \
    --share-decoder-input-output-embed \
    --optimizer adam \
    --lr 1.0e-3 \
    --max-tokens 4096 \
    --save-dir data/mt-ckpt
```

应该会在终端中看到你的模型，具体如下。

```
...
LSTMModel(
  (encoder): LSTMEncoder(
    (embed_tokens): Embedding(16832, 512, padding_idx=1)
    (lstm): LSTM(512, 512)
  )
  (decoder): LSTMDecoder(
```

1　Bahdanau et al., "Neural Machine Translation by Jointly Learning to Align and Translate," (2014). https://arxiv.org/abs/1409.0473 .

```
          (embed_tokens): Embedding(11416, 512, padding_idx=1)
          (layers): ModuleList(
              (0): LSTMCell(1024, 512)
          )
      (attention): AttentionLayer(
          (input_proj): Linear(in_features=512, out_features=512, bias=False)
          (output_proj): Linear(in_features=1024, out_features=512, bias=False)
        )
      )
  )
  ...
```

从上面结果可以看到，你的模型有一个编码器和一个解码器，而解码器中还嵌套了一个叫 attention(注意力)的组件(属于 AttentionLayer 类型)，这里已经把它标粗了。这正是在 8.2.1 节中讨论的"迷你网络"(mini-network)。

现在训练同样的模型，但不使用注意力机制。可以向 fairseq-train 添加– decoder-attention 0 参数以禁用注意力机制，其他不变，具体如下所示。

```
$ fairseq-train \
    data/mt-bin \
    --arch lstm \
    --decoder-attention 0 \
    --share-decoder-input-output-embed \
    --optimizer adam \
    --lr 1.0e-3 \
    --max-tokens 4096 \
    --save-dir data/mt-ckpt-no-attn
```

运行以上命令后，将看到如下所示的类似代码，它显示了模型的架构，但里面没有注意力机制。

```
LSTMModel(
  (encoder): LSTMEncoder(
    (embed_tokens): Embedding(16832, 512, padding_idx=1)
    (lstm): LSTM(512, 512)
  )
  (decoder): LSTMDecoder(
    (embed_tokens): Embedding(11416, 512, padding_idx=1)
    (layers): ModuleList(
        (0): LSTMCell(1024, 512)
    )
  )
)
```

正如 6.3.2 节看到的，训练过程在训练阶段和验证阶段交替进行。在训练阶段，通过优化器对神经网络参数进行优化。在验证阶段，这些参数不会改变，模型在验证集上运行。除了确保训练阶段的损失值减少，还应注意验证阶段的损失值变化，因为它能更好地表示模型在训练数据之外的泛化程度。

在这个实验中，你应该能观察到有注意力机制的模型，验证阶段获得的最低损失值约为 1.727，而没有注意力机制的模型验证阶段获得的损失值约为 2.243。较低的损失值意味着模型能更好地拟合数据集，因此这表明注意力机制有助于改进翻译。让我们看看情况是否确实如此。正如我们在 6.3.2 节所做的，可以运行以下 fairseq-interactive 命令交互地生成翻译。

```
$ fairseq-interactive \
  data/mt-bin \
  --path data/mt-ckpt/checkpoint_best.pt \
  --beam 5 \
  --source-lang es \
  --target-lang en
```

表 8.1 比较了有注意力机制模型和没有注意力机制模型生成的翻译。从基于注意力机制的模型中得到的翻译与 6.3.3 节的相同。注意，从没有注意力机制模型中得到的翻译比有注意力机制模型中得到的翻译要糟糕得多。其中，"¿Hay habitaciones libres?"还有"Maria no daba una bofetada a la bruja verde"的翻译中有"<unk>"标识符(意为"unknown")。为什么会出现"<unk>"标识符呢？

表 8.1　有注意力机制和没有注意力机制的模型生成的翻译

西班牙语(输入)	有注意力机制	没有注意力机制
¡Buenos días!	Good morning!	Good morning!
¡Hola!	Hi!	Hi!
¿Dónde está el baño?	Where's the restroom?	Where's the toilet?
¿Hay habitaciones libres?	Is there free rooms?	Are there <unk> rooms?
¿Acepta tarjeta de crédito?	Do you accept credit card?	Do you accept credit card?
La cuenta, por favor.	The bill, please.	Check, please.
Maria no daba una bofetada a la bruja verde.	Maria didn't give the green witch.	Mary wasn't a <unk> of the pants.

这些都是被分配给词表外(out-of-vocabulary，OOV)单词的特殊词元(标识符)。早在 3.6.1 节(在介绍 FastText 的子词信息时)曾提到 OOV 单词。大多数 NLP 应用在一个固定的词表中运行，每当它们遇到或试图产生在该预定义词表之外的单词时，这些单词就会被替换成一个特殊的词元<unk>标识符。这类似于当一个方法不知道如何处理输入时返回的一个特殊值(类似 Python 中的 None)。这些句子包含某些单词(我怀疑它们是"libres"和"bofetada")，而没有注意力机制的 Seq2Seq 模型因为记忆有限，所以不知道怎么翻译它们，只好生成一个通用的符号<unk>。另一方面，可以看到，使用了注意力机制的 Seq2Seq 模型就不会生成<unk>标识符，这有助于提高所生成的翻译的整体质量。

8.3　Transformer 模型和自注意力机制

本节学习 Transformer 模型是如何工作的，具体来说，它是如何通过使用一种称为自注意力机制的新机制来生成高质量的翻译的。自注意力机制(self-attention)跟前文的注意力机制一样，也创建整个输入的摘要，只不过自注意力机制是使用词元作为上下文，对每个词元执行生成摘要的操作。

8.3.1 自注意力机制

正如之前看到的，注意力机制是一种可根据上下文对输入相关部分创建摘要的机制。对于基于 RNN 的 Seq2Seq 模型，输入为编码器隐藏状态，上下文为解码器隐藏状态。Transformer 模型的核心思想，就是自注意力机制，它也创建了一个输入的摘要，除了一个关键的区别——创建摘要的上下文也是输入本身，因此称为自注意力。关于自注意力机制的简化说明，参见图 8.4。

摘要(输出)

嵌入(输入)

Maria　　no　　daba

图 8.4　自注意力机制将输入转换为摘要

为什么这是一件好事？为什么这么做有效？正如第 4 章所讨论的，RNN 通过循环遍历输入的词元并更新内部变量(隐藏状态)来创建输入的摘要。这是可行的——前面我们看到 RNN 与注意力机制结合可以产生良好的翻译，但它们有一个关键问题：因为 RNN 是按顺序处理输入的，随着句子变长，处理词元之间的远距离依赖变得越来越困难。

来看一个具体的例子。如果输入的句子是"The Law will never be perfect, but its application should be just"，那么理解代词"its"指的是什么("The Law")对于理解句子的意思和任何后续任务(如准确翻译句子)很重要。然而，如果使用 RNN 编码这个句子，为了学习这种引用关系，RNN 需要先学习并记住名词"The Law"的隐藏状态，然后直到循环遇到目标代词("its")，在这个过程中 RNN 还需要学习所有不相关的内容。这听起来就很麻烦。

但事情不应该这么麻烦。像"its"这样的单数所有格代词通常是指在它前面出现的最近的单数名词，因此遵循"用前面出现的最近的名词替换"这样的简单规则就足够了，不需要管中间的单词。换句话说，这种"随机访问"比"顺序访问"更适合，自注意力机制更擅长学习这种远距离依赖关系。

让我们用一个例子来看看自注意力机制是如何运作的。还是以将西班牙语"Maria no daba una bofetada a la bruja verde."翻译成英语"Mary did not slap the green witch."为例，不过这里只处理前几个单词"Maria no daba"。先以单词"no"为例讲解如何生成该单词新的嵌入。第一步是将目标词元(no)与输入中的所有词元进行比较。自注意力机制通过投影(projection)W_Q 将目标转换为查询(query)，通过投影 W_K 将所有词元转换为键(key)，并使用函数 f 计算注意力权重，然后将 f 计算出的注意力权重规范化，并用 softmax 函数转换为概率分布。图 8.5 展示了计算注意力权重的这些步骤。与 8.2.1 节介绍的编码器-解码器注意力机制一样，这些权重决定了如何"混合"从输入词元中获得的值。例如前面提到的例句"The Law will never be perfect, but its application should be just"，当以"its"作为查询时，我们期望像"The Law"这样的相关单词的权重会更高。

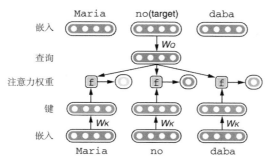

图 8.5　基于键和查询计算注意力权重

然后通过投影 W_V 将每个输入词元对应的向量转换为一个值向量。对每个投影值用相应的注意力权重加权，最后求和生成一个摘要向量，这就是单词"no"新的嵌入。整个过程参见图 8.6。

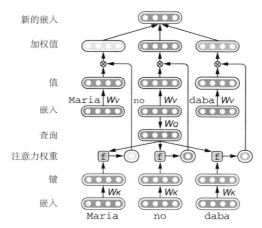

图 8.6　用注意力权重加权后求和摘要

这是"常规的"编码器-解码器注意力机制。在解码过程中，每个单词只需要一个摘要向量。然而，编码器-解码器注意力机制和自注意力机制之间的一个关键区别是，自注意力机制是对输入中的每个词元重复这个过程。如图 8.7 所示，自注意力机制将为输入生成一组新的嵌入，每个词元一个。

由自注意力机制生成的每个摘要会把输入序列中所有词元都考虑进去，只是权重不同。因此，同样以本节的"The Law will never be perfect, but its application should be just"为例，对于像"its"这样的词来说，可以直接包含一些相关词的信息，如"The Law"，不管这两个词之间的距离有多远。自注意力机制这种"随机访问"比 RNN 的"顺序访问"更适合 NLP，这也是为什么 Transformer 模型是一个如此强大的自然语言文本编码和解码模型的关键原因之一。

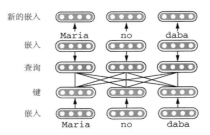

图 8.7　生成整个输入序列的摘要(详细信息省略了)

我们需要阐释最后一个细节,以充分理解自注意力机制。事实上,前面阐述的自注意力机制只能使用输入序列的一个方面来生成摘要。例如,如果想让自注意力机制学习每个代词指的是哪个词,它是可以做到的,但你也可能想"混合"其他单词信息。还是以"The Law will never be perfect, but its application should be just"为例,你可能还想要引用代词修饰的其他单词(在本例中为"application")。解决方案是为每个单词设置多组键、值和查询,以计算多组注意力机制权重来"混合"关注于输入序列不同方面的值。然后组合这种方式生成的摘要作为最终的嵌入。这种机制称为多头自注意力机制(multihead self-attention),详见图 8.8。

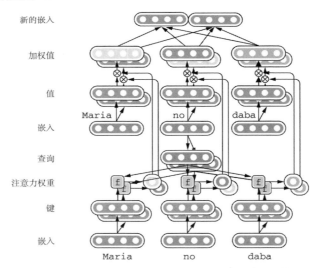

图 8.8　多头自注意力机制使用多个键、值和查询来生成摘要

如果你想要完全了解 Transformer 模型层是如何工作的,还需要学习一些额外的细节,但本节只介绍最重要的概念。如果你对更多细节感兴趣,请查看 The Illustrated Transformer (http://jalammar.github.io/illustrated-transformer/),这是一个了解 Transformer 模型的详细指南。另外,如果你想了解如何使用 Python 从零开始实现一个 Transformer 模型,请查看"The Annotated Transformer"这篇论文(http://nlp.seas.harvard.edu/2018/04/03/attention.html)。

8.3.2　Transformer 模型

Transformer 模型不仅使用单个自注意力步骤来编码或解码自然语言文本，还会反复地对输入进行自注意力转换，逐步将它们转换。与多层 RNN 一样，Transformer 模型也将一系列转换操作分组到一个层中，并反复应用。图 8.9 显示了 Transformer 模型编码器的一层。

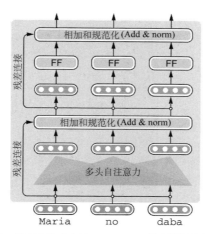

图 8.9　带有自注意力的 Transformer 编码器层和前馈层

每一层都发生了很多事情，我们的目标不是解释它的每一个细节——你只需要理解多头自注意力是它的核心，然后接着的是前馈神经网络 (图 8.9 中的 "FF")就足够了。图中的残差连接和规范化层是为了让训练模型更容易，但具体细节不在本书范围之内。Transformer 模型反复应用这一层，将输入从直接的文字(原始的词嵌入)转换为更抽象的语义(句子的 "意思")。在最初的 Transformer 模型论文中，Vaswani 等人使用了 6 层来进行机器翻译，不过现在较大的模型使用 10~20 层并不少见。

在这一点上，你可能已经注意到，自注意力机制的操作是完全独立于位置的。换句话说，即使我们将 "Maria" 和 "daba" 放在不同位置，它们的嵌入结果也会完全相同，因为操作只看单词本身和其他单词的聚合嵌入，而不管它们的位置。这个做法的局限性很明显——一个自然语言句子的含义在很大程度上取决于单词的顺序。那么，Transformer 模型是如何编码单词顺序的呢？

Transformer 模型通过根据位置生成不同的人工嵌入(artificial embedding)，然后在将其馈送到层之前将它们与单词嵌入相加，以解决这个问题，具体过程如图 8.10 所示。这些嵌入称为位置编码(positional encoding)，要么是由一些数学函数(如正弦曲线)生成的，要么是对每个位置训练而学会的。这样，Transformer 模型就可以区分位于第一位的 "Maria" 和位于第三位的 "Maria"，因为它们有不同的位置编码。

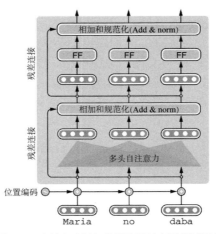

图 8.10 在输入中添加位置编码以表示单词顺序

图 8.11 展示了 Transformer 模型解码器。虽然有点复杂，但一定要注意两个重要的事情。首先，在自注意力和前馈层之间插入了一个额外的机制：交叉注意力机制 (cross-attention)。这种交叉注意力机制类似于 8.2 节中介绍的编码器-解码器注意力机制。它的工作方式与自我注意力完全相同，只是关注的值来自编码器而非解码器，摘要了从编码器提取的信息。

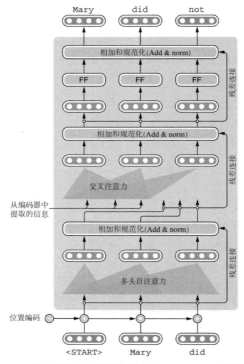

图 8.11 带自注意力和交叉注意力的 Transformer 解码器层

最后，Transformer 模型生成目标句子的方法与之前在 6.4 节中学习过的基于 RNN 的 Seq2Seq 模型完全相同。解码器用一个特殊的词元<START>初始化，然后对可能的下一个词元产生一个概率分布。从这里开始，你可以继续选择概率最大的词元(贪婪解码，见 6.4.3 节)，或者在搜索总得分最高的路径时保持一些概率较大的词元(束搜索，见 6.4.4 节)。事实上，如果把 Transformer 模型解码器看作一个黑盒，则它生成目标序列的方式与 RNN 完全相同，你可以使用相同的一组解码算法。换句话说，6.4 节中所涵盖的解码算法是与底层解码器架构无关的通用算法。

8.3.3　实验

现在已知道 Transformer 模型是如何工作的，让我们用它来构建一个机器翻译系统。好消息是，序列到序列工具包 Fairseq 已经支持基于 Transformer 的模型(以及其他强大的模型)，你可以在训练模型时使用--arch transformer 选项来指定使用 Transformer 模型。这里假设已经预处理了用于构建西班牙语到英语机器翻译的数据集，你只需要修改传给 fairseq-train 的参数，具体如下所示。

```
fairseq-train \
  data/mt-bin \
  --arch transformer \
  --share-decoder-input-output-embed \
  --optimizer adam --adam-betas '(0.9, 0.98)' --clip-norm 0.0 \
  --lr 5e-4 --lr-scheduler inverse_sqrt --warmup-updates 4000 \
  --dropout 0.3 --weight-decay 0.0 \
  --criterion label_smoothed_cross_entropy --label-smoothing 0.1 \
  --max-tokens 4096 \
  --save-dir data/mt-ckpt-transformer
```

注意，这样很可能无法在你的笔记本电脑上运行。你需要用 GPU 训练 Transformer 模型。还要注意，即使使用 GPU，训练也可能需要几小时。有关使用 GPU 的更多信息，参见 11.2.4 节。

这里出现了许多神秘的参数，但不需要关注它们。运行该命令后可以看到模型结构，如代码清单 8.1 所示。整个模型结构信息很长，因此代码清单 8.1 中省略了一些中间层。如果仔细观察，你会看到层的结构与我们之前展示的图是相对应的。

代码清单 8.1　Fairseq 导出的 Transformer 模型结构

```
TransformerModel(
  (encoder): TransformerEncoder(
    (embed_tokens): Embedding(16832, 512, padding_idx=1)
    (embed_positions): SinusoidalPositionalEmbedding()
    (layers): ModuleList(                           ← 编码器的自注意力
      (0): TransformerEncoderLayer(
        (self_attn): MultiheadAttention(
          (out_proj): Linear(in_features=512, out_features=512, bias=True)
        )
        (self_attn_layer_norm): LayerNorm((512,), eps=1e-05, elementwise_
        affine=True)
```

```
      (fc1): Linear(in_features=512, out_features=2048, bias=True)
      (fc2): Linear(in_features=2048, out_features=512, bias=True)
      (final_layer_norm): LayerNorm((512,), eps=1e-05,
  elementwise_affine=True)
  )
  ...
    (5): TransformerEncoderLayer(
      (self_attn): MultiheadAttention(
        (out_proj): Linear(in_features=512, out_features=512, bias=True)
      )
      (self_attn_layer_norm): LayerNorm((512,), eps=1e-05,
  elementwise_affine=True)
      (fc1): Linear(in_features=512, out_features=2048, bias=True)
      (fc2): Linear(in_features=2048, out_features=512, bias=True)
      (final_layer_norm): LayerNorm((512,), eps=1e-05,
  elementwise_affine=True)
    )
  )
)
(decoder): TransformerDecoder(
  (embed_tokens): Embedding(11416, 512, padding_idx=1)
  (embed_positions): SinusoidalPositionalEmbedding()
  (layers): ModuleList(
    (0): TransformerDecoderLayer(
      (self_attn): MultiheadAttention(
        (out_proj): Linear(in_features=512, out_features=512, bias=True)
      )
      (self_attn_layer_norm): LayerNorm((512,), eps=1e-05,
  elementwise_affine=True)
      (encoder_attn): MultiheadAttention(
        (out_proj): Linear(in_features=512, out_features=512, bias=True)
      )
      (encoder_attn_layer_norm): LayerNorm((512,), eps=1e-05, elementwise_
        affine=True)
      (fc1): Linear(in_features=512, out_features=2048, bias=True)
      (fc2): Linear(in_features=2048, out_features=512, bias=True)
      (final_layer_norm): LayerNorm((512,), eps=1e-05,
  elementwise_affine=True)
  )
  ...
  (5): TransformerDecoderLayer(
    (self_attn): MultiheadAttention(
    (out_proj): Linear(in_features=512, out_features=512, bias=True)
    )
      (self_attn_layer_norm): LayerNorm((512,), eps=1e-05,
        elementwise_affine=True)
      (encoder_attn): MultiheadAttention(
      (out_proj): Linear(in_features=512, out_features=512, bias=True)
    )
  (encoder_attn_layer_norm): LayerNorm((512,), eps=1e-05, elementwise_
    affine=True)
      (fc1): Linear(in_features=512, out_features=2048, bias=True)
      (fc2): Linear(in_features=2048, out_features=512, bias=True)
      (final_layer_norm): LayerNorm((512,), eps=1e-05,
  elementwise_affine=True)
```

编码器的
前馈网络

解码器的
自注意力

解码器的编码
解码器

解码器的前馈
网络

```
                )
              )
            )
          )
```

当运行以上 fairseq-train 命令之后，验证阶段损失值在第 30 轮左右时收敛，此时可以停止训练。然后把同一组西班牙语句子翻译成英语，得到的结果如下：

```
¡ Buenos días !
S-0         ¡ Buenos días !
H-0         -0.0753164291381836      Good morning !
P-0         -0.0532 -0.0063 -0.1782 -0.0635
¡ Hola !
S-1         ¡ Hola !
H-1         -0.17134985327720642     Hi !
P-1         -0.2101 -0.2405 -0.0635
¿ Dónde está el baño ?
S-2         ¿ Dónde está el baño ?
H-2         -0.2670585513114929      Where &apos;s the toilet ?
P-2         -0.0163 -0.4116 -0.0853 -0.9763 -0.0530 -0.0598
¿ Hay habitaciones libres ?
S-3         ¿ Hay habitaciones libres ?
H-3         -0.26301929354667664     Are there any rooms available ?
P-3         -0.1617 -0.0503 -0.2078 -1.2516 -0.0567 -0.0532 -0.0598
¿ Acepta tarjeta de crédito ?
S-4         ¿ Acepta tarjeta de crédito ?
H-4         -0.06886537373065948     Do you accept credit card ?
P-4         -0.0140 -0.0560 -0.0107 -0.0224 -0.2592 -0.0606 -0.0594
La cuenta , por favor .
S-5         La cuenta , por favor .
H-5         -0.08584468066692352     The bill , please .
P-5         -0.2542 -0.0057 -0.1013 -0.0335 -0.0617 -0.0587
Maria no daba una bofetada a la bruja verde .
S-6 Maria no daba una bofetada a la bruja verde .
H-6         -0.3688890039920807      Mary didn &apos;t slapped the green witch .
P-6         -0.2005 -0.5588 -0.0487 -2.0105 -0.2672 -0.0139 -0.0099 -0.1503 -
            0.0602
```

可以看到大多数的英文翻译几乎是完美的。令人惊讶的是，这个模型几乎完美地翻译了最困难的句子（"Maria no daba ..."）。这可能足以让我们相信，Transformer 模型是一个强大的翻译模型。Transformer 模型出现后即成为研究和商业机器翻译的标准。

8.4 基于 Transformer 模型的语言模型

5.5 节介绍了语言模型，这是一种能给出一段文本的概率的统计模型。通过将文本分解为词元序列，语言模型可以估计给定文本的"可能性"程度。5.6 节演示了如何利用这个属性让语言模型轻松地生成新的文本。

Transformer 模型是一个强大的模型，除了能在 Seq2Seq 任务（如机器翻译）中取得令人印象深刻的结果外，它的架构还可以用于建模和生成语言。本节学习如何使用 Transformer 模型来建模语言和生成自然语言文本。

8.4.1 基于 Transformer 的语言模型

5.6 节构建了一个基于字符的 LSTM-RNN 的语言生成模型。给定一个前缀(到目前为止生成的部分句子),该模型便可使用一个基于 LSTM 的 RNN(一个具有循环的神经网络)生成下一个词元的概率分布,具体过程如图 8.12 所示。

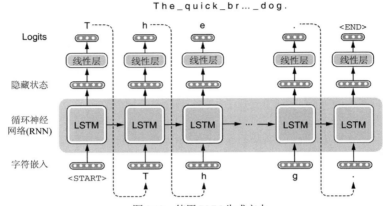

图 8.12 使用 RNN 生成文本

之前注意到,通过将 Transformer 模型的解码器视为一个黑盒,就可以使用与RNN 相同的解码算法集(贪婪、束搜索等)。文本生成也是这样——通过把神经网络看作一个黑盒,给定一个前缀就会产生某种分数,也可以使用相同的逻辑生成文本,而不管底层模型是什么。图 8.13 展示了如何使用类似于 Transformer 模型的架构生成文本。除了一些微小的差异(如缺乏交叉注意力),其结构几乎与 Transformer 模型解码器相同。

以下是使用 Transformer 模型生成文本的 Python 伪代码。其中主要函数是model()——它接收词元,然后将词元转换为嵌入,添加位置编码,再将它们通过所有 Transformer 模型层,最后将最终的隐藏状态返回给调用者 (对应 hidden = model(tokens)这一行代码)。接下来,调用者将它们通过一个线性层转换为 logit,之

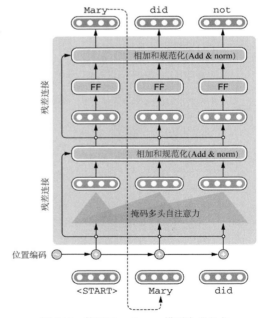

图 8.13 使用 Transformer 模型生成文本

后通过 softmax 转换为一个概率分布(对应 probs = softmax(linear(hidden))这一行代码)。

```
def generate():
    token = <START>
    tokens = [<START>]
    while token != <END>:
        hidden = model(tokens)
        probs = softmax(linear(hidden))
        token = sample(probs)
        tokens.append(token)
    return tokens
```

事实上，Seq2Seq 模型的解码和语言模型的文本生成是非常相似的任务，在这两个任务中，输出序列都是按逐个词元生成，并反馈回神经网络，如前面代码所示。唯一的区别是前者有外部输入(源句子)，而后者没有(模型自行输入)。这两个任务也分别称为条件生成和无条件生成。图 8.14 展示了这 3 个组件(神经网络、任务和解码)以及如何将它们结合起来解决特定问题。

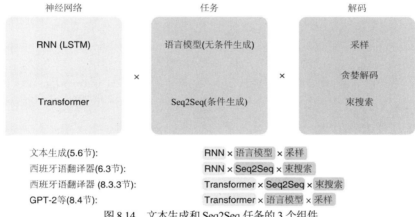

图 8.14　文本生成和 Seq2Seq 任务的 3 个组件

本节的其余部分会实验一些基于 Transformer 模型的语言模型，并使用它们生成自然语言文本。我们将使用由 Hugging Face 开发的 Transformers 库(https://huggingface.co/transformers/)，过去几年中，它已经成为 NLP Transformer 模型研究人员和工程师的标准、首选库。它附带了许多最先进的模型实现，包括 GPT-2(本节)和 BERT(第 9 章)，以及可立即加载和使用的预训练模型参数。它还提供了一个简单、一致的接口，通过它，你可以与强大的 NLP 模型进行交互。

8.4.2　Transformer-XL

在许多情况下，你希望加载和使用由第三方(通常是模型的开发人员)提供的预训练模型，而不是从头开始训练它们。最近的 Transformer 模型相当复杂(通常有数亿个参数)，并且使用巨大的数据集(几十吉字节的文本)进行训练。这将需要只有大型机构和科技巨头才能负担得起的 GPU 资源。即使有超过十几个 GPU，一些这样的模型都还需要几天的时间来训练！好消息是，这些 Transformer 模型的实现和预训练的模型参数通常都已由它们的创建者对外公开提供，任何人都可以将它们集成到自己的 NLP 应用中。

本节首先认识一下 Transformer-XL，这是一个由 Google Brain 的研究人员开发的 Transformer 模型变体。因为在原始的 Transformer 模型中没有固有的"循环"，所以与 RNN 不同的是，原始的 Transformer 模型不擅长处理超长的上下文。在使用 Transformer 模型训练语言模型时，首先需要将长文本分成更短的模块，例如，按 512 个单词分割，然后再将它们分别喂给模型。这意味着该模型无法捕获超过 512 个单词的依赖项。Transformer-XL[1]通过对普通 Transformer 模型做改进来解决这个问题("XL"意味着超长)。虽然这些变化的细节超出了本书的范围，但简言之，模型重用了前一段中的隐藏状态，有效地创建了一个在不同文本段之间传递信息的循环。它还改进了我们之前提到的位置编码方案，使模型更容易处理更长的文本。

你可以通过命令行运行 pip install transformers 来安装 Hugging Face Transformers 库。你将与之交互的主要抽象类是 Tokenizer 类和 PreTrainedModel 类。Tokenizer 将一个原始字符串分割成词元序列，而 PreTrainedModel 定义了架构并实现了主逻辑。PreTrainedModel 和预训练权重通常取决于具体的词元化方案，因此你需要确保使用的是与 PreTrainedModel 兼容的 Tokenizer。

初始化 Tokenizer 的权重和初始化预训练模型的权重的最简单方法，就是使用 AutoTokenizer 和 AutoModelWithLMHeadd 类，并调用它们的 from_pretrained()方法，如下所示。

```python
import torch
from transformers import AutoModelWithLMHead, AutoTokenizer

tokenizer = AutoTokenizer.from_pretrained('transfo-xl-wt103')
model = AutoModelWithLMHead.from_pretrained('transfo-xl-wt103')
```

from_pretrained()的参数是模型权重和预训练权重的名称。以上代码使用的是在一个名为 wt103(WikiText103)的数据集上训练的 Transformer -XL 模型。

你可能想知道"AutoModelWithLMHead"中的"LMHead"是什么意思。LM 是语言模型(language model)的缩写，LM 头是指添加到神经网络中的一个特定层，它将隐藏状态转换为一组分数，这些分数决定了下一步要生成哪些词元。然后这些分数(又称为 logit)会输入到一个 softmax 层，以获得下一个词元的概率分布(见图 8.15)。这里我们想要一个具有 LM 头的模型，是因为想通过使用 Transformer 模型作为语言模型来生成文本。但是，根据任务的不同，你可能会需要一个没有 LM 头的 Transformer 模型，即只使用它的隐藏状态。这就是第 9 章要做的事情。

---

1 Dai et al., "Transformer-XL: Attentive Language Models Beyond a Fixed-Length Context," (2019). https://arxiv.org/abs/1901.02860 .

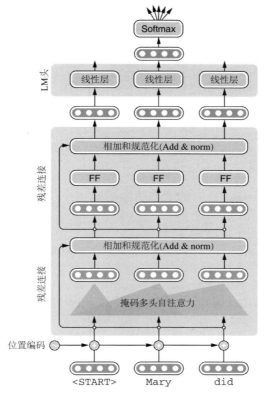

图 8.15　使用带 LM 头的 Transformer 模型

　　下一步是初始化前缀，即你的语言模型用于生成文本的前缀部分。你可以使用 tokenizer.encode()将字符串转换为词元 ID 列表，然后将其转换为张量。我们还将初始化一个变量 past 来缓存内部状态以更快地进行预测，具体代码如下所示。

```
generated = tokenizer.encode("On our way to the beach")
context = torch.tensor([generated])
past = None
```

　　现在可以生成文本的其余部分了。注意，接下来的代码类似于前面展示的伪代码。思路很简单：从模型中获取输出，从输出中采样一个词元，并将其反馈给模型，然后重复该操作。

```
for i in range(100):
    output = model(context, mems=past)
    token = sample_token(output.prediction_scores)

    generated.append(token.item())
    context = token.view(1, -1)
    past = output.mems
```

　　你需要做一些内部处理，使张量的大小与模型兼容，这里可以忽略这部分操作。上面代码中的 sample_token()方法获取模型的输出，将其转换为一个概率分布，并从模型中采样单个词元。这里我没有展示该方法的全部代码，但你可以查看 Google Colab 笔记本(http://realworldnlpbook.com/ch8.html#xformer-nb)了解更多细节。此外，这里我们从头开始编写了文本生成算法，如果你需要更成熟的生成算法(如束搜索)，请查阅来自库开发人员的官方示例脚本：http://mng.bz/wQ6q。

在完成生成之后，你可以通过调用 tokenizer.decode()将词元 ID 转换回原始字符串，具体代码如下。

```
print(tokenizer.decode(generated))
```

运行以上代码后我得到下面的"故事"。

```
On our way to the beach, she finds, she finds the men who are in the group to
    be " in the group ". This has led to the perception that the " group "
    in the group is " a group of people in the group with whom we share a
    deep friendship, and which is a common cause to the contrary. " <eos>
    <eos> = = Background = = <eos> <eos> The origins of the concept of "
    group " were in early colonial years with the English Civil War. The
    term was coined by English abolitionist John
```

这是一个不错的开始。我很高兴看到这个故事试图围绕"group"这个概念来保持整段话的一致性。然而，由于该模型只使用了维基百科的文本进行训练，因此它的生成并不够自然，看起来有些过于形式[1]。

8.4.3 GPT-2

由 OpenAI 开发的 GPT-2(生成式预训练的缩写)可能是迄今为止最著名的语言模型。你可能听说过一个关于语言模型生成自然语言文本的故事，所生成的文本是如此自然，以至于无法区分它们与人类所写的文本。从技术上讲，GPT-2 只是一个巨大的 Transformer 模型，就像之前介绍的一样。主要的区别是它的大小(最大的那个模型版本有 48 层)。事实上，该模型是使用从网络上收集到的大量自然语言文本训练的。OpenAI 团队公开发布了其具体实现和预训练权重，因此可以很容易地尝试这个模型。

首先初始化 GPT-2 的词元分析器和模型，就像你对 Transformer-XL 所做的那样，具体如下所示。

```
tokenizer = AutoTokenizer.from_pretrained('gpt2-large')
model = AutoModelWithLMHead.from_pretrained('gpt2-large')
```

然后使用以下代码生成文本。

```
generated = tokenizer.encode("On our way to the beach")
context = torch.tensor([generated])
past = None
for i in range(100):
    output = model(context, past_key_values=past)
    token = sample_token(output.logits)
```

---

1 译者注：本句里的"自然"和"形式"对应于 1.1.1 节里的自然语言和形式语言。

```
generated.append(token.item())
context = token.unsqueeze(0)
past = output.past_key_values
```

```
print(tokenizer.decode(generated))
```

你可能已经注意到，这段代码片段与 Transformer-XL 的代码片段相比变化很小。在许多情况下，在不同模型之间切换时不需要进行任何修改。这就是为什么 Hugging Face Transformers 库如此强大——你可以通过一个简单、一致的接口将各种最先进的基于 Transformer 的模型集成到你的应用中。正如将在第 9 章中看到的，这个库也被集成到 AllenNLP 中，这使得构建具有最先进模型的强大 NLP 应用很容易。

当运行以上代码后，GPT-2 生成了以下漂亮的段落。

> On our way to the beach, there was a small island that we visited for the first time. The island was called 'A' and it is a place that was used by the French military during the Napoleonic wars and it is located in the south-central area of the island.
>
> A is an island of only a few hundred meters wide and has no other features to distinguish its nature. On the island there were numerous small beaches on which we could walk. The beach of 'A' was located in the...

注意它读起来是多么自然。此外，GPT-2 模型也很擅长保持一致性——你可以看到这个岛的名字 "A" 在整个通道中一直被使用。据我所知，世界上没有名为 A 的岛屿，这意味着岛屿 A 是模型自己创造的。这是一个伟大的壮举，模型记住了它刚刚创造的名字，并成功地围绕一个故事续写了周边故事！

然后我用本书的英文书名 "Real World Natural Language Processing" 作为提示语 (prompt) 输入给 GPT-2 生成以下文章。

> 'Real World Natural Language Processing' is the name of the book. It has all the tools you need to write and program natural language processing programs on your computer. It is an ideal introductory resource for anyone wanting to learn more about natural language processing. You can buy it as a paperback (US$12), as a PDF (US$15) or as an e-book (US$9.99).
>
> The author's blog has more information and reviews.
>
> The free 'Real World Natural Language Processing' ebook has all the necessary tools to get started with natural language processing. It includes a number of exercises to help you get your feet wet with writing and programming your own natural language processing programs, and it includes a few example programs. The book's author, Michael Karp has also written an online course about Natural Language Processing.
> 'Real World Natural Language Processing: Practical Applications' is a free e-book that explains how to use natural language processing to solve problems of everyday life (such as writing an email, creating and

因为在 2019 年 2 月 GPT-2 发布时，我才刚刚开始写这本书，所以 GPT-2 对这本书一无所知。它能生成这样一段文章已经很了不起，但我必须指出，里面的价格和作者的名字都是错的。

8.4.4　XLM

最后，作为一个有趣的例子，我们将尝试多语言生成。XLM(Cross-lingual Language Model，跨语言语言模型)是由 Facebook AI Research 的研究人员提出的，它是一个基于 Transformer 的跨语言语言模型，可以生成和编码多种语言的文本[1]。通过学习如何编码多语言文本，该模型可以用于不同语言之间的迁移学习。第 9 章将介绍迁移学习。

首先初始化词元分析器，然后使用预训练权重初始化模型，具体代码如下。

```
tokenizer = AutoTokenizer.from_pretrained('xlm-clm-enfr-1024')
model = AutoModelWithLMHead.from_pretrained('xlm-clm-enfr-1024')
```

以上代码中模型的名字 xlm-clm-enfr-1024 的含义是：xlm 为 XLM 模型，clm 为因果语言模型(Causal Language Modeling，CLM)，enfr 为英语和法语，即以上代码的意思是加载一个 XLM 模型，用英语和法语的因果语言模型进行训练。CLM 只是对本章所述内容的一种更高级的描述——基于前缀预测下一个词元。XLM 通常用于为一些下游任务(如文本分类和机器翻译)编码出多语言文本，但这里我们只是使用它作为一个语言模型来生成文本。有关使用 XLM 生成多语言文本的代码片段，参见代码清单 8.2。你可以再次重复使用前面的大多数代码片段，不过这里你需要指定所使用的语言(即 lang=0 这一行代码)。此外，这里我们从零开始生成文本——仅提供 BOS 词元(其索引为零)。

代码清单 8.2　使用 XLM 生成多语言文本

```
generated = [0] # start with just <s>
context = torch.tensor([generated])
lang = 0 # English

for i in range(100):
    langs = torch.zeros_like(context).fill_(lang)
    output = model(context, langs=langs)
    token = sample_token(output)
    generated.append(token.item())
    context = torch.tensor([generated])

print(tokenizer.decode(generated))
```

运行以上代码后，可得到以下内容。

```
<s>and its ability to make decisions on the basis of its own. " </s>The
    government has taken no decisions on that matter, " Mr Hockey said. </
    s>A lot of the information is very sensitive. </s>The new research and
    information on the Australian economy, which is what we're going to get
    from people, and the information that we are going to be looking at,
```

---

1 Lample and Conneau, "Cross-Lingual Language Model Pretraining," (2019). https://arxiv.org/abs/1901.07291 .

```
we're going to be able to provide and we 'll take it forward. </s>I'm
not trying to make sure we're not
```

然后，将 lang 改为 1(意思是法语)，并再次运行同一代码，得到以下文本。

```
<s></s>En revanche, les prix des maisons individuelles n' ont guère augmenté
( - 0,1 % ). </s>En mars dernier, le taux de la taxe foncière, en légère
augmentation à la hausse par rapport à février 2008. </s>" Je n' ai
jamais eu une augmentation " précise ". </s>" Je me suis toujours dit
que ce n' était pas parce que c' était une blague. </s>En effet, j'
étais un gars de la rue " </s>Les jeunes sont des gens qui avaient beaucoup
d' humour... "
```

虽然生成的文本质量不如之前尝试过的 GPT-2 那么好，但一个模型可以同时生成英语和法语的文本，还是很令人耳目一新的。如今，通过构建基于 Transformer 的多语言 NLP 模型来解决多语言 NLP 问题越来越普遍。这是可行的，因为 Transformer 具有为语言的复杂性建模的强大能力。

8.5　实战示例：拼写检查器

本节使用 Transformer 模型构建一个实用的 NLP 应用——拼写检查器。在现代世界中，拼写检查程序无处不在。很有可能，你的网络浏览器就配备了一个，它可以通过高亮拼写错误的单词来告诉你何处存在拼写错误。许多文字处理器和编辑器也默认带有拼写检查器。一些应用(包括 Google Docs 和 Microsoft 的 Word)也有指出简单的语法错误的功能。有没有想过它们是如何工作的？接下来，学习如何将其表述为一个 NLP 问题，包括准备数据集、训练和改进模型。

8.5.1　像机器翻译一样看待拼写检查器

我们的任务是用拼写检查器接收一段文本，如 "tisimptant too spll chck ths dcment"，然后检查出其拼写和语法错误，并修复所有错误，最后变成 "It's important to spell-check this document"。如何使用 NLP 技术完成该任务？如何应用这样的系统？

最简单的思路是将输入文本词元化为单词，然后检查每个单词是否在词典中。如果发现有不在词典中的单词，就可以在词典中寻找相近的单词来替代它。然后重复这种操作，直到没有需要处理的单词。这种逐词修复算法由于其简单性而被许多拼写检查器广泛使用。

然而，这种类型的拼写检查器存在几个问题。首先，以例子中的第一个词 "tisimptant" 为例，如何辨别句子的一部分实际上是一个单词呢？我的 Microsoft Word 版本的默认拼写检查器表明 "tisimptant" 是 "disputant" 的拼写错误，尽管对任何说英语的人来说都很明显，"tisimptant" 实际上是两个(或更多)单词的拼写错误。用户还可能拼错标点符号(包括空白)，这就变得更复杂了。其次，仅仅因为词典里有某个词并不意味着它不是一个错误。例如，本例中的第二个单词 "too" 是 "to" 的拼写错误，但这两个单词都是英语词典中的单词。这种情况下，如何判断"too"错了？第三，所有这些决定都是断章取义。在这个例子中，我试过的一个拼写检查器显示应该使用"thus"替代"ths"。然而，从这个上下文(在名词之前)来看，很明显，更应该是"this"，尽管"this"和"thus"都与"ths"相差一个字母。

也可以通过添加一些启发式规则来解决这些问题。例如，动词前的"too"更可能是"to"的拼写错误，而在名词前"this"比"thus"更可能是正确的。但是这种方法显然是不可扩展的。还记得 1.1.2 节那个可怜的初级开发人员吗？语言是丰富的，而且充满了例外。不可能一直编写这样的规则来处理语言的全部复杂性。即使能够为这样简单的单词写出规则，你又怎么区分"tisimptant"实际上是两个单词呢？你会尝试在每个可能的位置分割这个单词，看看分割的单词是否与现有的单词相似？如果输入是用一种没有空格的语言编写的，例如中文和日语呢？

讲到这里，你可能意识到了，这种"分割和修复"的方法问题很多。一般来说，在设计 NLP 应用时，应该考虑以下 3 个方面。

- 任务——要解决的任务是什么？它是一个分类、序列标注还是序列到序列的问题？
- 模型——使用什么模型？它是一个前馈网络、一个 RNN 还是一个 Transformer 模型？
- 数据集——从哪里获取用于训练和验证模型的数据集？

根据我的经验，现在绝大多数的 NLP 应用都涵盖了以上这些方面。回到我们的拼写检查器，因为其以一段文本作为输入然后生成一段长度差不多的字符串，所以使用 Transformer 模型解决这个问题将是最简单有效的。换句话说，我们将构建一个机器翻译系统，将带有拼写/语法错误的输入转换为干净的、无错误的输出，如图 8.16 所示。你可以把这两面都看作两种不同的"语言"(或英语中的"方言")。

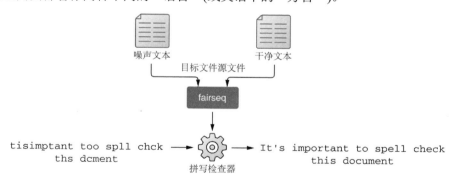

图 8.16　像 MT 系统一样训练拼写检查器，将"噪声"句子翻译成"干净"句子

此时，你可能想知道我们从哪里获取数据集。这通常是解决现实世界的 NLP 问题中最重要的(也是最困难的)部分。幸运的是，这里可以使用一个公共数据集来完成这个任务。接下来开始构建拼写检查器。

8.5.2　训练拼写检查器

本节使用 GitHub 拼写错误语料库(GitHub Typo Corpus，https://github.com/mhagiwara/ github-typo-corpus)作为数据集来训练拼写检查器。该数据集由我的合作者和我创建，包含来自 GitHub 的数十万个"拼写错误"编辑，是迄今为止最大的拼写错误及其纠正数据集，这使它成为训练拼写检查器的完美选择。

在准备数据集和训练模型之前，需要做一个决定，即使用什么模型操作原子语言单元。许多 NLP 模型使用词元作为最小单元(即 RNN/Transformer 模型接收词元序列)，但越来越多的 NLP 模型使用单词或句子块作为基本单元(10.4 节)。应该使用什么作为拼写更正的最小单位? 与许多 NLP 模型一样，使用单词作为输入听起来像是一个很好的"默认"选项。然而，正如之前所看到的，词元的概念并不适合拼写更正——用户可能会弄乱标点符号，如果使用词元作为最小单元，这将使一切都变得过于复杂。更重要的是，因为 NLP 模型需要在一个固定的词表上进行操作，所以拼写更正词表需要包括在训练过程中遇到的每个单词的每个拼写错误。这将使训练和维护的成本变得更加昂贵。

出于这些原因，我们使用字符作为拼写检查器的基本单元，就像 5.6 节所做的那样。使用字符有几个优点——可以保持词表的大小非常小(对于字母不多的语言来说，通常少于 100 个)。不需要担心词汇量膨胀，即使是一个充满拼写错误的噪声数据集，因为拼写错误只是不同的字符排列。还可以将标点符号(甚至是空格)视为词表中的一个字符。这使得预处理步骤非常容易，因为不需要任何语言工具包(如词元分析器)来做这一点。

注意：*使用字符并非没有缺点。一个主要问题是使用它们会增加序列的长度，因为需要将所有内容分解成字符。这使得模型变大，训练速度更慢。*

首先，让我们准备好用来训练拼写检查器的数据集。构建拼写检查器所需的所有数据和代码都包含在这个存储库中：https://github.com/mhagiwara/xfspell。词元化和拆分后的数据集位于 data/gtc 目录(如 train.tok.fr、train.tok.en、dev.tok.fr、dev.tok.en)下。后缀 en 和 fr 是机器翻译中常用的惯例——"fr"的意思是"外语"(而非法语)，"en"的意思是英语，因为许多 MT 的研究项目最初是由那些想把一些外语翻译成英语的人激发的。在这里，我们使用"fr"和"en"分别表示"拼写更正前的噪声文本"和"拼写更正后的干净文本"。

图 8.17 是从 GitHub 拼写错误语料库中创建的用于拼写更正的数据集的节选。注意，文本被分割成单独的字符，甚至是空白(用"_"代替)。任何在常见字母之外的字符(大写字母、小写字母、数字和一些常见的标点符号)都会被替换为"#"。你可以看到，数据集包含多种不同的拼写更正，包括简单的拼写错误(670 行的 pubilc -> public，672 行的 HYML -> HTML)，更难的错误(681 行的 mxnet as not -> mxnet is not，682 行的 22th -> 22nd)，甚至没有任何纠正的行(676 行)。这看起来像是一个用来训练拼写检查器的好资源。

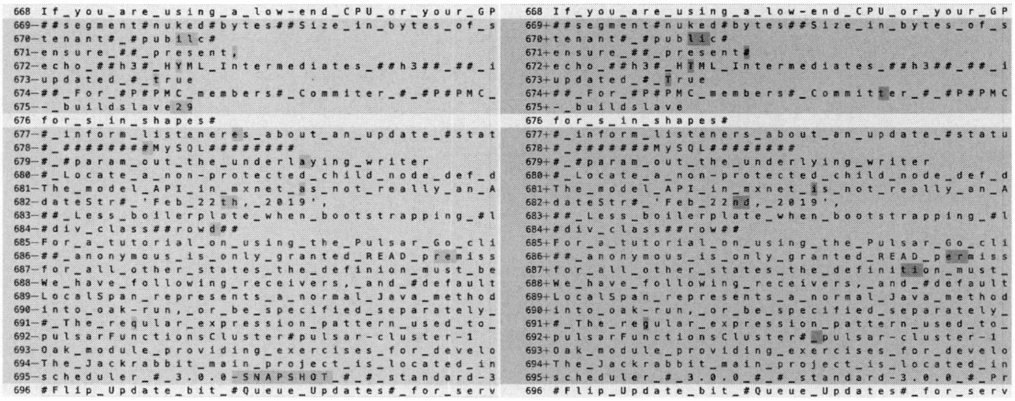

图 8.17　拼写校正的训练数据

　　训练拼写检查器(或任何其他 Seq2Seq 模型)的第一步是对数据集进行预处理。因为数据集已经分割和格式化完毕，所以现在只需要运行 fairseq-preprocess，将数据集转换为二进制格式，具体命令如下：

```
fairseq-preprocess --source-lang fr --target-lang en \
    --trainpref data/gtc/train.tok \
    --validpref data/gtc/dev.tok \
    --destdir bin/gtc
```

　　然后可以使用如代码清单 8.3 所示的代码训练模型。

代码清单 8.3　训练拼写检查器

```
fairseq-train \
    bin/gtc \
    --fp16 \
    --arch transformer \
    --encoder-layers 6 --decoder-layers 6 \
    --encoder-embed-dim 1024 --decoder-embed-dim 1024 \
    --encoder-ffn-embed-dim 4096 --decoder-ffn-embed-dim 4096 \
    --encoder-attention-heads 16 --decoder-attention-heads 16 \
    --share-decoder-input-output-embed \
    --optimizer adam --adam-betas '(0.9, 0.997)' --adam-eps 1e-09 --clip-norm
    25.0 \
    --lr 1e-4 --lr-scheduler inverse_sqrt --warmup-updates 16000 \
    --dropout 0.1 --attention-dropout 0.1 --activation-dropout 0.1 \
    --weight-decay 0.00025 \
    --criterion label_smoothed_cross_entropy --label-smoothing 0.2 \
    --max-tokens 4096 \
    --save-dir models/gtc01 \
    --max-epoch 40
```

　　你不需要关心这里的大多数超参数——这组参数对我来说已经相当好用，尽管其他一些参数组合可能工作得更好。不过，你可能需要注意一些与模型大小相关的参数，即：

- 层数(--[encoder|decoder]-layers)

- 自注意力的嵌入维数(--[encoder|decoder]-embed-dim)
- 前馈层的嵌入维数(--[encoder/decoder]-ffhembed-dim)
- 注意力头数(--[encoder|decoder]-attention-heads)

这些参数决定了模型的容量。一般来说，这些参数越大，模型的容量就越大，但同时也需要更多的数据、时间和 GPU 资源来训练。另一个重要的参数是--max-tokens，它指定加载到单个批量上的词元数量。如果 GPU 上出现内存不足的错误，则请尝试调整此参数。

训练完成后，可以运行以下命令使用训练得到的模型进行预测。

```
echo "tisimptant too spll chck ths dcment." \
    | python src/tokenize.py \
    | fairseq-interactive bin/gtc \
    --path models/gtc01/checkpoint_best.pt \
    --source-lang fr --target-lang en --beam 10 \
    | python src/format_fairseq_output.py
```

首先解释以上命令行，先说 echo。fairseq-interactive 也可以通过命令行接收源文本，因此此处使用 echo 命令直接提供文本。然后是 Python 脚本 src/format_fairseq_output.py，顾名思义，这个脚本格式化 fairseq-interactive 的输出，再显示预测的目标文本。当我运行完这个命令之后，得到了以下内容。

```
tisimplement too spll chck ths dcment.
```

这相当令人失望。拼写检查器学会了以某种方式将“imptant”修复为“implement”，但它没有纠正任何其他单词。我怀疑有几个原因。使用的训练数据 GitHub 拼写错误语料库严重偏向于软件相关的语言和更正，从而导致错误的更正(imptant->implement)。此外，训练数据可能太小，导致 Transformer 模型起不到效果。那该如何改进模型，使它能够更准确地更正拼写呢？

8.5.3　改进拼写检查器

正如前面讨论的，拼写检查器未按期望工作，其中一个主要原因可能是模型在训练过程中没有接触到更多样化、更多的拼写错误。但据我所知，没有如此大的公开拼写错误数据集可以用于训练。如何才能获得更多的数据以训练一个更好的拼写检查器呢？

这就是我们需要创造性思维的地方。有一个思路是从干净的文本中人工生成噪声文本。修复拼写错误非常困难(尤其是对于机器学习模型)，但“破坏”干净的文本模拟人们的错误拼写就很容易，即使是对于计算机也是如此。例如，可以取一些干净的文本(可以从网络的页面文本中获取)，然后随机替换一些字母。如果将人工生成的噪声文本与原始创建的干净文本配对，这将有效地创建一个新的、更大的数据集，训练一个更好的拼写检查器！

我们需要解决的剩余问题是如何“破坏”干净的文本，以生成看起来像人类所犯的真实的拼写错误。可以编写一个 Python 脚本，例如，随机替换、删除、新增和交换字母，尽管不能保证以这种方式生成的拼写错误与人类所犯的类似，并且不能保证生成的人工数据集能为 Transformer 模型提供有用的数据。那么如何才能模拟这样一个事实：人类更有可能输入"too"代替"to"而非"two"？

　　这听起来又开始很熟悉了。使用这些数据模拟打字错误这个想法不错！但是如何实现呢？这是再次需要创造性思维的地方了——如果"翻转"我们用来训练拼写检查器的原始数据集的方向，就可以观察到人类是如何犯拼写错误的。如果将干净文本视为源语言，将噪声文本作为目标语言，并为该方向训练一个 Seq2Seq 模型，那么就正在有效地训练一个"拼写破坏器"(corruptor)——一个 Seq2Seq 模型，它往干净的文本中插入看似合理的拼写错误。整个流程如图 8.18 所示。

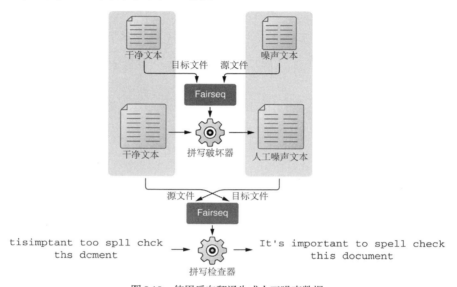

图 8.18　使用反向翻译生成人工噪声数据

　　这种利用原始训练数据"逆向"从目标语言的真实语料库中人工生成大量源语言数据的技术，在机器学习领域中称为反向翻译(back-translation)。这是提高机器翻译系统质量的一种常用技术。正如接下来将展示的，它对提高拼写检查器的质量也很有效。

　　仅通过交换源语言和目标语言，就可以很容易地训练一个拼写破坏器。可以通过运行以下 fairseq-preprocess 命令实现这一点，即使用 en(干净文本)作为源语言，使用 fr(噪声文本)作为目标语言。

```
fairseq-preprocess --source-lang en --target-lang fr \
    --trainpref data/gtc/train.tok \
    --validpref data/gtc/dev.tok \
    --destdir bin/gtc-en2fr
```

　　我们不再讨论训练过程了——你可以使用几乎相同的 fairseq-train 指令开始训练。只是不要忘记为--save-dir 指定一个不同的目录。完成训练后，应检查拼写破坏器是否确实可以按照期望破坏输入文本。

```
$ echo 'The quick brown fox jumps over the lazy dog.' | python src/
```

```
tokenize.py \
| fairseq-interactive \
bin/gtc-en2fr \
--path models/gtc-en2fr/checkpoint_best.pt \
--source-lang en --target-lang fr \
--beam 1 --sampling --sampling-topk 10 \
| python src/format_fairseq_output.py
The quink brown fox jumps ove-rthe lazy dog.
```

注意以上命令行中以粗体显示的额外选项。这意味着 fairseq-interactive 命令使用采样(从概率最大的前 10 个词元采样)而非束搜索。在破坏干净文本时，通常最好使用采样而非束搜索。总结一下，采样根据 softmax 层后的概率分布随机选择下一个词元，而束搜索则试图找到使输出序列得分最大化的"最佳路径"。虽然束搜索在翻译一些文本时能够找到更好的解决方案，但我们希望在破坏干净文本时有噪声、更多样化的输出。过去的研究[1]也表明，在反向翻译时，使用采样(而非束搜索)更能增强数据。

从现在开始，你可以收集尽可能多的干净文本，使用刚刚训练的拼写破坏器从这些干净文本生成噪声文本，以增加训练数据的大小。虽然不能保证人造错误看起来像人类犯的真实错误，但这不是一个大问题，因为(1)源(噪声)端只用于编码；(2)目标(干净)端数据始终是由人类编写的"真实"数据，Transformer 模型可以从中学习如何生成真实的文本。你收集的文本数据越多，模型就越能清晰地了解无错误的真实文本的样子。

这里就不详细说明我用了哪些步骤来增加数据大小，但下面是我所做的总结以及你也可以做的事情。从公开数据集(如 Tatoeba 和维基百科转储)收集尽可能多的干净和多样的文本数据。我最喜欢的是 OpenWebTextCorpus(https://skylion007.github.io/OpenWebTextCorpus/)，这是一个复制 GPT-2 原始训练数据集的开源项目。它包含了大量(40GB)的高质量网络文本，这些文本是从 Reddit 上的所有外链爬取的。由于整个数据集需要几天甚至几周的时间才能预处理完，然后才能运行破坏器，因此你可以取一个子集(如 1/1 000)并将其添加到数据集中。我取了数据集的 1/100，对其进行预处理，然后运行破坏器以获得噪声-干净平行数据集。仅这 1/100 的子集就增加了 500 万对(原始训练集仅包含大约 24 万对)。

增加完数据大小之后，你可以从存储库中下载预训练权重来尝试拼写检查器，而不是从零开始进行训练。即使是使用多个 GPU，训练也花了几天时间，但当它完成时，结果非常令人鼓舞。它不仅可以准确地修复拼写错误。

```
$ echo "tisimptant too spll chck ths dcment." \
    | python src/tokenize.py \
    | fairseq-interactive \
    bin/gtc-bt512-owt1k-upper \
    --path models/bt05/checkpoint_best.pt \
    --source-lang fr --target-lang en --beam 10 \
    | python src/format_fairseq_output.py
    It's important to spell check this document.
```

而且拼写检查器似乎也在一定程度上理解了英语的语法。

1　Edunov et al.,"Understanding Back-Translation at Scale," (2018). https://arxiv.org/abs/1808.09381.

```
$ echo "The book wer about NLP." |
   | python src/tokenize.py \
   | fairseq-interactive \
 ...
The book was about NLP.

$ echo "The books wer about NLP." |
   | python src/tokenize.py \
   | fairseq-interactive \
   ...
The books were about NLP.
```

这个例子本身可能并不能证明模型真正理解了语法(即根据主语是单数还是复数来使用正确的动词形式)。它可能只是学习了连续词之间的关联，这是任何统计 NLP 模型(如 n-gram 语言模型)都能实现的。然而，在句子更复杂后，拼写检查器显示出了惊人的弹性，如下面所示。

```
$ echo "The book Tom and Jerry put on the yellow desk yesterday wer about NLP." |
   | python src/tokenize.py \
   | fairseq-interactive \
 ...
The book Tom and Jerry put on the yellow desk yesterday was about NLP.

$ echo "The books Tom and Jerry put on the yellow desk yesterday wer about
   NLP." |
   | python src/tokenize.py \
   | fairseq-interactive \
   ...
The books Tom and Jerry put on the yellow desk yesterday were about NLP.
```

从这些例子中可以清楚地看出，该模型学会了如何忽略无关的名词短语(如"Tom and Jerry"和"yellow desk")，通过名词("book(s)")决定动词("was"和"were")的形式。我们更加坚信它能理解基本的句子结构。我们所做的只是收集大量的干净文本，然后结合原始训练数据和破坏器生成的数据，训练 Transformer 模型。希望这些实验能让你感受到 Transformer 模型有多么强大!

8.6　本章小结

- 注意力机制是神经网络中的一种机制，可以聚焦于输入的特定部分并计算其上下文相关的摘要。其工作方式类似于"软"版本的键值存储。
- 可以往 Seq2Seq 模型添加编码器-解码器注意力，以提高翻译质量。
- 自注意力机制是注意力机制的一种，它通过总结自身来产生输入的摘要。
- Transformer 模型将自注意力重复应用，逐步转换输入。
- 可使用 Transformer 模型和一种称为反向翻译的技术构建高质量的拼写检查器。

第*9*章

使用预训练语言模型进行迁移学习

本章涵盖以下主题:
- 使用迁移学习处理未标注的文本数据
- 使用自监督学习预训练 BERT 之类的大型语言模型
- 使用 BERT 和 Hugging Face Transformers 库构建情感分析器
- 使用 BERT 和 AllenNLP 构建自然语言推理模型

2018 年通常被称为自然语言处理历史上的"拐点"。著名的自然语言处理研究者 Sebastian Ruder 将这个变化称为"NLP 的 ImageNet 时刻"(https://ruder.io/nlp-imagenet/)，他用一个受欢迎的计算机视觉数据集的名字和在其上预训练的强大模型(ImageNet)，指出 NLP 社区也在发生类似的变化。强大的预训练语言模型，如 ELMo、BERT 和 GPT-2，在许多 NLP 任务中表现出最先进的性能，并在几个月内完全改变了人们构建 NLP 模型的方式。

这些强大的预训练语言模型背后有一个重要的技术概念，那就是迁移学习(transfer learning)，这是一种利用一个任务的训练模型提高另一个任务性能的技术。本章首先介绍这个概念，然后继续介绍 BERT——最受欢迎的用于 NLP 的预训练语言模型。我们将介绍 BERT 的设计和预训练方式，以及如何将该模型用于下游的 NLP 任务，包括情感分析和自然语言推理。还将介绍其他流行的预训练模型，包括 ELMo 和 RoBERTa。

9.1 迁移学习

先介绍迁移学习，这是一个强大的机器学习概念，也是本章许多预训练语言模型 (Pretrained Language Models，PLM)的基础。

9.1.1 传统的机器学习

在传统的机器学习中，在预训练语言模型出现之前，NLP 模型针对每个任务进行训练，且只对当前训练的任务类型有用(见图 9.1)。例如，如果想要一个情感分析模型，那么就需要使用一个带有所需输出注解(如消极、中性和积极标签)的数据集，而训练得出的模型只对情感分析有用。如果需要构建另一个词性(POS)标注模型(识别词性的 NLP 任务；参见 5.2 节)，则需要再次收集训练数据和从头开始训练 POS 标注模型。无论模型有多好，都不能"重用"情感分析模型来标注词性，因为这两个模型是针对两个根本不同的任务进行训练的。然而，这些任务都使用同一种语言，所有这一切似乎都很浪费。例如，知道"wonderful""awesome""great"都是具有积极意义的形容词这点将有助于进行情感分析和词性标注。在传统的机器学习范式下，不仅需要准备足够大的训练数据来教授模型这样的"常识"，而且单个 NLP 模型还需要从给定的数据中从零开始学习这些语言特性。

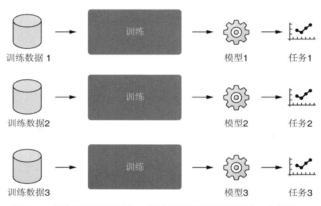

图9.1　在传统机器学习中，每个训练模型只能用于一个任务。

9.1.2　词嵌入

对于词嵌入，你可能会觉得听起来耳熟。回想一下 3.1 节关于词嵌入的概念以及它们重要性的讨论。总之，词嵌入是单词的向量表示，通过词嵌入可以使语义上相似的单词共享相似的表示。例如，"狗"和"猫"的向量最终在高维空间中位于一个非常接近的位置。这些表示是在一个独立的大型文本语料库上训练出来的，没有任何训练信号，使用 Skip-gram 和 CBOW，通常统称为 Word2vec(3.4 节)。

在训练完这些词嵌入之后，下游的 NLP 任务可以使用它们作为模型(通常是神经网络，但不一定)的输入。因为这些词嵌入已经捕获了单词之间的语义关系(例如狗和猫都是动物)，所以这些任务不需要从头开始学习语言是如何工作的，这具有一定的优势。现在，模型可以专注于学习单词嵌入(如短语、语法和语义)无法捕捉的更高级的概念和从给定的注解数据学到的特定于任务的模式。这就是使用词嵌入可以提升许多 NLP 模型的性能的原因。

第 3 章将这比作教一个小孩(＝一个 NLP 模型)跳舞。通过让小孩首先学习如何稳定地行走(＝训练词嵌入)，舞蹈教师(＝特定任务的数据集和训练目标)可以专注于教小孩特定的舞蹈动作,而不需要关心小孩是否能正确地站立和行走。如果想教孩子另一种技能(如武术)，这种"分阶段训练"的方法会让一切都变得更容易，因为他们已经完全掌握了基本技能(走路)。

所有这些的关键在于，词嵌入可以独立于下游任务来学习。这些词嵌入是预训练的，它们的训练发生在下游 NLP 任务训练之前。这就好比孩子学舞蹈，舞蹈老师可以安全地假设所有的舞蹈学生都已经学会了如何正确站立和行走。由算法开发人员创建的预训练词嵌入通常是免费的，任何人都可以下载并集成到自己的 NLP 应用中。整个过程如图 9.2 所示。

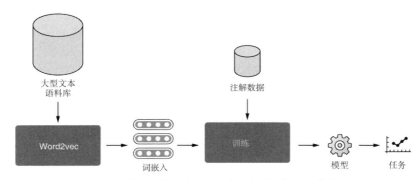

图 9.2　使用词嵌入有助于构建一个更好的 NLP 模型

9.1.3　什么是迁移学习

前面关于词嵌入的操作总结下来只有一句话，就是将一个任务的结果(即使用嵌入预测单词共现)迁移到另一个任务(即情感分析或其他 NLP 任务)。在机器学习中，这种做法称为迁移学习(transfer learning)，它是指通过使用不同任务中训练的数据和/或模型来提高机器学习模型在任务中的表现的一系列相关技术。迁移学习总是由两个或两个以上的步骤组成——首先为一个任务进行训练(称为预训练，英文为 pretraining)，然后进行调整，再在另一个任务中使用(称为适应，英文为 adaptation)。如果这两个任务都使用同一个模型，那么第二步称为微调(fine-tuning)，因为只是稍微调整一下同一个模型，以针对不同的任务。NLP 中迁移学习的过程详见图 9.3。

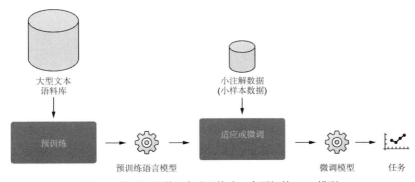

图 9.3　使用迁移学习有助于构建一个更好的 NLP 模型

过去几年中，迁移学习已经成为构建高质量NLP模型的主要方式，究其原因有二。首先，多亏了强大的神经网络模型，如Transformer模型和自监督学习(见9.2.2节)，我们可以从近乎无限的自然语言文本中得到高质量的嵌入。这些嵌入在很大程度上考虑了自然语言文本的结构、上下文和语义。其次，多亏了迁移学习，任何人即使没有能力获取大量的文本资源(如Web规模的语料库)，或计算资源(如强大的GPU)，也都能够将这些强大的预训练语言模型整合进自己的NLP应用中。这些新技术(Transformer模型、自监督学习、预训练语言模型和迁移学习)的出现将NLP领域推到了一个全新的阶段，并将许多NLP任务的性能推进到一个接近人类的水平。在接下来的小节中，我们将利用诸如BERT等的PLM构建NLP模型，并基于此讲解迁移学习的实际操作步骤。

这里提一个与迁移学习密切相关的概念——领域自适应(domain adaptation)。领域自适应是这么一种技术，即在一个领域(如新闻)训练一个机器学习模型，然后将其适应到另一个领域(如社交媒体)，但都是用于相同的任务(如文本分类)。而本章介绍的迁移学习适用于不同的任务(如语言模型和文本分类)。我们没有专门将领域自适应作为一个单独的主题，但是你可以使用本章介绍的迁移学习范式实现领域自适应。有兴趣的读者可以从最近一篇论文了解更多关于领域自适应的信息[1]。

9.2 BERT

本节详细介绍BERT。BERT(Bidirectional Encoder Representations from Transformers的缩写，意为来自Transformer的双向编码器表示)[2]是迄今为止最受欢迎和最有影响力的预训练语言模型，它彻底改变了人们训练和构建NLP模型的方式。我们首先介绍语境化嵌入和它们的重要性，然后解释自监督学习，这两个都是预训练语言模型中的重要概念。再介绍两个用于预训练BERT的自监督任务，即掩码语言模型(masked language models)和下句预测(next-sentence prediction)，以及适应BERT的方法。

9.2.1 词嵌入的局限性

词嵌入是一个强大的概念，它可以提高NLP应用的性能，但是并非没有局限性。一个明显的问题是，它们没有考虑上下文。在自然语言中，经常出现多义词，这些词的具体含义取决于它们的上下文。但是，因为词嵌入是按照词元类型进行训练的，所以这些不同的含义都压缩为同一个向量。例如，训练"dog"或"apple"得出的向量并不能识别"hot dog"或"Big Apple"并非动物或水果。另一个例子——想想"play"在这些句子中的意思："They played games"(他们玩游戏)、"I play Chopin"(我演奏肖邦)、"We play baseball"(我们打棒球)和"Hamlet is a play by Shakespeare"(哈姆雷特是莎士比亚的一部戏剧)——这些句子都来自Tatoeba.org。这些"play"都有不同的含义，综上所述，这样的

---

1 Ramponi and Plank, "Neural Unsupervised Domain Adaptation in NLP—A Survey," (2020). https://arxiv.org/abs/2006.00632 .

2 Jacob Devlin, Ming-Wei Chang, Kenton Lee, and Kristina Toutanova, "BERT: Pre-Training of Deep Bidirectional Transformers for Language Understanding," (2018). https://arxiv.org/abs/1810.04805 .

对多义词分配一个单一向量的做法对下游NLP任务(例如将主题分类为体育、音乐和艺术)
没有太大帮助。

由于这一局限性,NLP 研究人员开始寻求将整个句子转换为考虑上下文的一系列向
量的方法,这种方法称为语境化嵌入(contextualized embeddings)或简称语境化
(contextualization)。通过语境化嵌入,前面例子中出现的所有"play"就会被分配不同的
向量,这有助于下游任务消除单词不同用法的歧义。语境化嵌入的重要里程碑包括 CoVe[1]
和 ELMo(9.3.1 节),而最大的突破是 BERT,这是一个基于 Transformer 模型的预训练语
言模型,是本节的重点。

我们知道,Transformer 模型使用一种称为自注意力的机制,通过逐步转换输入序列
来进行摘要。BERT 的核心思想很简单,它使用 Transformer 模型(准确地说,是 Transformer
模型的编码器)将输入转换为语境化嵌入。Transformer 模型通过一系列层逐步摘要输入信
息。同理,BERT 通过一系列 Transformer 模型的编码器层生成语境化输入。整个思路如
图 9.4 所示。

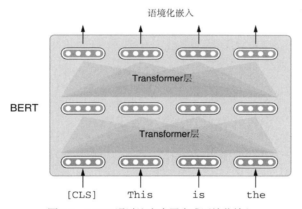

图9.4 BERT 通过注意力层生成语境化输入

因为 BERT 是基于 Transformer 模型架构的,所以它继承了 Transformer 模型的所有
优点。它的自注意力机制使它能够对输入进行"随机访问",从而能够捕获输入词元之
间的远距离依赖关系。与只能在一个方向上进行预测的传统的语言模型(如 5.5 节中介绍
的基于 LSTM 的模型)不同,Transformer 模型可以在两个方向上都考虑上下文。以"Hamlet
is a play by Shakespeare"(哈姆雷特是莎士比亚的一部戏剧)这句话为例, "play"的语境
化嵌入可以包含来自"Hamlet"和"Shakespeare"的信息,从而更容易捕捉"play"的真
正含义。

如果这个概念像"BERT 只是一个 Transformer 模型编码器"这句话这么简单,那么
为什么需要花一整节篇幅讲述它呢?因为我们还没有回答与之相关的实际问题:如何训
练和适应这个模型。神经网络模型,无论多么强大,如果没有特定的训练策略和获得训

1 Bryan McCann, James Bradbury, Caiming Xiong, and Richard Socher, "Learned in Translation: Contextualized Word Vectors," in NIPS 2017.

练数据的来源，都是无用的。此外，如果没有特定的策略适应预训练模型，迁移学习也是无用的。接下来的小节会讨论这些问题。

9.2.2 自监督学习

Transformer 最初是为机器翻译而提出，使用平行文本进行训练。它的编码器和解码器被优化以最小化损失函数，损失函数是由解码器输出和期望结果之间的差值定义的交叉熵。然而，预训练 BERT 的目的是推导出高质量的语境化嵌入，而 BERT 只有一个编码器。如何"训练" BERT，使其对下游的 NLP 任务有用呢？

如果只是将 BERT 视为另一种获得嵌入的方法，就可以从词嵌入的训练中获得灵感。回想一下，在 3.4 节中，为了训练词嵌入，我们进行了一个"假"任务，即用词嵌入预测周围的单词。我们感兴趣的不是预测本身，而是训练的"副产品"，作为模型参数(即权重矩阵)派生的词嵌入。在现代机器学习中，这种利用数据本身提供的训练信号来训练的范式称为自监督学习，或简称为自监督。从模型的角度来看，自监督学习仍然是一种监督学习类型——模型的训练方式是使训练信号定义的损失函数最小化。只不过训练信号来源不同。在监督学习中，训练信号通常来自人类的注解。在自监督学习中，训练信号来自数据本身，不需要人工干预。

随着越来越大的数据集和越来越强大的模型的涌现，自监督学习在过去的几年中已经成为一种预训练 NLP 模型的流行方法。但为什么它能这么有效呢？有两个因素导致了这一点。一个是其自监督类型非常简单(只是为 Word2vec 提取周围的单词)，但这需要深入理解语言来解决它。例如，重用第 5 章的语言模型例子，回答"My trip to the beach was ruined by bad＿"，系统不仅需要理解句子，还需要具备某种"常识"，即什么事情会影响去海滩(例如，bad weather、heavy traffic)。预测周围单词所需的知识包括简单的搭配/联想(如 The Statue of＿in New＿)，句法和语法(如"My birthday is＿May")，以及语义(前面的例子)。其次，用于自监督的数据量几乎没有限制：不需要人工标注，只需要干净的纯文本数据。你可以通过下载大型数据集(如维基百科转储)或爬取和过滤网页来获取纯文本数据，这是许多预训练语言模型的常见训练方式。

9.2.3 预训练 BERT

现在明白了自监督学习对预训练语言模型有多有用，再来看看如何使用自监督学习预训练 BERT。如前所述，BERT 只是一个 Transformer 模型的编码器，它将输入转换为一系列考虑上下文的嵌入。对于预训练词嵌入，可以简单地根据目标单词的嵌入预测周围的单词。对于单向语言模型的预训练，可以简单地基于之前的词元预测下一个词元。但是对于像 BERT 这样的双向语言模型，则不能使用这些策略，因为预测的输入(语境化嵌入)取决于输入之前和之后的内容。这听起来像是一个先有鸡还是先有蛋的问题。

BERT 的发明者用一种称为掩码语言模型(Masked Language Model，MLM)的思路解决了这个问题，他们在给定的句子中随机删除(术语称掩码，英文为 mask)单词，让模型预测被删除的单词是什么。具体来说，先用一个特殊的占位符(图 9.5 中的[MASK])替换句子中的一小部分单词(图 9.5 中的 Liberty)，然后，BERT 使用 Transformer 对输入进行编码，再使用前馈层和 softmax 层推导出可能填补该空白的单词(即图 9.5 中的 Liberty)的概率分布。因为你已经知道了答案(即你一开始时删除的那些单词)，所以可以使用常规的交叉熵训练模型，如图 9.5 所示。

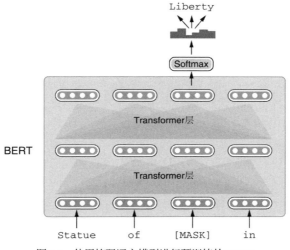

图 9.5　使用掩码语言模型进行预训练的 BERT

掩码和预测单词并不是一个全新的思路——它与完形填空测试密切相关，测试者被要求填充在句子中被删除的单词。这种测试形式通常用于评估学生对语言的理解程度。如前所述，在自然语言文本中填充缺失的单词需要深刻的语言理解，包括从简单的关联到语义关系。因此，通过让模型在大量的文本数据上处理这些填空任务，神经网络模型将被训练到能够生成包含深层语言知识的语境化嵌入。

你可能想了解图 9.5 输入中的[MASK]占位符。在训练神经网络时，人们经常使用这里提到的[MASK]等特殊词元。这些特殊词元就像其他(自然出现的)词元，如"dog"和"cat"等单词一样，只是它们不自然地出现在文本中(无论你如何努力，在任何自然语言语料库中都找不到任何[MASK]这个词元)，并且这些特殊词元的含义是由神经网络的设计者定义的。模型将学习给这些特殊词元赋予表征，以解决当前的任务。其他特殊词元包括BOS(句子开头)、EOS(句子结尾)和前面章节提及过的 UNK(未知单词)。

最后，除了用掩码语言模型进行预训练，BERT 还使用另一种称为下句预测(Next-Sentence Prediction，NSP) 的任务，这种任务会给出两个句子，要求 BERT 预测第二个句子是否为第一个句子的"真正"下一句。这是另一种自监督学习("假"任务)，对于这种训练数据，可以无限制地创建，而且几乎不需要人为干预，因为可以从任何语料库中提取两个连续的句子(或者随机地拼接两个句子)来创建此任务的训练数据。这个任务的原理是，通过用这个目标进行训练，模型可学会如何推断两个句子之间的关系。然而，这个任务的有效性一直存在争议，例如 RoBERTa 放弃了这个任务，而 ALBERT 用另一个称为句子顺序预测(sentence-order prediction)的任务代替之，这里暂不讨论这个任务的细节。

以上所有预训练技术听起来都有些复杂，但好消息是，你很少需要自己执行这些操作。与词嵌入类似，这些语言模型的开发人员和研究人员使用大量的自然语言文本(通常是 10GB 甚至 100GB 以上的未压缩文本)对模型进行预训练，然后将这些预训练得到的模型对外公开，以便任何人都可以使用它们。

9.2.4 适应 BERT

在迁移学习的第二阶段(也是最后阶段)，预训练模型会适应目标任务，使后者能够利用前者学到的信息。有两种主要的方法可以使 BERT 适应各种下游任务：微调(fine-tuning)和特征提取(feature extraction)。在微调中，神经网络架构会被略微修改，以便可以为特定任务生成预测类型，并且整个网络会在任务的训练数据上持续训练，以最小化损失函数。这正是前面训练神经网络完成 NLP 任务的方式，如情感分析，不过有一个重要的区别——BERT "继承"了预训练学会的模型权重，而不是随机初始化和从零开始训练。通过这种方式，下游任务可以利用 BERT 通过对大量数据进行预训练所学到的强大表征。

最终任务的不同，决定了修改 BERT 架构的方式各异，这里只描述最简单的情况，即预测给定句子的某种标签。这又称为句子预测(sentence-prediction)任务，其中包括第 2 章讨论的情感分析。为了使下游任务能够提取句子表征，BERT 在预训练阶段为每个句子准备了一个特殊的词元，即图 9.6 里面的 [CLS](classification 的简写)。你可以通过这个词元提取 BERT 的隐藏状态，然后将提取出来的隐藏状态作为句子表征。与其他分类任务一样，线性层可以将这个表征压缩成一组 "分数"，这些分数对应于每个标签是正确答案的概率。然后，你可以使用 softmax 推导出一个概率分布。如果你在处理一个带有 5 个标签(强消极到强积极)的情感分析数据集，那么就可以使用一个线性层将维数降低到 5。这种类型的线性层与 softmax 相结合，通常称为头(head)，头会被插入到一个更大的 BERT 之类的预训练模型中。换句话说，我们将一个分类头(classification head)附加到 BERT 上以解决一个句子预测任务。整个网络(头和 BERT)的权重将会被调整，以使损失函数最小化。这意味着用预训练权重初始化的 BERT 权重也可以通过反向传播进行调整，即微调。整个过程详见图 9.6。

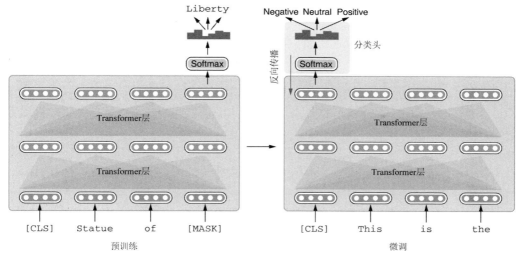

图 9.6　带有附加分类头的 BERT 的预训练和微调

　　微调 BERT 的另一种变体是将 BERT 产生的所有嵌入相加然后取平均，这种方法称为 mean over time 或者 bag of embeddings。这种方法不如使用 CLS 特殊词元受欢迎，但在某些任务中可能会工作得更好。整个过程详见图 9.7。

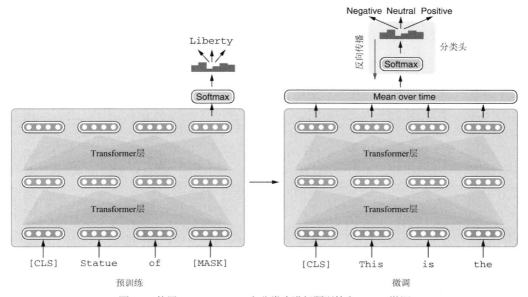

图 9.7　使用 mean over time 和分类头进行预训练和 BERT 微调

　　另一种用于适应下游 NLP 任务的 BERT 方法是特征提取。在这种方法中，BERT 被用来提取特征，这些特征实际上是由 BERT 的最终层产生的语境化嵌入序列。可以简单地将这些向量作为特征提供给另一个机器学习模型，以做出预测，整个过程详见图 9.8。

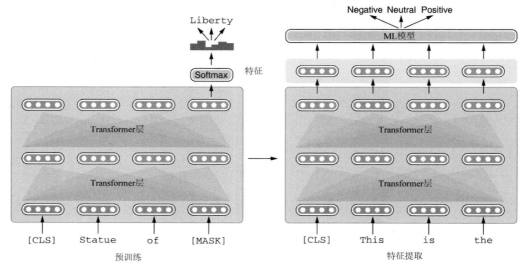

图 9.8 预训练和使用 BERT 进行特征提取

光从图来看，这种方法看起来类似于微调。都是将 BERT 的输出提供给另一个 ML 模型。然而，有两个微妙但重要的区别：第一个区别是个优点，因为不再优化神经网络，所以第二个 ML 模型不必是神经网络。一些机器学习任务(如无监督聚类)并不是神经网络擅长解决的问题，而特征提取在这些情况下提供了一个完美的解决方案。此外，还可以自由地使用更"传统"的 ML 算法，如 SVM(支持向量机)、决策树和梯度增强方法(GBDT 或梯度增强决策树)，这可能在计算成本和性能方面提供了更好的权衡。第二个区别是个缺点，由于 BERT 仅用作特征提取器，因此没有反向传播，其内部参数在适应阶段也不会被更新。在许多情况下，如果能够微调 BERT 参数，就会在下游任务中获得更好的准确率，因为能够反馈 BERT 让 BERT 在手头的任务上做得更好。

最后，请注意，适应 BERT 的方法并不止这两种。迁移学习是一个热门研究的课题，不仅在 NLP 领域，而且在 AI 的许多领域都有许多其他使用预训练语言模型的方法，以最大程度地利用它们。如果有兴趣了解更多，建议查看在 NAACL2019(顶级 NLP 会议之一)提供的题为"NLP 中的迁移学习"(http://mng.bz/o8qp)教程。

9.3 实战示例 1：使用 BERT 进行情感分析

本节(再次)构建情感分析器，但这次是使用 BERT。我们将使用 Hugging Face 开发的 Transformers 库，而不是使用 AllenNLP，并且使用在第 8 章使用过的语言模型进行预测。本节所有代码都可以在 Google Colab 笔记本 (http://www.realworldnlpbook.com/ch9.html#sst)上查看到。先导入相关的模块、类和方法：

```
import torch
from torch import nn, optim
from transformers import AutoTokenizer, AutoModel, AdamW,
```

```
get_cosine_schedule_with_warmup
```

在 Hugging Face Transformers 库中，可以通过指定模型名称来指定所要使用的预训练模型。本节将使用基于 BERT 的模型("bert-base-cased")，因此可先定义一个常数。

```
BERT_MODEL = 'bert-base-cased'
```

Hugging Face Transformers 库还支持其他预训练 BERT 模型，你可以在它们的文档(https://huggingface.co/transformers/pretrained_models.html)中看到这些模型。如果你想使用其他模型，只需要简单地使用其他模型的名称替换这个常量，而不需要修改其他代码(但并非总是这样)。

9.3.1　对输入词元化

构建 NLP 模型的第一步是构建一个数据集读取器。尽管 AllenNLP(或者更准确地说，allennlp-modules 包)附带了斯坦福情感树库数据集读取器，但该数据集读取器的输出只与 AllenNLP 兼容。因此本节将编写一个简单的方法，读取数据集并返回批量输入实例序列。

词元化是处理自然语言输入过程中最重要的步骤之一。正如第 8 章看到的，可以使用 Hugging Face Transformers 库的 AutoTokenizer.from_pretrained()方法初始化词元分析器。

```
tokenizer = AutoTokenizer.from_pretrained(BERT_MODEL)
```

因为不同的预训练模型使用的词元分析器不同，所以需要初始化与预训练模型相匹配的词元分析器。

可以使用词元分析器在字符串和词元 ID 列表之间来回转换，具体代码如下所示。

```
>>> token_ids = tokenizer.encode('The best movie ever!')

[101, 1109, 1436, 2523, 1518, 106, 102]

>>> tokenizer.decode(token_ids)

'[CLS] The best movie ever! [SEP]'
```

从以上代码运行结果可以看到，BERT 的词元分析器为句子添加了两个特殊的词元：[CLS]和[SEP]。如前所述，CLS 这一种特殊的词元用于提取整个输入的嵌入，而如果任务涉及对一对句子进行预测时，则使用 SEP 分离两个句子。因为这里只是对单个句子做预测，所以没有必要太关注 SEP 这个词元。9.5 节讨论句子对分类任务时再讲述它。

深度神经网络很少在单个实例上运行。出于稳定性和性能的原因，其通常批量接收实例。tokenizer 还支持调用__call__方法(__call__方法是 Python 中一种特殊的方法，它允许将对象像函数一样调用)批量转换给定的输入，具体代码如下所示。

```
>>> result = tokenizer(
>>>     ['The best movie ever!', 'Awful movie'],
>>>     max_length=10,
>>>     pad_to_max_length=True,
>>>     truncation=True,
```

```
>>>     return_tensors='pt')
```

当运行以上操作后，输入列表中的每个字符串都会被词元化，然后生成的张量用 0 填充，使其具有相同的长度。这里的填充(padding)是指在每个序列的末尾添加 0，这样实例就具有相同的长度，并且可以作为张量绑定，这是更高效的计算所必需的(第 10 章详细介绍填充)。以上方法调用包含其他几个控制最大长度的参数(max_length=10，即将所有内容填充到长度为 10)，是否填充到最大长度(pad_to_max_length)，是否截断太长的序列(truncation)，以及返回张量的类型(return_tensors='pt'，即返回 PyTorch 张量)。该 tokenizer() 调用的结果是一个字典，该字典包含以下 3 个键和 3 种不同类型的填充张量。

```
>>> result['input_ids']

tensor([[ 101, 1109, 1436, 2523, 1518,  106,  102,    0,    0,    0],
        [ 101,  138, 7921, 2365, 2523,  102,    0,    0,    0,    0]])

>>> result['token_type_ids']

tensor([[0, 0, 0, 0, 0, 0, 0, 0, 0, 0],
        [0, 0, 0, 0, 0, 0, 0, 0, 0, 0]])

>>> result['attention_mask']

tensor([[1, 1, 1, 1, 1, 1, 1, 0, 0, 0],
        [1, 1, 1, 1, 1, 1, 0, 0, 0, 0]])
```

其中，input_ids 张量是词元 ID 的打包版本，该打包版本从文本转换而来。可以发现，每一行都是一个用 0 填充了(所以其长度总是为 10)的向量化 token ID。token_type_ids 张量指定了每个词元来自哪个句子。与前面的 SEP 特殊词元一样，这只有在使用句子对时才有用，这就是为什么张量只简单地填充了 0。attention_mask 张量指定了 Transformer 模型应注意的词元。值得一提的是，input_ids 张量中的填充元素(为 0 部分)在 attention_mask 中也相应为 0，同时 Transformer 模型也不会注意它们(即忽略它们)。这种做法称为掩码(masking)，是神经网络中常用的一种技术，用来忽略批张量中不相关的元素。第 10 章详细介绍掩码问题。

正如这里看到的，Hugging Face Transformers 库的词元分析器做的不仅是词元化，它们还接收字符串列表并创建批量张量，包括辅助张量(token_type_ids 和 attention_mask)。你只需要从数据集创建字符串列表，然后将它们传递给 tokenizer() 来创建批量处理以传递给模型。这个用于读取数据集的逻辑相当无聊，也有点长，因此我将它打包在一个名为 read_dataset 的方法中，这里没有显示它。如果你感兴趣，可以查看前面提到的 Google Colab 笔记本。使用该方法，你可以读取数据集并将其转换为以下批量处理列表。

```
train_data = read_dataset('train.txt', batch_size=32, tokenizer=tokenizer,
    max_length=128)
dev_data = read_dataset('dev.txt', batch_size=32, tokenizer=tokenizer,
    max_length=128)
```

9.3.2　构建模型

接下来构建一个模型，对文本分类并加上情感标签。在这里构建的模型只是一个把BERT 包了一层的薄封装模型。它所做的就是通过 BERT 传递输入，在 CLS 上取出它的嵌入，通过一个线性层转换为一组分数(logit)，然后计算损失值。

注意，我们正在构建一个 PyTorch 模块，而非一个 AllenNLP 模型，因此请确保继承自 nn.Module，尽管这两种类型模型的结构通常非常相似(因为 AllenNLP 的模型继承自PyTorch 模块)。你需要实现__init__()和 forward()函数，其中需要在__init__()定义和初始化模型的子模块，在 forward()编写核心计算(正向传播)代码。代码清单 9.1 是完整的代码片段。

代码清单 9.1　使用 BERT 的情感分析模型

```
class BertClassifier(nn.Module):
  def __init__(self, model_name, num_labels):
      super(BertClassifier, self).__init__()
      self.bert_model = AutoModel.from_pretrained(model_name)        ← 初始化 BERT

      self.linear = nn.Linear(self.bert_model.config.hidden_size,
  num_labels)                                                        ← 定义线性层

      self.loss_function = nn.CrossEntropyLoss()

  def forward(self, input_ids, attention_mask, token_type_ids, label=None):
      bert_out = self.bert_model(                   ← 应用 BERT
          input_ids=input_ids,
          attention_mask=attention_mask,
          token_type_ids=token_type_ids)

      logits = self.linear(bert_out.pooler_output)    ← 应用线性层

      loss = None
      if label is not None:
          loss = self.loss_function(logits, label)    ← 计算损失值

      return loss, logits
```

以上代码首先在__init__()函数通过AutoModel.from_pretrained()方法定义BERT模型，然后通过 nn.Linear 定义一个线性层()，再通过 nn.CrossEntropyLoss 定义损失函数。注意，这里无法知道它需要分类的标签的数量，因此将其作为一个参数(num_labels)传递给线性层。

在 forward()方法中，首先调用 BERT 模型。只需要简单地将这 3 类张量(input_ids、attention_mask 和 token_type_ids)传递给模型。该模型返回一个包含 last_hidden_state 和pooler_output 等的数据结构，其中，last_hidden_state 是最后一层的隐藏状态序列，而pooler_output 是汇聚后的输出(基本上是用线性层转换的 CLS 嵌入)。因为只对表示整个输入的汇聚输出感兴趣，所以应把后者传递给线性层。forward()方法最后会计算损失值(如

果提供了标签的话)，并返回它以及用于生成预测和度量准确率的 logit。

注意，我们对 forward()方法参数的命名方式——forward()方法将按照之前讲述过的 3
类张量的名字来接收它们。最后，简单地解构一批实例，将其传递给 forward 方法以查看
实际效果：

```
>>> model(**train_data[0])

(tensor(1.8050, grad_fn=<NllLossBackward>),
tensor([[-0.5088, 0.0806, -0.2924, -0.6536, -0.2627],
        [-0.3816, 0.3512, -0.1223, -0.5136, -0.4421],
        ...
        [-0.4220, 0.3026, -0.1723, -0.4913, -0.4106],
        [-0.3354, 0.3871, -0.0787, -0.4673, -0.4169]],
      grad_fn=<AddmmBackward>))
```

注意，forward 方法的返回值是一个包含损失值和 logit 的元组。现在一切就绪，你可
以开始训练模型了！

9.3.3 训练模型

现在到了本实战示例的第三步，也是最后一步，即对模型进行训练和验证。虽然前
几章讲解过使用 AllenNLP 训练，但在本节中，我们仍从头开始编写训练循环，这样可以
更好地理解训练模型需要什么。注意，你可以在 Hugging Face Transformers 库里选择其
他 Trainer 类，它的工作原理类似于 AllenNLP 的 Trainer 类，通过指定其参数来运行训练
循环。

2.5 节介绍了训练循环的基础知识，这里再回顾一下，在现代机器学习中，每个训练
循环看起来都有点相似。如果用伪代码编写，结果如代码清单 9.2 所示。

代码清单 9.2 神经网络训练循环的伪代码

```
MAX_EPOCHS = 100
model = Model()

for epoch in range(MAX_EPOCHS):
    for batch in train_set:
        loss, prediction = model.forward(**batch)
        new_model = optimizer(model, loss)
        model = new_model
```

这个训练循环几乎与代码清单 2.2 相同，只是它在批量处理而不是在单个实例上操
作。数据集按批量拆分(对应 for batch in train_set:这行代码)，然后传递给模型的 forward()
方法(对应 model.forward(**batch)这行代码)。该方法返回损失值，再使用该损失值优化模
型(对应 optimizer(model, loss)这行代码)。模型返回预测值也很常见，这样调用函数就可以
使用结果计算一些指标，如准确率。

在开始编写训练循环之前，需要注意两件事情——在每轮中，交替地进行训练和验证
是惯例。在训练阶段，根据损失函数和优化器对模型进行优化(改变"魔术常量")，该阶

段使用训练数据。在验证阶段，模型的参数是固定的，可根据验证数据度量其预测准确率。虽然验证阶段没有优化损失值，但通常还是需要计算它以监测损失值在训练阶段中的变化，如 6.3 节所述。

另一件需要注意的事情是，当训练基于 BERT 之类的 Transformer 模型时，通常要对学习率进行预热(warm-up，又称热身)，即在前几千个步骤中逐渐增加学习率(改变魔法常数的幅度)。这里的步骤指的是反向传播的一次执行，对应于代码清单 9.2 的内部循环。这对稳定训练很有用。这里不深入讨论预热和控制学习率的数学细节——只需要知道，学习率调度器通常用在训练阶段控制学习率。可以使用 Hugging Face Transformers 库定义优化器(AdamW)和学习率调度器。

```
optimizer = AdamW(model.parameters(), lr=1e-5)
scheduler = get_cosine_schedule_with_warmup(
    optimizer,
    num_warmup_steps=100,
    num_training_steps=1000)
```

在这里使用的调度器(get_cosine_schedule_with_warmup)会在前 100 步中将学习率从 0 提高到最大，然后逐渐降低它(基于余弦函数，即名字里的 cosine)。如果把学习率随时间的变化情况绘制出来，它将看起来如图 9.9 所示。

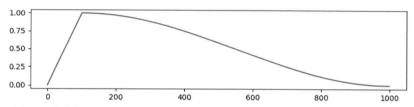

图 9.9　在带有预热的余弦学习率调度下，学习率首先上升，然后基于余弦函数下降

现在，已经准备好训练我们的基于 BERT 的情感分析器了。代码清单 9.3 展示了训练循环。

代码清单 9.3　基于 BERT 的情感分析器的训练循环

```
for epoch in range(epochs):
    print(f'epoch = {epoch}')

    model.train()                           ◀──┐ 打开训练模式

    losses = []
    total_instances = 0
    correct_instances = 0
    for batch in train_data:
        batch_size = batch['input_ids'].size(0)
        move_to(batch, device)              ◀──── 将批量移至 GPU(如
                                                   果 GPU 可用)

        optimizer.zero_grad()               ◀──┐ 在开始每次迭代之前，
                                               │ 将梯度设置为零
正向传播 └─▶ loss, logits = model(**batch)
```

```
        loss.backward()            ◀────── 反向传播
        optimizer.step()
        scheduler.step()

        losses.append(loss)

        total_instances += batch_size
        correct_instances += torch.sum(torch.argmax(logits, dim=-1)
        == batch['label']).item()      ◀──────  通过计算正确实例的
                                                数量来计算准确率
    avr_loss = sum(losses) / len(losses)
    accuracy = correct_instances / total_instances
    print(f'train loss = {avr_loss}, accuracy = {accuracy}')
```

使用 PyTorch(AllenNLP 和 Hugging Face Transformers 这两个库都构建在 PyTorch 之上)训练模型时，记得调用 model.train()打开"训练模式"。这一点很重要，因为一些层，如批量规范化(BatchNorm)和 dropout，在训练和评估之间的行为是不同的(第 10 章介绍 dropout)。另一方面，当验证或测试模型时，要确保调用 model.eval()。

代码清单 9.3 中的代码没有展示验证阶段，但验证阶段的代码看起来与训练阶段的代码几乎相同。在验证/测试模型时，请注意以下事项。

● 如前所述，请确保在验证/测试模型之前调用 model.eval()。
● 调用优化相关的函数(如 loss.backward(), optimizer.step()和 scheduler.step())没有必要，因为没有更新模型。
● 损失值仍将被记录和报告，以供监测。另外一定要用 torch.no_grad()把 model(**batch)操作包裹起来——这将禁用梯度计算以节省内存。
● 准确率的计算方法需要与训练阶段完全相同(这是验证阶段的关键点)。

运行整个训练代码之后，我得到了以下输出(省略了中间轮的输出结果)。

```
epoch = 0
train loss = 1.5403757095336914, accuracy = 0.31624531835205993
dev loss = 1.7507736682891846, accuracy = 0.2652134423251589
epoch = 1
...
epoch = 8
train loss = 0.4508829712867737, accuracy = 0.8470271535580525
dev loss = 1.687158465385437, accuracy = 0.48319709355131696
epoch = 9
...
```

验证阶段准确率在第 8 轮达到了 0.483 左右的峰值，但在那之后并没有提高。与从 LSTM(验证阶段准确率约 0.35，第 2 章)和 CNN(验证阶段准确率约 0.40，第 7 章)得到的结果相比，这是我们在这个数据集上取得的最佳结果。我们只做了很少的超参数调优，判定 BERT 是这 3 个模型中最好的模型还为时过早，但至少知道它是一个强大的模型！

9.4　其他预训练语言模型

BERT 既不是当今 NLP 社区中常用的最早流行的预训练语言模型(PLM)，也不是最后一个。本节学习其他几个流行的预训练语言模型，以及它们与 BERT 的不同点。这些模型中的大多数已经在 Hugging Face Transformers 库有所实现并公开对外提供，因此只需要更改几行代码就能将它们集成进 NLP 应用。

9.4.1　ELMo

ELMo(Embeddings from Language Models，来自语言模型的嵌入)于 2018 年初被提出[1]，是最早使用未标注文本获得语境化嵌入的 PLM 之一。它的核心思想很简单——训练一个基于 LSTM 的语言模型(类似于第 5 章训练的语言模型)，然后将它的隐藏状态作为下游 NLP 任务的附加"特征"。因为语言模型被训练用于预测给定前一个上下文的下一个词元，所以隐藏状态可以对"理解语言"所需的信息进行编码。ELMo 对另一个反向的 LM 也做了同样的事情，然后结合来自两个方向的嵌入，这样它就能在两个方向上编码信息。整个过程如图 9.10 所示。

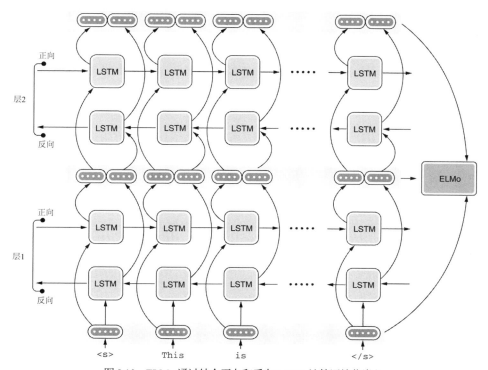

图 9.10　ELMo 通过结合正向和反向 LSTM 计算语境化嵌入

1　Peters et al., "Deep Contextualized Word Representations," (2018). https://arxiv.org/abs/1802.05365 .

在对两个方向进行预训练后，下游 NLP 任务可以简单地使用 ELMo 嵌入作为特征。注意，ELMo 使用了多层 LSTM，因此这些特征是来自多个层的隐藏状态的总和，并以特定任务的方式进行加权。ELMo 的发明者表示，添加这些特征可以提高许多 NLP 任务的性能，包括情感分析、命名实体识别和问答。虽然 ELMo 不在 Hugging Face Transformers 库中，但任何人都可以在 AllenNLP 中轻松地使用它[1]。

9.4.2 XLNet

XLNet 于 2019 年提出，是 BERT 的重要继承者，经常被称为当今最强大的 PLM 之一。XLNet 解决了 BERT 训练过程中两个主要问题：训练-测试偏差(train-test skew)和掩码的独立性。第一个问题与如何使用掩码语言模型(Masked Language Model，MLM)进行预训练 BERT 有关。在训练阶段，BERT 能看到掩码词元，从而能够准确地预测掩码词元，而在预测阶段，其只能看到输入的句子，该句子不包含任何掩码。这意味着 BERT 在训练和测试阶段接触到的信息存在差异，这就产生了训练-测试偏差问题。

第二个问题与 BERT 如何预测掩码词元有关。如果输入中有多个[MASK]标记，BERT 就会并行地对它们进行预测。乍一看，这种方法似乎没有任何问题——例如，输入是"The Statue of [MASK] in New [MASK]"时，模型很容易分析出[MASK]分别为"Liberty"和"York"。如果输入是"The Statue of [MASK] in Washington, [MASK]"，则大多数人(包括语言模型)都会预测出"Lincoln"和"DC"。但是，如果输入的内容如下呢？

```
The Statue of [MASK] in [MASK] [MASK]
```

此时没有任何信息可以偏向一种或另一种预测结果。在这个例子中，BERT 不会从训练中学到"The Statue of Liberty in Washington, DC"或"The Statue of Lincoln in New York"，因为"The Statue of [MASK] in [MASK] [MASK]"这样的句式能组合出多种意思。这是一个很好的例子，表明不能简单地单独(独立性)对词元进行预测，然后将它们组合起来创建一个有意义的句子。

注意：这个问题与自然语言的多模态(multimodality)[2]有关，多模态是指在联合概率分布中存在多种模式，而独立做出的最佳决策的组合不一定会带来全局最佳决策。多模态是自然语言生成过程中的一大挑战。

要解决这个问题，可以按顺序预测，而非并行预测。事实上，这正是典型的语言模型的做法——从左到右一个接一个地生成词元。然而，BERT 里的句子是带有掩码词元的，预测不仅取决于左边的词元(如前面例子中的"Statue")，还取决于右边的词元("in")。XLNet 通过以随机顺序生成缺失的词元的方式解决这个问题，如图 9.11 所示。例如，可

---

1 有关如何在 AllenNLP 中使用 ELMo 的详细文档，请参见 https://allennlp.org/elmo。

2 译者注：这里的多模态刚好与另一个常见术语"多模态"是同一个叫法，但不是一回事。另一个常见术语"多模态"是指多种媒介(如文本、图像、语音等)的信息输入、输出、交互或处理方式。

以选择先生成"New"，以为下一个单词"York"和"Liberty"提供强有力的线索。注意，预测仍然是基于之前生成的所有词元进行的。如果该模型选择先生成"Washington"，那么该模型将会继续生成"DC"和"Lincoln"，这样就解决了"The Statue of [MASK] in [MASK] [MASK]"的预测问题了。

XLNet 已经在 Hugging Face Transformers 库中实现了，你只需要修改几行代码就可以使用该模型[1]。

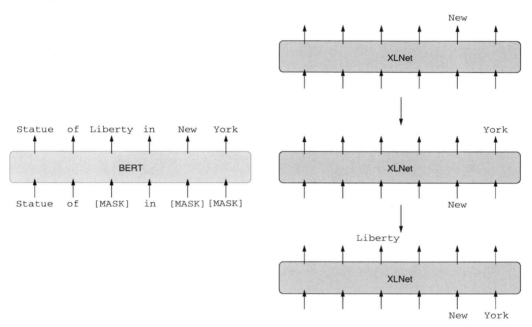

图 9.11　XLNet 以任意顺序生成词元

9.4.3　RoBERTa

RoBERTa(取自 robustly optimized BERT，意为稳健优化过的 BERT)[2]是另一个重要的、在研究和行业中常用的 PLM。RoBERTa 重新审视和修改了 BERT 的许多训练决策，这使其甚至超过了后 BERT 时代 PLM 的性能，包括前面介绍的 XLNet。我的个人印象是，截至撰写本书时(2020 年中)，RoBERTa 是仅次于 BERT 的被引用第二多的 PLM，它在许多英语下游 NLP 任务中表现出稳健的性能。

RoBERTa 在 BERT 之上做了一些改进，但最重要的(也是最直接的)是其训练数据的数量。RoBERTa 的开发人员收集了 5 个不同大小和领域的英语语料库，总共有超过 160GB 的文本(相比之下，用于训练 BERT 的文本仅为 16GB)。仅通过使用更多的数据进行训练，

1　相关文档参见 https://huggingface.co/transformers/model_doc/xlnet.html。

2　Liu et al., "RoBERTa: A Robustly Optimized BERT Pretraining Approach," (2019). https://arxiv.org/abs/1907.11692.

RoBERTa 在微调后的下游任务中就超过了其他一些强大的 PLM(包括 XLNet)。第二个改进与 9.2.3 节提到的下句预测(NSP)目标有关，其中 BERT 被预训练来分类第二句话是否是语料库中第一个句子之后的"真"句子。RoBERTa 的开发人员发现，移除 NSP(仅使用 MLM 目标进行训练)后，下游任务的性能保持不变或略有提高。此外，他们还重新审视了批量处理大小和 MLM 的掩码方式。完成所有这些改进后，新的预训练语言模型便在问答和阅读理解等下游任务上取得了业界领先的结果。

因为 RoBERTa 使用了与 BERT 相同的架构，并且两者在 Hugging Face Transformers 库都有实现，所以如果应用已经使用了 BERT，那么切换到 RoBERTa 是非常容易的。

注意：BERT 和 RoBERTa 类似，跨语言语言模型 XLM(见 8.4.4 节)有其"稳健优化过"的类似版本 XLM-R(XLM-RoBERTa 的缩写)[1]。XLM-R 在 100 种语言上进行过预训练，在许多跨语言 NLP 任务中均表现出有竞争力的性能。

9.4.4 DistilBERT

尽管 BERT 和 RoBERTa 这样的预训练模型很强大，但它们的计算成本很高，不仅在预训练阶段成本高昂，而且连微调和预测也很昂贵。例如，BERT-base(常规大小的 BERT)和 BERT-large(较多参数的 BERT)分别有 1.1 亿和 3.4 亿个参数，几乎每个输入都必须通过这个巨大的神经网络获得预测。如果使用基于 BERT 的模型(如 9.3 节构建的模型)进行微调并进行预测，那么就肯定需要 GPU，然而大多计算环境并未配置 GPU。例如，想在手机上运行实时文本分析，BERT 就不是一个很好的选择(甚至可能内存都不够)。

为了减少现代大型神经网络的计算消耗，人们经常使用知识蒸馏(knowledge distillation，简称蒸馏)。知识蒸馏是这么一种机器学习技术：给定一个较大的预训练模型(称为教师模型，英文为 teacher model)，然后训练一个较小的模型(称为学生模型，英文为 student model)来模拟较大模型的行为。整个过程详见图 9.12。学生模型使用掩码语言模型(MLM)损失值(与 BERT 相同)以及教师模型与学生模型之间的交叉熵损失值进行训练。这使得学生模型生成的预测词元的概率分布尽可能类似于教师模型。

Hugging Face 的研究人员开发了一种蒸馏版的 BERT，其比 BERT 小 40%，快 60%，同时重新训练后任务性能保留 97%。可以通过将传递给 AutoModel.from_pretrained()的模型名称从 BERT(如 bert-base-cased)替换为蒸馏版(如 distilbert-base-cased)，而不需要修改其他代码，即可使用 DistilBERT。

1 Conneau et al., "Unsupervised Cross-lingual Representation Learning at Scale," (2019). https://arxiv.org/abs/1911.02116 .

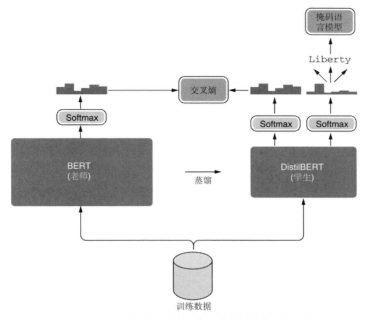

图9.12　知识蒸馏结合了交叉熵和掩码语言模型的目标

9.4.5　ALBERT

另一个解决 BERT 计算复杂性问题的预训练语言模型是 ALBERT[1]，它是 "A Lite BERT" 的缩写。ALBERT 没有采用知识蒸馏，而是对其模型和训练过程做了一些改变。

ALBERT 与其他模型不同之处在于处理词嵌入。在大多数深度学习 NLP 模型中，词嵌入通过一个大查找表来表示和存储，该表的每个词汇都对应一个词嵌入向量。这种管理嵌入的方法通常适用于较小的模型，如 RNN 和 CNN。然而，对于 BERT 等基于 Transformer 的模型，输入的维数(即长度)需要与隐藏状态的维数相匹配，通常高达 768 维。这意味着模型需要维护一个大小为 V×768 的大查找表，其中 V 是词汇的数量。因为在许多 NLP 模型中，V 也很大(如 30 000)，所以这会导致查找表变得很大，占用大量的内存和计算。

ALBERT 通过将词嵌入查找分解为两个阶段来解决这个问题，如图 9.13 所示。第一阶段类似于从映射表中检索词嵌入的方式，除了词嵌入向量的输出维数更小(如 128 维)。第二阶段，对这些较短的向量使用一个线性层进行扩展，以便它们匹配模型的期望输入维数(如 768)。这类似于我们使用 Skip-gram 模型扩展词嵌入的方式(3.4 节)。通过这样分解，ALBERT 只需要存储两个较小的查找表(V×128 和 128×768)，而非一个较大的查找表(V×768)。

---

1 Lan et al., "ALBERT: A Lite BERT for Self-Supervised Learning of Language Representations," (2020). https://arxiv.org/abs/1909.11942 .

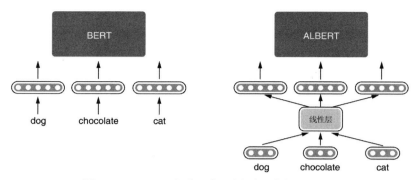

图 9.13　ALBERT(右)将词嵌入分解为两个较小的投影

ALBERT 与其他模型另一个不同之处是 Transformer 层之间的参数共享。Transformer 模型使用一系列的自注意力层来转换输入向量。这些层转换输入的方式通常因层而异：第一层可以用一种方式转换输入(如捕获基本短语)，而第二层可以用另一种方式转换输入(如捕获一些语法信息)。然而，这意味着模型需要在每个层中保留所有必要的参数(键、查询和值的投影)，这非常消耗资源，并且占用大量内存。相反，ALBERT 的层都共享相同的一组参数，这意味着模型对输入重复应用相同的变换。即使这些参数是相同的，它们也会以对于预测目标有效的系列变换这种方式进行调整。

最后，ALBERT 使用一个称为句子顺序预测(Sentence-Order Prediction，SOP)的训练目标而非 BERT 采用的下句预测(Next-Sentence Prediction，NSP)进行预训练。如前所述，RoBERTa 和其他一些开发人员发现 NSP 目标基本上是无用的，因此决定不用它。ALBERT 用 SOP 代替 NSP，SOP 是一项要求模型预测两个连续文本的顺序的任务。例如[1]：

- (A) She and her boyfriend decided to go for a long walk.(她和她的男朋友决定去散散步。)(B) After walking for over a mile, something happened.(走了一英里多后，有事发生了。)

- (C) However, one of the teachers around the area helped me get up. (不过，附近的一位老师帮我站了起来。)(D) At first, no one was willing to help me up.(一开始，没有人愿意扶我起来。)

在第一个例子中，可以看出发生 A 之后才发生 B。在第二个例子中，顺序被翻转，D 应该在 C 事件之前。预测这两句的正确顺序对人类来说是一项容易的任务，但对机器来说却是一项困难的任务——NLP 模型需要学会忽略表面的话题信号(例如"散散步""走了一英里多""帮我站了起来""扶我起来")，并专注于话语层面的连贯性。基于这一目标的训练使该模型对于更深入的自然语言理解任务更健壮和更有效。

因此，ALBERT 能够扩大训练规模，并且参数比 BERT 更少。与 DistilBERT 一样，

---

1 这些例子取自 ROCStories：https://cs.rochester.edu/nlp/rocstories/。

ALBERT 的模型架构几乎与 BERT 相同, 不需要修改其他代码, 将传递给 AutoModel.from_pretrained() 的模型名称(如 bert-base-cased)替换为 ALBERT(如 albert-base-v1), 即可使用 ALBERT。

9.5　实战示例 2：使用 BERT 进行自然语言推理

本节构建一个自然语言推理 NLP 模型, 该任务预测句子之间的逻辑关系。我们将使用 AllenNLP 构建模型, 同时演示如何将 BERT(或任何其他基于 Transformer 的预训练模型)集成到流水线中。

9.5.1　什么是自然语言推理

自然语言推理(Natural language inference, NLI)是确定一对句子之间的逻辑关系的任务。具体来说, 给定一个句子(称为前提, 英文为 premise)和另一个句子(称为假设, 英文为 hypothesis), 需要确定假设是否可以从前提中推出逻辑上的结论。表 9.1 中的例子可以更好地说明这一点[1]。

表 9.1　示例表

前提	假设	标签
A man inspects the uniform of a figure in some East Asian country. (一个人正在检查某个东亚国家人物的制服。)	The man is sleeping. (一个人正在睡觉)	contradiction (矛盾)
An older and younger man smiling.(一位年长的男子和一位年轻的男子微笑着。)	Two men are smiling and laughing at the cats playing on the floor. (两个男人正在微笑和大笑着看着在地板上玩耍的猫。)	neutral(中性)
A soccer game with multiple males playing. (有多名男子参加的足球比赛。)	Some men are playing a sport.(一些男子正在进行一项运动。)	entailment (蕴含)

在第一个例子中, 假设("The man is sleeping")显然与前提("A man inspects ...")相矛盾(contradiction), 因为某人不能在睡觉的时候检查某个东亚国家人物的制服。在第二个例子中, 无从知晓这个假设是与前提相矛盾还是基于前提(尤其是 "laughing at the cats" 部分), 即 "中性"(neutral)关系。在第三个例子中, 可以依据逻辑从前提推出假设——换句话说, 假设被前提蕴含(entailment)。

正如你所猜到的那样, 别说对机器, 即使对人类来说也是很棘手的。这项任务不仅需要词汇知识(例如 "man" 的复数是 "men", 足球是一种运动), 还需要一些 "常识"(例

---

[1] 这些例子取自 http://nlpprogress.com/english/natural_language_inference.html。

如人不能在睡觉时检查)。NLI 是最典型的自然语言理解(NLU)任务之一。如何构建一个 NLP 模型来解决这里的任务呢?

幸运的是,NLI 是 NLP 中一个被广泛研究的领域,因此有公开的数据集可用。NLI 最流行的数据集是斯坦福自然语言推理(Stanford Natural Language Inference,SNLI)语料库 (https://nlp.stanford.edu/projects/snli/),已在许多 NLP 研究中被用作基准。在接下来的内容中,我们将使用 AllenNLP 构建一个神经网络 NLI 模型,并学习如何使用 BERT 完成这个任务。

在继续操作之前,请确保已经安装了 AllenNLP(我们使用 2.5.0 版本)和 AllenNLP 模型的模块。可以运行以下代码安装它们:

```
pip install allennlp==2.5.0
pip install allennlp-models==2.5.0
```

以上命令会把 Hugging Face Transformers 库也作为依赖项安装。

9.5.2 使用 BERT 进行句子对分类

在开始构建模型之前,请注意,NLI 任务的每个输入都由两部分组成:前提和假设,即句子对。本书所涵盖的大多数 NLP 任务都只有一个部分(通常是一个句子)作为模型的输入。如何构建一个模型以预测句子对实例?

有多种方法处理 NLP 模型的多部分输入。可以用编码器对每个句子进行编码,然后应用一些数学运算(如加法、减法),以推导出该句子对的嵌入结果(顺便说一下,这是 Siamese 网络的基本思想[1])。对此,研究人员还提出了更复杂的注意力神经网络模型(如 BiDAF[2])。

本质上并没有什么能够阻止 BERT 接收多个句子。因为 Transformer 模型能够接收任意长度的词元序列,所以你可以简单地连接这两个句子,然后将它们提供给模型。如果担心模型会混淆这两句话,可以用一个特殊的词元[SEP]将它们分开。还可以为每个句子添加不同的值以作为对模型的额外信号。BERT 使用这两种技术处理句子对分类任务(如 NLI),几乎不需要对模型进行修改。

流水线的其余部分类似于其他分类任务。每个句子对都附加一个特殊的词元[CLS],然后转换为输入的最终嵌入。最后,可以使用分类头将嵌入转换为一组与类别对应的值(称为 logit)。详见图 9.14。

---

1 Reimers and Gurevych, "Sentence-BERT: Sentence Embeddings Using Siamese BERT-Networks," (2019). https://arxiv.org/abs/1908.10084 .

2 Seo et al., "Bidirectional Attention Flow for Machine Comprehension," (2018). https://arxiv.org/abs/1611.01603 .

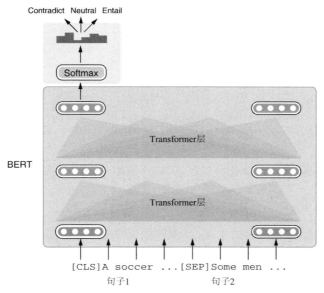

图 9.14 用 BERT 对句子对进行输入和分类

在实践中，连接句子和插入特殊的词元都使用 SnliReader 处理，SnliReader 是一个专门为处理 SNLI 数据集而构建的 AllenNLP 数据集读取器。可以通过以下代码初始化数据集，并将数据转换为 AllenNLP 实例。

```
from allennlp.data.tokenizers import PretrainedTransformerTokenizer
from allennlp_models.pair_classification.dataset_readers import SnliReader

BERT_MODEL = 'bert-base-cased'
tokenizer = PretrainedTransformerTokenizer(model_name=BERT_MODEL,
    add_special_tokens=False)

reader = SnliReader(tokenizer=tokenizer)
dataset_url = 'https://realworldnlpbook.s3.amazonaws.com/data/snli/
    snli_1.0_dev.jsonl'
for instance in reader.read():
    print(instance)
```

数据集读取器读取 SNLI 语料库的 JSONL 文件，然后转换为一系列 AllenNLP 实例。我已经把这个 JSONL 文件放在了网上(即 dataset_url = 'https://realworldnlpbook.s3.amazonaws.com/data/snli/snli_1.0_dev.jsonl'这行代码)。注意，在初始化词元分析器时，需要指定 add_special_tokens=False。这看起来有点奇怪——我们不是需要添加特殊的词元吗？是的，但是我们是使用数据集读取器(SnliReader)而非词元分析器来添加特殊的词元。如果你只是使用 Hugging Face Transformers 库而不使用 AllenNLP，则不需要该选项。

以上代码将生成以下结果(生成实例的转储)。

```
Instance with fields:
        tokens: TextField of length 29 with text:
        [[CLS], Two, women, are, em, ##bracing, while, holding, to,
```

```
        go, packages,
                ., [SEP], The, sisters, are, hugging, goodbye, while, holding,
        to, go,
                packages, after, just, eating, lunch, ., [SEP]]
            and TokenIndexers : {'tokens': 'SingleIdTokenIndexer'}
        label: LabelField with label: neutral in namespace: 'labels'.'

Instance with fields:
    tokens: TextField of length 20 with text:
            [[CLS], Two, women, are, em, ##bracing, while, holding, to,
    go, packages,
                ., [SEP], Two, woman, are, holding, packages, ., [SEP]]
            and TokenIndexers : {'tokens': 'SingleIdTokenIndexer'}
        label: LabelField with label: entailment in namespace: 'labels'.'

Instance with fields:
        tokens: TextField of length 23 with text:
                [[CLS], Two, women, are, em, ##bracing, while, holding, to,
    go, packages,
                ., [SEP], The, men, are, fighting, outside, a, del, ##i, .,
    [SEP]]
                and TokenIndexers : {'tokens': 'SingleIdTokenIndexer'}
        label: LabelField with label: contradiction in namespace: 'labels'.'
...
```

可以看到，每个句子都被词元化了，而且句子都连接起来了，并且通过特殊词元[SEP]分隔。每个实例中也包含了标签字段(加粗显示)。

注意： 你可能已经注意到词元化后的结果有一些奇怪的字符，如##bracing 和##i。这些是字节对编码(byte-pair encoding，BPE)的结果，这是一种用于将单词分解为所谓的子词单元(subword unit)的词元化算法。第 10 章详细介绍 BPE。

9.5.3 使用 AllenNLP 构建 Transformer 模型

现在一切就绪，可以用 AllenNLP 构建模型了。好消息是，使用 AllenNLP 的内置模块，不需要编写任何 Python 代码即可构建 NLI 模型——所需要做的仅是编写一个 Jsonnet 配置文件(正如第 4 章所做的那样)。AllenNLP 还无缝集成了 Hugging Face 的 Transformer 库，因此即使想将基于 Transformer 的模型(如 BERT)集成到现有模型中，通常也只需要进行很少的更改。

在将 BERT 集成到模型和流水线中时，需要更改以下 4 个组件。

- 词元分析器(对应后面 Jsonnet 配置文件中的 tokenizer 键)——正如 9.3 节所做的那样，需要使用与预训练模型相匹配的词元分析器。
- 词元索引器(对应后面 Jsonnet 配置文件中的 token_indexers 键)——词元索引器将词元转换为整数索引。因为预训练模型自带预定义词表，所以使用与预训练模型相匹配的词元索引器很重要。
- 词元嵌入器(对应后面 Jsonnet 配置文件中的 token_embedders 键)——词元嵌入器将词元转换为嵌入。这是 BERT 主要计算发生的地方。

● Seq2Vec 编码器(对应后面 Jsonnet 配置文件中的 seq2vec_encoder 键)——来自 BERT 的原始输出是一个嵌入序列。需要一个 Seq2Vec 编码器把它变成一个嵌入向量。

这看似很复杂，不要担心——大多数情况下，所需要做的就是记住用想要的模型的名称初始化正确的模块。接下来我会详细讲述这些步骤。

首先定义读取和转换 SNLI 数据集部分。这些工作前面已经用 Python 代码实现了，这里通过 Jsonnet 配置实现。使用下面的代码定义将在整个流水线中使用的模型名称。Jsonnet 比普通的 JSON 更酷的一点是可以定义和使用变量。

```
local bert_model = "bert-base-cased";
```

配置文件中初始化数据集的第一部分，如下所示。

```
"dataset_reader": {
    "type": "snli",
    "tokenizer": {
        "type": "pretrained_transformer",
        "model_name": bert_model,
        "add_special_tokens": false
    },
    "token_indexers": {
        "bert": {
            "type": "pretrained_transformer",
            "model_name": bert_model,
        }
    }
},
```

以上代码一开始便通过 type 指定 snli 作为数据集读取器，即前面 Python 代码实现中的 SnliReader。然后指定数据集读取器的两个参数：tokenizer 和 token_indexers。其中通过"type": "pretrained_transformer"初始化 PretrainedTransformerTokenizer 这个词元分析器(使用 bert_model 模型名称)，这个词元分析器同样也是前面 Python 代码中实现的。你可以观察表 9.2 比对 Python 代码和 Jsonnet 配置文件是如何对应的。大多数 AllenNLP 模块的设计方式都是这样的，即在这两者之间有很好的对应关系。

表 9.2　Python 代码及 Jsonnet 配置文件

Python 代码	Jsonnet 配置文件

tokenizer =
 PretrainedTransformerTokenizer(
　model_name=BERT_MODEL,
　add_special_tokens=False)
	"tokenizer": {
	　"type": "pretrained_transformer",
	　"model_name": bert_model,
	　"add_special_tokens": false
	}

初始化词元索引器的部分可能看起来有点混乱。它使用模型名称初始化了一个 PretrainedTransformerIndexer(类型 pretrained_transformer)。索引器将索引的结果存储到一

个名为 bert 的部分(与词元索引器对应的键)。幸运的是，这段代码是一个模板，只需要很少的修改即可用于其他模型，因此当使用其他基于 Transformer 的新模型时，直接复制粘贴这部分即可。

然后使用本书的 S3 存储库中的数据作为训练/验证数据。

```
"train_data_path": "https://realworldnlpbook.s3.amazonaws.com/data/snli/
    snli_1.0_train.jsonl",
"validation_data_path": "https://realworldnlpbook.s3.amazonaws.com/data/snli/
    snli_1.0_dev.jsonl",
```

接下来继续定义模型：

```
"model": {
    "type": "basic_classifier",

    "text_field_embedder": {
        "token_embedders": {
            "bert": {
                "type": "pretrained_transformer",
                "model_name": bert_model
            }
        }
    },
    "seq2vec_encoder": {
        "type": "bert_pooler",
        "pretrained_model": bert_model
    }
},
```

一开始定义了一个 BasicClassifier 模型(类型：basic_classifier)。它是一个通用的文本分类模型，嵌入输入，然后使用 Seq2Vec 编码器进行编码，再用分类头(使用 softmax 层)对其进行分类。你可以选择自己喜欢的嵌入器和编码器作为模型的子组件。例如，可以通过词嵌入嵌入词元，使用 RNN 编码序列(同第 4 章)。或者，也可以用 CNN 对序列进行编码，如第 7 章所述。这就是 AllenNLP 设计优秀的地方了，通用模型只指定了用什么(如 TextFieldEmbedder 和 Seq2VecEncoder)，而没有具体指定怎么做(如词嵌入、RNN、BERT)。可以使用任何子模块嵌入/编码输入，只要这些子模块符合指定的接口(即它们是所需类的子类)。

在本实战示例中，首先使用 BERT 对输入序列进行嵌入。这里使用一个专门用于预训练的 Transformer 模型的嵌入器 PretrainedTransformerEmbedder(类型：pretrained_transformer)，该嵌入器接收 Transformer 词元分析器的结果，将其传给预训练 BERT 模型，然后生成嵌入的输入。你需要将该嵌入器作为 token_embedders 参数的 bert 键值(之前为 token_indexers 指定的那个)传递。

然而，来自 BERT 的原始输出是一个嵌入序列。但是我们是对"句子对"而非"句子"进行分类，因此需要从嵌入序列中把句子提取出来，这可以通过取出与 CLS 特殊词元相对应的嵌入来实现。AllenNLP 有一个实现了 Seq2VecEncoder 的类 BertPooler(类型：bert_pooler)，它完全可以做到这一点。

在嵌入和编码输入之后，BasicClassifier 模型处理剩下的部分——把嵌入传入一个线性层，将它们转换为一组 logit，然后使用交叉熵损失值训练整个网络，就像其他分类模型一样。整个配置文件如代码清单 9.4 所示。

代码清单 9.4　使用 BERT 训练 NLI 模型的配置文件

```
local bert_model = "bert-base-cased";

{
    "dataset_reader": {
        "type": "snli",
        "tokenizer": {
            "type": "pretrained_transformer",
            "model_name": bert_model,
            "add_special_tokens": false
        },
        "token_indexers": {
            "bert": {
                "type": "pretrained_transformer",
                "model_name": bert_model,
            }
        }
    },
    "train_data_path": "https://realworldnlpbook.s3.amazonaws.com/data/snli/
      snli_1.0_train.jsonl",
    "validation_data_path": "https://realworldnlpbook.s3.amazonaws.com/data/
      snli/snli_1.0_dev.jsonl",

    "model": {
        "type": "basic_classifier",

        "text_field_embedder": {
            "token_embedders": {
                "bert": {
                    "type": "pretrained_transformer",
                    "model_name": bert_model
                }
            }
        },
        "seq2vec_encoder": {
            "type": "bert_pooler",
            "pretrained_model": bert_model,
        }
    },
    "data_loader": {
        "batch_sampler": {
            "type": "bucket",
            "sorting_keys": ["tokens"],
            "padding_noise": 0.1,
            "batch_size" : 32
        }
    },
    "trainer": {
        "optimizer": {
                "type": "huggingface_adamw",
```

```
            "lr": 5.0e-6
        },
        "validation_metric": "+accuracy",
        "num_epochs": 30,
        "patience": 10,
        "cuda_device": 0
    }
}
```

你不熟悉 data_loader 和 trainer 部分也没关系。第 10 章会讨论这些主题(批量处理、填充、优化、超参数调优)。把以上配置文件保存为 examples/nli/snli_transformers.jsonnnet 之后，可以运行以下命令启动训练过程。

```
allennlp train examples/nli/snli_transformers.jsonnet --serialization-dir
    models/snli
```

这会运行很长的时间(即使是在像 Nvidia V100 这样的高速 GPU 上)，然后会在 stdout 输出大量的日志消息。以下是我在 4 轮之后得到的日志消息片段：

```
...
allennlp.training.trainer - Epoch 4/29
allennlp.training.trainer - Worker 0 memory usage MB: 6644.208
allennlp.training.trainer - GPU 0 memory usage MB: 8708
allennlp.training.trainer - Training
allennlp.training.trainer - Validating
allennlp.training.tensorboard_writer -                       Training  | Validation
allennlp.training.tensorboard_writer - accuracy           |     0.933  |  0.908
allennlp.training.tensorboard_writer - gpu_0_memory_MB    |  8708.000  |  N/A
allennlp.training.tensorboard_writer - loss               |     0.190  |  0.293
allennlp.training.tensorboard_writer - reg_loss           |     0.000  |  0.000
allennlp.training.tensorboard_writer - worker_0_memory_MB |  6644.208  |  N/A
allennlp.training.checkpointer - Best validation performance so far. Copying weights
to 'models/snli/best.th'.
allennlp.training.trainer - Epoch duration: 0:21:39.687226
allennlp.training.trainer - Estimated training time remaining: 9:04:56
...
```

请注意验证准确率(0.908)。考虑到这是一个三分类，随机基准只有 0.3，因此 0.908 的验证准确率看起来很好。相比之下，当用基于 LSTM 的 RNN 替换 BERT 时，得到的最佳验证准确率在 0.68 左右。当然，这么粗糙的比较不是很公平，我们需要更仔细地运行实验才能对不同的模型进行公平的比较，但这一结果似乎表明，BERT 是解决自然语言理解问题的一个强大的模型。

9.6 本章小结

- 迁移学习是一种机器学习概念，其通过在两个任务之间传递知识，将从一个任务中获得的机器学习模型用于另一个任务。它是许多现代、强大的预训练模型的底层概念。

- BERT 是一个使用掩码语言建模和下句预测目标进行预训练的 Transformer 编码器，用于产生语境化嵌入，即考虑上下文的一系列词嵌入。
- 现代深度学习 NLP 中其他常用的预训练模型有 ELMo、XLNet、RoBERTa、distilBERT 和 ALBERT。
- 可以直接使用 Hugging Face Transformers 库，或者使用 AllenNLP 无缝集成 Hugging Face Transformers 库来构建基于 BERT 的 NLP 应用。

第Ⅲ部分

投 入 生 产

第Ⅰ部分和第Ⅱ部分讲解了很多关于现代 NLP "建模" 部分的知识，包括词嵌入、RNN、CNN 和 Transformer 模型。然而，你仍然需要学习如何有效地训练、服务、部署和解释这些模型，以构建健壮、实用的 NLP 应用。

第 10 章讨论在开发 NLP 应用时需要使用的重要的机器学习技术和最佳实践，包括批量处理和填充、正则化以及超参数优化。

如果说第 1 章到第 10 章是关于构建 NLP 模型的，那么第 11 章就涵盖了在 NLP 模型之外发生的一切。该章介绍如何部署、服务、解释 NLP 模型。

第**10**章

开发 **NLP** 应用的最佳实践

本章涵盖以下主题:

- 通过对词元进行排序、填充和掩码，使神经网络预测更加高效
- 应用基于字符和 BPE 的词元化，将文本分割成词元
- 通过正则化避免过拟合
- 使用上采样、下采样和损失加权处理不平衡的数据集
- 优化超参数

　　前面学习了众多领域的知识,不但有深度神经网络模型(如 RNN、CNN 和 Transformer 模型),还有诸如 AllenNLP 和 Hugging Face Transformers 库等现代 NLP 框架。但是却没有在训练和预测上投入太多的关注。例如,如何训练才能使模型更高效地预测？如何避免过拟合？如何优化超参数？这些因素都可能严重影响模型最终的表现和泛化能力。本章将继续带你了解这些重要知识点,助你构建的 NLP 在现实中表现得更好、更准确。

10.1　批量处理实例

　　第 2 章简单提及了批量处理(batching)。批量处理是一种将实例分组成批发送到处理器(CPU 或更常见的 GPU)的机器学习技术。批量处理在训练大型神经网络时几乎总是必需的, 它对于高效和稳定的训练至关重要。本节深入探讨一些与批量处理相关的技术和必要因素。

10.1.1　填充

　　训练大型神经网络需要执行许多线性代数运算, 例如矩阵相加或相乘, 这里涉及一次性对大量数字执行基础数学运算。这就是为什么需要专门的硬件, 如 GPU, GPU 是针对高度并行处理运算设计的处理器。数据以张量(高维数的数字数组)的形式送往 GPU, 同时送往 GPU 的还有一些指令, 这些指令用于说明需要执行什么类型的数学运算。处理

后的结果将以另一个张量返回。

第 2 章将 GPU 比作高度专业化、优化过的、专门生产大量相同类型产品的海外工厂。因为工厂在海外,所以用于沟通和运输产品的开销不小,因此当生产同样数量的产品时,如果每次生产产品的数量越多,那么生产批次便会越少,用在沟通和运输产品的总开销就会越少,效率也会更高。

产品通常使用标准的集装箱运输,如果你曾亲自(或者见过其他人)装过车、运输过货物,就知道运输最重要的是安全可靠。需要将家具打包紧实,这样才不会在运输途中晃动;还需要用纸箱包装好,用绳子固定好,以避免损伤磕碰;在底下放重物,上面放轻的物品,这样才不会弄坏。总之许多要考虑的事项。

机器学习中的批量处理与现实世界的运输使用的集装箱有点类似。就像运输用的集装箱都是同样大小的长方体一样,机器学习中的批量也是装有相同类型数字的矩形张量。如果想批量"运输"多个不同的实例到 GPU,就需要将它们打包成矩形张量,使打包后的数字形成一个矩形。

NLP 经常会处理不同长度的句子序列,由于批量必须是矩形,因此需要填充(padding)(即追加特殊的词元<PAD>到每个序列),令每一行中的张量都是相同的长度。你需要尽可能多地填充词元以使序列具有相同的长度,这意味着你需要填充短序列,直到它们与同批次中的最长序列一样长。具体如图 10.1 所示。

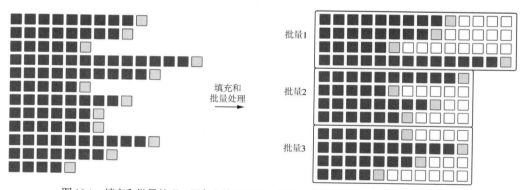

图 10.1 填充和批量处理。黑色方块是词元,灰色方块是 EOS 词元,白色方块是填充

在现实中,自然语言文本中的每个词元通常表示为长度为 D 的向量,由词嵌入方法生成。这意味着每批的张量都是一个具有 D "深度"的三维张量。在许多 NLP 模型中,序列被表示为大小为 N×L×D 的批量(见图 10.2),其中 N、L、D 分别是每批实例的数量、序列的最大长度和词嵌入的维数。

现在看起来更像集装箱了!

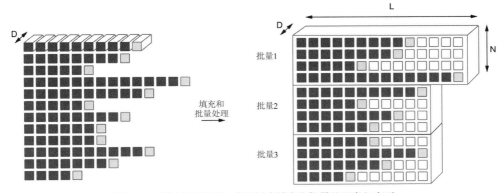

图 10.2 通过创建矩形三维张量来填充和批量处理嵌入序列

10.1.2 排序

因为每个批量都必须处理成矩形,所以如果其中有一个批量恰好包含短序列和长序列,就需要向短序列填充大量空白的词元,以使它与同一批量中最长的序列一样长。这经常会导致批量的空间产生浪费,如图 10.3 中的"批量 1"。最短的序列(6 个词元)需要填充 8 个词元,以使其与最长序列(14 个词元)一样长。浪费了张量空间的同时也浪费了内存和算力,因此最好避免,但如何避免呢?

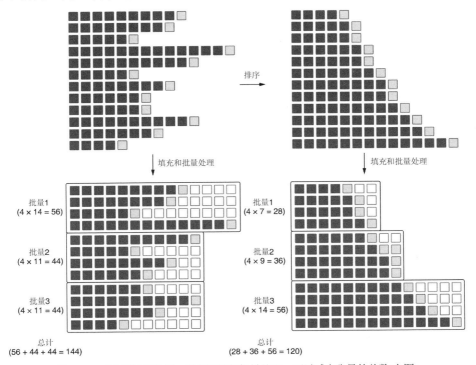

图 10.3 对实例进行排序,然后再进行批量处理,可以减少张量的总数(右图)

可以通过将差不多数量的序列放在同一个批量中来减少填充的数量。如果将较短的序列放在同一个批量中，则不需要用许多填充词元填充。同样，如果将较长的序列放在同一个批量中，则也不需要太多的填充。因此就有了这么一个思路：按照序列的长度对其进行排序，然后进行批量处理。图 10.3 比较了两种情况——一种是将序列按其原始顺序进行批量处理，另一种是在批量处理之前先对序列进行排序。每个批量下面的数字表示该批量所需的词元数量，包括填充词元。可以看到，通过排序，总词元数从 144 降至 120。由于原始句子中的词元数量没有改变，这纯粹是因为排序减少了填充词元的数量，较小的批量可以使用更少的内存存储、更少的算力处理，因此在批量处理之前对实例进行排序可以提高训练的效率。

这些技术听起来或许有点复杂，幸运的是，使用像 AllenNLP 之类的高级框架便几乎不需要为排序、填充和批量处理等编写代码，回忆一下我们在第 2 章使用 DataLoader 和 BucketBatchSampler 组合构建情感分析模型的代码。

```
train_data_loader = DataLoader(train_dataset,
                              batch_sampler = BucketBatchSampler(
                                  train_dataset,
                                  batch_size=32,
                                  sorting_keys=["tokens"]))
```

通过 sorting_keys 设置排序字段再传递给 BucketBatchSampler 来指定使用哪个字段排序。你可以从它的名字中猜到，这里通过指定"tokens"（大多数情况都是如此)告知 DataLoader 按词元数量排序。流水线会自动处理填充和批量处理，然后 DataLoader 会将一系列批量给到你，用于构建你的模型。

10.1.3　掩码

掩码(masking)是最后一个需要了解的点。掩码是指忽略神经网络与填充相关的某些部分。这在处理序列标注或语言生成模型中尤为重要。总言之，序列标注就是系统为输入序列的每个词元分配一个标签这样的任务。第 5 章使用序列标注(RNN)构建了一个 POS 标注器。

如图 10.4 所示,序列标注根据最小化给定句子中的每个词元损失值的总和训练模型。这样做是希望最小化神经网络中每个词元产生"错误"的数量。当我们在处理"真正"的词元(如图中的"time""flies""like")时没有问题，但当输入的批量处理包含填充的词元就会有问题了。因为它们只是填充了批量，所以在计算损失值总和的时候应该忽略它们。

通常，我们会创建一个额外的向量来掩码，这个向量与输入的长度相同，"真实"的词元为 1，填充的词元为 0。当计算损失值总和时，可以简单地将每个词元的损失值和掩码之前的对应元素相乘，然后将结果相加。

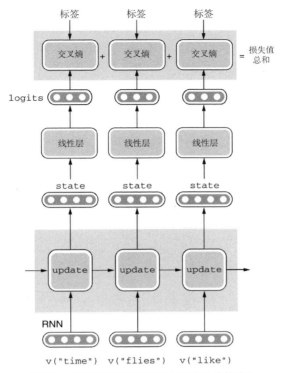

图 10.4　序列的损失值是每个词元交叉熵的总和

幸运的是，当使用 AllenNLP 构建标准的序列标注模型时，几乎不需要自行实现掩码。第 5 章我们写过 POS 标注器模型的正向传播，如代码清单 10.1 所示。我们使用 get_text_field_mask()函数获取掩码向量，然后使用 sequence_cross_entropy_ with_logits()方法计算最终的损失值。

代码清单 10.1　POS 标注器模型的正向传播

```
def forward(self,
            words: Dict[str, torch.Tensor],
            pos_tags: torch.Tensor = None,
            **args) -> Dict[str, torch.Tensor]:
    mask = get_text_field_mask(words)

    embeddings = self.embedder(words)
    encoder_out = self.encoder(embeddings, mask)
    tag_logits = self.linear(encoder_out)

    output = {"tag_logits": tag_logits}
    if pos_tags is not None:
        self.accuracy(tag_logits, pos_tags, mask)
        output["loss"] = sequence_cross_entropy_with_logits(
            tag_logits, pos_tags, mask)

    return output
```

如果通过在 forward 函数里使用 print 语句把 mask 变量的内容打印出来，就会看到如下由布尔值(True 或 False)构成的张量。

```
tensor([[ True, True, True, True, True, True, True, True, False],
        [ True, True, True, True, True, True, True, True, True],
        [ True, True, True, True, True, True, True, True, False],
        [ True, True, True, True, True, True, True, True, True],
        [ True, True, True, True, True, True, True, True, False],
        [ True, True, True, True, True, True, True, True, False],
        [ True, True, True, True, True, True, True, True, False],
        [ True, True, True, True, True, True, True, True, True],
        [ True, True, True, True, True, True, True, True, False],
        [ True, True, True, True, True, True, True, True, True],
        [ True, True, True, True, True, True, True, True, True],
```

张量中的每一行都对应着一个词元序列，False 的位置就是填充的地方，损失函数(sequence_cross_entropy_with_logits)接收预测值、真实值(正确的标签)以及掩码，然后忽略所有被标记为 False 的元素，最后计算出最终的损失值。

10.2　神经网络模型中的词元化

第 3 章讲解了基础的语言单元(单词、字符以及 n-gram)以及如何计算它们的嵌入。本节将更深入地了解如何分析文本以获得这些单元——我们称之为词元化。神经网络模型对如何处理词元提出了一系列独特的挑战，本节就来了解一下这些挑战以及如何应对。

10.2.1　未知词

词表是指 NLP 模型处理的词元去重后的集合，许多神经网络 NLP 模型都会使用固定的、有限的词表。例如，在第 2 章构建情感分析器时，AllenNLP 流水线首先对训练数据集进行词元化，并构建一个词表对象，词表中包含所有出现次数超过 3 次的词元。然后，模型使用嵌入层将词元转换为单词嵌入，这些嵌入是输入词元的抽象表示。

这样看似乎还不错，对吧？但是世界上的单词是无穷无尽的，人类不断创造从未出现过的新词汇(我不认为一百年前会有"NLP"这个词，对吧)。那么，当训练的时候遇到不认识的单词怎么办呢？因为词表中没有这个单词，所以模型不能将该单词转换成索引，更别说查询它的嵌入了。这个单词我们称为 OOV(out-of-vocabulary，词表外)单词，是我们构建 NLP 应用中的最大的问题。

目前最常用(尽管不是最好的)处理方式是将 OOV 词元当作一种特殊的词元，为了方便，我们称之为 UNK(未知的，unknown 的简称)。当模型遇到词表外的词元时，它会将这个词元当作 UNK，然后像普通词元一样处理。这意味着词表和嵌入表都有一个"插槽"给到 UNK，以使模型能够正常处理这些从未见过的单词。嵌入(以及其他的参数)处理 UNK 的方式跟训练其他常规的词元是一样的。

你觉得这个方法有什么问题吗？将所有的 OOV 词元都当作一个 UNK 词元，意味着它们都会被压缩为一个向量。假设"NLP"和"doggy"都是模型未见过的单词，它们都被视作 UNK 词元，然后被赋予同一个向量，这样会导致各种不同的单词变成一个单词，以至于模型不能区分 OOV 单词，更别说理解单词的意思了。

如果是在构建一个情感分析器的话，或许影响不大。因为 OOV 单词数量会非常少，几乎不会影响大部分输入句子的预测结果。不过如果在构建一个智能翻译系统或者聊天机器人的话，这就是个大问题。如果一个翻译系统或者聊天机器人每次遇到新的单词时，只会回答"我不知道"的话，那可没什么用处了！通常来说，OOV 问题对于语言生成系统(包括翻译系统或者聊天机器人)相较于用于预测的 NLP 系统(情感分析器、POS 标注器等)来说更加严重。

那么怎样才能做得更好呢？如今，NLP 有许多研究可处理 OOV 这个大问题。接下来的章节将介绍基于字符以及基于子词的模型这两种常用的用于构建健壮神经网络 NLP 模型的技术。

10.2.2　字符模型

目前，最简单有效的处理 OOV 问题的方法，是将字符处理为词元。具体来说，是将输入文本拆分成单独的字符，包括标点符号和空白，将它们视为普通的词元。剩下的步骤不变——对字符进行"词"嵌入，然后把嵌入交由模型进一步处理。在模型生成文本时，也将按字符逐个生成。

事实上，第 5 章已使用字符模型构建语言生成器。与逐个单词生成文本不同，循环神经网络(RNN)一次生成一个字符，如图 10.5 所示。这种策略会导致模型能够生成看起来像英语单词但实际上不是英语单词的单词。注意，代码清单 10.2 的输出中出现了许多奇怪的单词(如 despoit、studented、redusention 和 distaples)，它们与英语单词相似但实际上并不是真正的英语单词。如果模型是按单词逐个生成的，那么只能产生已知单词(或不确定时为 UNK)，就不会发生这种情况了。

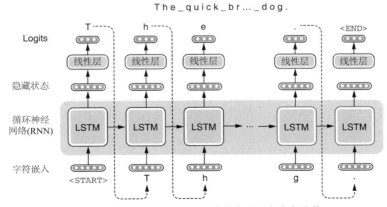

图 10.5　语言生成模型逐个字符生成文本(包括空格)

代码清单 10.2　基于字符语言模型生成的句子

```
You can say that you don't know it, and why decided of yourself.
Pike of your value is to talk of hubies.
The meeting despoit from a police?
That's a problem, but us?
The sky as going to send nire into better.
We'll be look of the best ever studented.
There's you seen anything every's redusention day.
How a fail is to go there.
It sad not distaples with money.
What you see him go as famous to eat!
```

基于字符的模型具有通用性，并对语言的结构做出了很少的假设。对于字母表较小的语言(如英语)，这种方法可以有效地消除未知词，因为几乎任何单词，无论它们有多么罕见，都可以拆分为字符。对于字符表较大的语言(如中文)，将其词元化为字符也是一种有效的策略，不过需要注意"未知字符"问题。

尽管如此，这个策略也不是完美的。最大的问题就是非常的低效。为了编码一个句子，神经网络(RNN 或者 Transformer 模型)需要遍历句子中的所有字符。例如，基于字符的模型需要将"the"处理成"t""h""e""_"(空格)，而基于单词的模型只需一步就可以完成。当处理更长的句子时，算力将成倍增加，这种低效率将成为 Transformer 模型上最大的性能损耗。

10.2.3　子词模型

目前，我们了解了两种极端——基于单词的模型效率高，但不能很好地处理未知词，基于字符的模型能够更好地处理未知词但效率低下。那么有没有一种方法介于这二者之间呢？我们能否在更高效的词元化同时也保证其在处理 UNK 时有更好的健壮性呢？

子词模型是近期发明的一种用于解决神经网络中这个问题的方法。在子词模型中，输入文本被分成一个称为子词(subword)的单元，子词指的是比单词小的单位。在语言学没有正式的定义说明子词到底是什么，但它们大致对应于经常出现的单词部分。例如，将"dishwasher"分割成"dish + wash + er"是一种方式，但也有其他的分割方式。

有些算法(如 WordPiece[1]和 SentencePiece[2])可以将输入词元化成子词，但目前运用最广的是字节配对编码(byte-pair encoding，BPE)[3]。BPE 最初是作为一种压缩算法而发明的[4]，但自 2016 年以来，它已被广泛用作神经模型的词元化方法，特别是在机器翻译中。

BPE 的基础概念是保留常用的单词(如"the""you")和常用的 n-gram(如"-able"或"anti-")的原始形式不拆分，将比较少见的单词(如"dishwaher")拆分成子词("dish +

---

1 Wu et al., "Google's Neural Machine Translation System: Bridging the Gap between Human and Machine　Translation," (2016). https://arxiv.org/abs/1609.08144 .

2 Kudo, "Subword Regularization: Improving Neural Network Translation Models with Multiple Subword Candidates," (2018). https://arxiv.org/abs/1804.10959 .

3 Sennrich et al., "Neural Machine Translation of Rare Words with Subword Units," (2016). https://arxiv.org/abs/1508.07909 .

4 详见 https://www.derczynski.com/papers/archive/BPE_Gage.pdf。

wash + er")。保留高频单词以及 n-gram 能使模型更高效地处理词元，同时也保证拆分之后没有 UNK 的词元。通过灵活的选择性词元化方式，BPE 实现了高效的同时兼具处理未知词能力的最佳效果。

　　让我们来看看 BPE 在真实例子中是如何选择性词元化的。BPE 是一个纯粹的统计算法(不依赖任何语言信息)，它通过多次合并最频繁出现的相邻词元对来运作(每次合并一个)。首先，BPE 将所有输入文本拆成独立的字符。例如，如果输入了 4 个单词 low、lowest、newer、wider，它将把它们拆成 l o w _ , l o w e r _ , n e w e r _ , w i d e r _。我们将 "_" 视为一个特殊的符号，用于标记每个单词的结束。然后，算法会识别任意最常出现的两个连续的元素。在这个例子中，l o 的组合出现得最多(2 次)，因此两个字符将被合并，结果为 lo w _ , lo w e s t _ , n e w e r _ , w i d e r _。再然后 lo w 将合并成了 low，e r 合并为 er，再合并成了 er_，过程如图 10.6 所示。

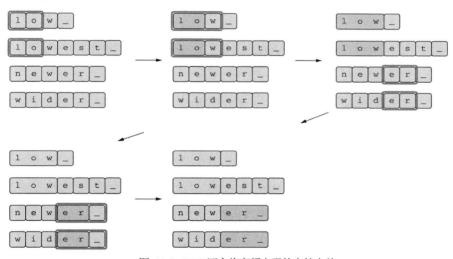

图 10.6　BPE 逐个将高频出现的字符合并

　　可以看到，经过 4 次合并之后，lowest 被拆分成 low e s t，因为最常出现的 low 合并在了一起，同时只出现了一次的 est 被分隔开了。当处理一个新的输入(如 lower)时，也将同样执行，进而将 lower 拆分成 low e r _。如果从 52 个不同字母(26 个大写和小写字母)开始算，词表将获得最多 52+N 个不同的词元，N 代表合并的次数。这样的话，完全可以控制词表的大小。

　　在现实中，几乎不需要自行实现 BPE(或其他子词词元化算法)，这些算法在许多开源库和平台中都已经实现好了。其中最受欢迎的两个是 Subword-NMT(https://github.com/rsennrich/subword-nmt)以及 SentencePiece(https://github.com/google/sentencepiece)，后者还支持使用 unigram 语言模型进行不同的子词词元化。许多 NLP 框架搭载的默认词元分析器，例如 Hugging Face Transformers 库的某个实现，也支持子词词元化。

10.3 避免过拟合

无论构造任何机器学习应用，过拟合都是需要了解的最常见、最重要的问题。当一个 ML 模型太过拟合给定的数据，而失去了处理未遇到过的数据的泛化能力时，我们就称之为过拟合(overfitting)。换句话说，模型能够很好地满足测试数据的期望，展现出优秀的性能，但无法很好地处理模型未见过的数据。

因为过拟合在机器学习中非常普遍，所以过往的研究者和实践者有许多算法及技术处理这个问题。本章将学习两种技术，正则化和早停法，它们在机器学习领域(而非只有NLP)非常受欢迎，值得我们学习。

10.3.1 正则化

正则化(regularization)在机器学习中是指鼓励模型简单性和泛化性的技术，即降低模型的复杂性以避免过拟合。可以认为正则化是对 ML 模型施加强制性的规范，以使其尽可能泛化。具体是什么意思呢？假设你正在通过语料库训练词嵌入，在嵌入空间中区分动物和其他事物(即对每一个词使用一个多维向量，通过向量的坐标判断它是不是一个描述动物的词)，以此构建一个"动物分类系统"。我们将这个问题简化一下，假设每个词都是一个二维向量，可以像图 10.7 那样构建一个坐标系。之后便可以可视化地了解机器学习模型是如何通过画线来区分什么是动物什么不是动物，我们称这条线为分类边界(classification boundary)。你会怎么画出分类边界，将动物(圆圈)和其他事物(三角形)分开呢？

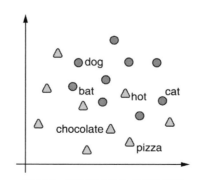

图 10.7 动物和非动物单词分类图

最简单的方式是画一条直线，如图 10.8 所示。但这种简单的分类方式有几个错误(如将 hot 和 bat 分类错了)，但大部分数据都正确分类了，这似乎是个好的开始。

如果分类边界并非一条直线呢？你或许会画一条与图 10.8 中第 2 个图类似的曲线，这个看起来效果更不错——比之前犯了更少的错误，尽管还不是很完美。对于机器学习模型来说，它看起来很容易处理，因为形状很简单。

但由于没有任何限制，如果你想尽可能地减少错误，也可以像图 10.8 第 3 个图那样更随意地画线。这个分类边界没有了任何错误，这是不是意味着达到了 100% 的分类准确率呢？

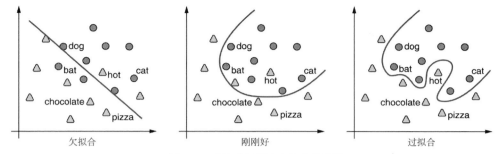

图 10.8　复杂度逐渐变高的分类边界

　　且慢，到此为止，我们一直只考虑训练阶段，但机器学习模型的主要目的是在测试阶段实现良好的分类性能(即它们需要尽可能正确地分类未见过的新实例)。现在，我们想象一下这 3 个分类边界在测试阶段会怎么样。如果假设测试实例的分布与在图 10.8 中看到的训练实例类似，那么新的"动物"点最有可能落在图的右上角区域。前两个分类边界通过正确地区分大部分实例获得了不错的准确率。那么第三个呢？训练实体如"hot"意外地出现了，因此分类边界夸张的曲线想尝试尽可能地分类正确的做法，可能相较于错误的分类会造成更加糟糕的后果。这就是过拟合——模型太过适配测试数据反而牺牲了泛化能力。

　　然后，问题是该如何避免模型像第三个分类边界一样？不管如何，我们在测试数据中取得了很好的结果。如果单看训练的准确率，没什么能够阻止选择使用它，避免过拟合的一种方法就是在划分数据集时多划一部分数据集(2.2.3 节称之为验证集)来验证模型的表现。但我们能不使用这个方法来避免这个问题吗？

　　第三个分类边界看起来并不正确，过于复杂。在所有其他条件相同的情况下，我们更倾向于简单的模型，因为通常更简单的模型泛化性更好。这与奥卡姆剃刀原理是一致的。奥卡姆剃刀原理称，简单的解决方案比复杂的解决方案更可取。如何在训练拟合和模型的简单性之间取得平衡呢？

　　这就是正则化发挥作用的地方。将正则化视为对模型施加的附加约束，那么更简单和/或更通用的模型便是优选。模型被优化后即可在保证通用的同时实现最佳训练拟合。

　　由于过拟合是一个非常重要的课题，因此在机器学习中提出了许多正则化技术。我们将只介绍几个最重要的——L2 正则化(权重衰减)、dropout 和早停法。

1. L2 正则化

　　L2 正则化，也叫权重衰减(weight decay)，不仅是 NLP 或深度学习而且是整个机器学习领域中最常用的正则化方法之一。我们不讨论它的数学细节，但简言之，L2 正则化为模型的复杂度(由其参数的大小来度量)添加了一个惩罚项。为了表示复杂的分类边界，机器学习模型需要将大量参数("魔术常量")调整到极值，通过 L2 损失值度量它们与零之间的距离。复杂的模型会产生较大的 L2 惩罚值，这就是为什么 L2 鼓励使用更简单的模型。如果你对 L2 正则化(或其他与 NLP 相关的主题)感兴趣，可以查阅 Jurafsky

和 Martin 合著的 *Speech and Language Processing* (https://web.stanford.edu/~jurafsky/slp3/5.pdf) 或者 Goodfellow 等人合著的 *Deep Learning*(https://www.deeplearningbook.org/contents/regularization.html)。

2. Dropout

dropout 是另一种很受欢迎的正则化技术，常用于神经网络中。dropout 通过在训练期间随机"丢弃"神经元来工作，其中神经元是指中间层的一个维度，丢弃意味着使用零将其掩码。可以将 dropout 视为对模型结构复杂性和对特定特征和值的依赖性的惩罚。因此，神经网络将尝试使用剩余的较少数量的值做出最佳猜测，使其更具泛化能力。dropout 方法易于实现，并且在实际应用中效果良好，在许多深度学习模型中被作为默认的正则化方法使用。关于 dropout 的更多信息，参见前面提到的 Goodfellow 的书中的正则化 (regularization)一章，该章很好地介绍了它以及正则化技术的数学细节。

10.3.2　早停法

在机器学习中，另一种非常受欢迎的处理机器学习的方法叫作早停法(early stopping)。早停法是一种相对简单的技术，是指在模型的性能不再提高(通常用验证集损失值来度量)时停止训练模型。第 6 章构建了一个英语-西班牙语机器学习模型并绘制了学习曲线(见图 10.9)。注意，验证阶段损失值曲线在 8 轮之后趋于平缓，甚至开始上升，这是过拟合的信号。早停法会检测到这点，然后停止训练，使用损失值最小的那一轮结果作为训练结果。一般来说，早停法有一个称为"等待期"(patience)的参数，当性能不再提升的轮数达到这个参数时，就停止训练。例如等待期是 10 的话，训练流水线将在损失值停止改进后等待 10 轮才停止训练。

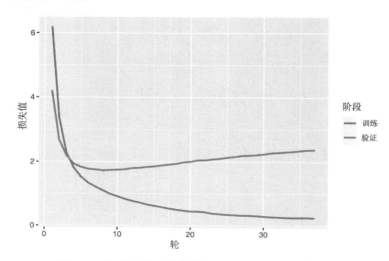

图 10.9　验证阶段损失值曲线在 8 轮之后趋于平缓且缓慢上升

为什么早停法能够帮助减轻过拟合呢？它对模型的复杂度又做了什么呢？抛开数学

细节，模型花了一些时间(训练轮)学习复杂的、过拟合的分类边界。大部分模型从简单学起(例如直线分类边界)，然后在训练中慢慢地增加复杂度。通过提早结束训练，早停法能够避免模型过于复杂。

许多机器学习框架内置了对早停法的支持。例如，AllenNLP 默认支持早停法。回顾一下 9.5.3 节中用于训练一个基于 BERT 自然语言推理的模型的如下配置，只需要一行代码即可使用早停法(patience = 10)，从而让训练器在验证阶段损失值 10 轮后都没有改善时停止训练：

```
"trainer": {
    "optimizer": {
        "type": "huggingface_adamw",
        "lr": 1.0e-5
    },
    "num_epochs": 20,
    "patience": 10,
    "cuda_device": 0
}
```

10.3.3　交叉验证

交叉验证(cross-validation)并非严格意义上的正则化方法，但也是在机器学习领域常用的技术。构建和验证机器学习模型时常常会遇到只有几百个可用于训练的实例。根据本书内容，你了解到不能只依靠训练集训练出一个值得信赖的机器学习模型——还需要分出一个验证集，当然如果还能分出一个测试集那就更好了。用于验证或测试的数据取决于任务和数据量，一般来说，建议将 5%～20%的训练实例留出来用于验证和测试。这也意味着如果训练集太小，那么只能通过寥寥数十个实例验证，这样得出的结果并不可靠。此外，如何选择这些实例对评估指标也有很大的影响。

交叉验证的基础逻辑是通过不同分割方式多次迭代这个阶段(将数据集分成训练和验证)，以此提高结果的可靠性。具体来说，在称为 k-fold 交叉验证的典型设置中，首先将数据集分成 k 个相同大小的不同部分，称为 fold。使用其中的一个 fold 来验证，剩余的部分(k-1 个 fold)用于训练，重复运行 k 次，每次都使用不同的 fold 用于验证。如图 10.10所示。

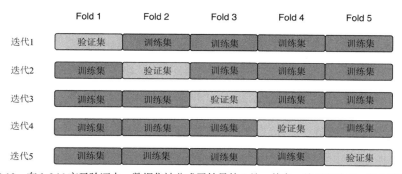

图 10.10　在 k-fold 交叉验证中，数据集被分成了等量的 k 份，其中一份用于验证，其余用于训练

每一次迭代都针对各个 fold 计算验证指标，最后取所有迭代的指标的平均值。通过这种方式，即可以获得一个不受数据集分割方式影响的、更稳定的评估指标估计值。

交叉验证并不常用于深度学习模型，因为这些模型有着大量的数据，所以大数据集并不需要交叉验证。而在传统行业和工业等训练数据量有限的领域，它的应用更为广泛。

10.4　处理不平衡的数据集

本节聚焦在构建 NLP 或 ML 模型中最常见的问题——分类不平衡问题。分类的目标是将每个实例(邮件)归类到它所属的分类(垃圾邮件或正常邮件)中去，但这个分类分布得非常不平衡。例如在垃圾邮件过滤例子中，正常邮件的数量通常会比垃圾邮件多得多。在文章分类中，某些主题(政治或运动)通常要比其他主题更受欢迎。某些分类的实例数比其他分类多得多的现象就被称为分类不平衡(见图 10.11)。

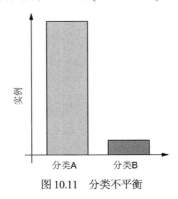

图 10.11　分类不平衡

很多分类数据集都不平衡，这在训练分类器时带来了一些额外的挑战。模型从较小的类中获取的信号会被较大的类压制，这导致模型在少数类上表现不佳。后续小节将讨论一些在面对不平衡数据集时可以考虑采用的技术。

10.4.1　使用恰当的评估指标

在开始调整数据集或模型之前，请务必使用恰当的度量标准验证模型。4.3 节讨论了为什么在数据不平衡的情况下使用准确率作为评估指标是一个坏主意。在一个极端的情况下，如果 90％的实例属于 A 类，另外 10％属于 B 类，即使是一个愚蠢的分类器，将所有实例都分配给 A 类，也可以达到 90％的准确率。这称为多数类基准(majority class baseline)。还有个稍微聪明的(尽管还是很愚蠢的)分类器，随机(没有任何逻辑或依据地)将整个数据集的90％实例预测为A类,10％的实例预测为B类,都能实现 0.9×0.9 + 0.1×0.1 = 82％的准确率。这称为随机基准(random baseline)，数据集越不平衡，这些基准模型的准确性就越高。

这种随机基准对于少数类来说很少是一个好的模型。想象一下，如果应用随机基准模型，对于 B 类会发生什么，因为随机将 90%的实例分到 A 类，那么真实 B 类实例也会有 90%的概率被归类为 A 类。换句话说，随机基准的准确率对于 B 类而言仅有 10%。也就是说，对于一个垃圾邮件过滤器，无论邮件内容是什么，它都将让 90%的垃圾邮件通过，仅仅只是因为 90%的邮件不是垃圾邮件。这不是一个好的垃圾邮件过滤器！

如果数据集不平衡，而且你关心少数类的分类性能，则应考虑使用更适合少数类的度量指标。例如，如果你的任务是如"大海捞针"之类的——其目标是在其他实例中找到很少数量的实例，你或许应该使用 F1-度量而非准确率。正如第 4 章看到的，F-度量是查准率(预测受任务范围的影响)和查全率(事实上找到了多少根针)的某种均值。由于 F1-度量是按每个类别计算的，因此不会低估少数类。如果要度量模型的总体性能(包括多数类)，那么可以使用宏观平均 F-度量(macro-averaged F-measure)，它是按每个类别计算出来的F-度量的算术平均值。

10.4.2　上采样与下采样

现在来了解一下能够缓解类别不平衡问题的具体技术。首先，尽量收集更多的有标签的训练数据，如果有能力的话。因为与学术和机器学习竞赛不同，在现实中可以自由地采取任何必要的措施改善模型(当然，只要它是合法和实际可行的)。而通常改善模型泛化能力最好的方法就是让它接触更多的数据。

如果数据集不平衡且模型的预测有偏差的话，则可以对数据进行上采样(upsample)或下采样(downsample)，以使数据有大致相等的表示。

上采样(见图 10.12 的第二个图)可以人为地通过多次复制少数类实例来增加少数类实例的数量。以我们之前讨论的场景作为例子——如果复制 8 次 B 类实例到数据集中，那么 B 类和 A 类的实例数量就相等了。这样就可以缓解预测有偏差的问题了，也可以使用更复杂的数据增强算法，如 SMOTE[1]，但由于人工生成语言示例的固有困难，这些数据增强算法在 NLP 中没有得到广泛应用。

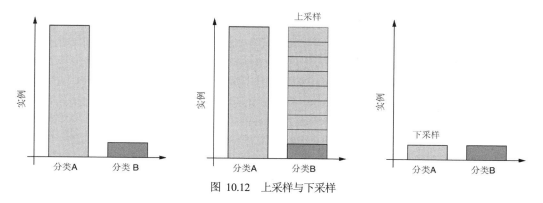

图 10.12　上采样与下采样

---

[1] Chawla et al., "SMOTE: Synthetic Minority Over-Sampling Technique," (2002). https://arxiv.org/abs/1106.1813.

如果预测偏差不是因为少数类的实例太少，而是因为多数类的实例太多的话，则可以尝试使用下采样(图 10.12 中的第三个图)。下采样是通过只取多数类的一部分来人为地减少其实例的数量。例如，只采样 1/9 的 A 类实例，最终会得到相同实例数量的 A 类和 B 类。可以通过多种方式进行下采样——最简单的方式就是随机选择子集。如果希望下采样后的数据集仍然保留原始数据的多样性，可以尝试分层抽样(stratified sampling)：按照某些属性对数据进行分组，然后在每个组内抽取一定数量的实例。例如，如果有太多的非垃圾邮件样本需要下采样的话，可以先将它们根据发送人的域名进行分组，然后按每个域名组采样固定数量的邮件。这样就确保了样本集包含了多样化的域名集合。

注意，无论是上采样或者下采样都不是万能的，如果过于"纠正"类别的分布，可能会对多数类做出有偏差的预测。记住，永远要使用恰当的评估指标和验证集验证模型。

10.4.3 损失加权

缓解类别不平衡问题的另一种方法是在计算损失值时进行加权，而非修改训练集。记住，损失函数用于度量模型对实例的预测值与真实值之间的差值。可以调整损失值，使其在真实值属于少数类时给出更高的惩罚。

来看一个实例。当正确标签为 1 时，二元交叉熵损失(用于训练二分类器的常见损失函数)看起来像图 10.13 所示的曲线。x 轴是目标类的预测概率，y 轴是预测导致的损失值。当预测完全正确(概率= 1)时，没有惩罚；而当预测变得更糟(概率< 1)时，损失值会增加。

如果对这个模型的表现不满意的话，还可以调整损失值的计算方式。具体来说，可以针对某个类(通过简单地乘以一个常数)修改损失值，以便当错误发生在少数类时造成更大的损失值。于是就会得到图 10.14 这样一个损失值调整曲线。这种加权与上采样少数类具有相同的效果，但是修改损失值的计算成本更低，因为不需要实际增加训练数据的数量。

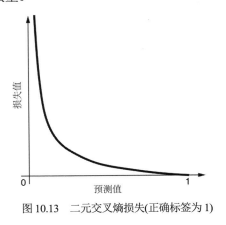

图 10.13 二元交叉熵损失(正确标签为 1)

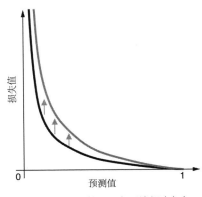

图 10.14 对二元交叉熵损失加权

在 PyTorch 和 AllenNLP 中实现损失加权非常容易。PyTorch 的二元交叉熵实现 BCEWithLogitLoss 支持为不同类别设置不同的权重。只需要将权重通过 pos_weight 参数传递即可，具体代码如下。

```
>>> import torch
>>> import torch.nn as nn

>>> input = torch.randn(3)
>>> input
tensor([-0.5565, 1.5350, -1.3066])

>>> target = torch.empty(3).random_(2)
>>> target
tensor([0., 0., 1.])

>>> loss = nn.BCEWithLogitsLoss(reduction='none')
>>> loss(input, target)
tensor([0.4531, 1.7302, 1.5462])

>>> loss = nn.BCEWithLogitsLoss(reduction='none',
        pos_weight=torch.tensor(2.))
>>> loss(input, target)
tensor([0.4531, 1.7302, 3.0923])
```

在以上代码中，我们随机生成预测值(输入)和真实值(目标)。总共有 3 个实例，其中 2 个是分类 0(多数类)，还有一个属于分类 1(少数类)。首先，使用 BCEWithLogitLoss 不带权重地计算，返回了与实例相对应的 3 个损失值。然后为损失加权赋值 2——意味着当目标类是阳性(分类 1)时，错误的预测将会被惩罚 2 倍。也就是说，最后一行代码输出结果中第三个元素的结果(即分类 1 的损失值，为 3.0923)是未加权损失函数返回值(为 1.5462)的 2 倍。

10.5　超参数调优

本节讨论超参数调优。超参数是指在模型的学习过程开始之前设置的参数。与之相对的术语是参数，参数是指在模型的学习过程中得出的数字。本书将参数称为"魔术常量"，是因为它们起着跟编程语言中常量一样的作用，尽管它们的确切值会被优化自动调整，以使预测尽可能地接近所需的输出。

正确地调整超参数对于许多机器学习模型正常运行并发挥最大潜力至关重要，因此 ML 从业者花费大量时间调整超参数。有效地调整超参数对于构建 NLP 和 ML 系统的生产力具有巨大影响。

10.5.1　超参数的例子

超参数是"元"(meta)级参数——与模型参数不同，它们并非用于预测，而是用于控制模型的结构以及模型的训练方式。例如，如果使用词嵌入或 RNN，那么使用多少隐藏单元(维数)用于表示单词就是一个重要的超参数。使用多少个 RNN 层是另一个超参数。除了这两个超参数(隐藏单元和层数)，第 9 章介绍的 Transformer 模型还有许多其他参数，例如注意力头数和前馈网络的维数。甚至使用的架构类型，如 RNN 与 Transformer，也可以被看作超参数。

此外，所用的优化算法也可能有超参数。例如，学习率(9.3.3 节)是许多 ML 配置中的重要超参数，它用来确定在每个优化阶段中如何调整模型的参数。轮(epoch，即训练集中的迭代)数也是一个重要的超参数。

到目前为止，我们没有太过于关注超参数，更遑论优化了。但是超参数对机器学习模型的性能有着巨大的影响。事实上，许多 ML 模型的超参数都有一个"关键点"，能够使模型达到最大效率，而在这个关键点之外可能会导致性能很差。

许多 ML 的超参数只能依靠开发者手工调优，这意味着需要从一组看起来合理的超参数开始调整，然后在验证集上验证模型的性能，再稍微更改一个或多个超参数，再次验证性能。重复几次这个过程直到性能不再上升，这样的做法意味着任何超参数的改变都只能提供微小的改善。

手工调优方法有个问题就是速度慢和不稳定。假设有一堆超参数，如何知晓接下来该调整具体哪个参数？怎么调整？什么时候停止？如果你调优过一个大范围的 ML 模型，你的"直觉"或许能告诉你哪个超参数如何影响了模型，否则，这就犹如盲人摸象。超参数调优是个非常重要的课题，许多 ML 研究者都在为更好的处理和更有条理的优化而努力着。

10.5.2 网格搜索与随机搜索

既然手工调整超参数效率很低，那该如何优化呢？有两种更有条理的方式调优超参数——网格搜索与随机搜索。

网格搜索(grid search)可简单地尝试你想优化的每一组有可能的超参数。例如，假设模型有两个超参数——RNN 的层数以及嵌入的维数。首先，需要定义这两个超参数合理的取值范围，例如，层数的取值范围是[1, 2, 3]， 维数的取值是[128, 256, 512]。然后网格搜索会度量所有组合在模型验证集中的性能，选择其中表现最好的一组。如果将这些组合在 2D 图表上展示，看起来就像一个个网格(见图 10.15 的左图)，这就是它被称为网格搜索的原因。

网格搜索是一种简单直观的超参数调优方式。但是，如果有很多超参数，而且它们的取值范围都很大的话，这个方法就不可行了。因为各种组合的可能性太多了，在合理的时间内获得所有的结果几乎不可能。

还有一个相对于网格搜索更好的选择——随机搜索(random search)。随机搜索不是尝试所有超参数的组合，而是随机地取样值，然后度量一定量组合的模型性能(称之为试错，英文为 trial)。例如，在之前的例子中，随机搜索或许会选择(2, 87)、(1, 339)、(2, 101)、(3, 254)或者其他的组合一直试错，直到碰到合适的数字为止。详见图 10.15 的右图。

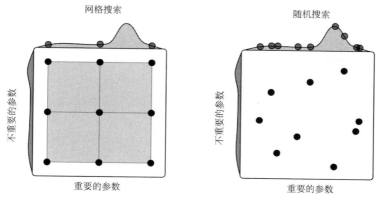

图 10.15　使用网格搜索和随机搜索进行超参数调优(摘自 Bergstra 和 Bengio, 2012;
https://www.jmlr.org/papers/volume13/bergstra12a/bergstra12a.pdf.)

除非超参数查询空间非常小(就像第一个例子)，否则我们通常更推荐在优化超参数时使用随机搜索，为什么呢？在许多机器学习的设定中，不是所有超参数都有一样的效果——通常只有很少量的超参数能够对模型的性能产生影响，有些则不会。网格搜索会浪费很多算力在查询无关紧要的超参数组合上,而无法仔细研究几个重要的超参数(见图 10.15 的左图)。换句话说，随机查询能够探究轴上更多跟性能相关的点(见图 10.15 的右图)。从左图和右图顶部的点可以看到，通过同样次数的试错(共 9 次)，随机搜索可以通过在 x 轴上探索更多的点来找到更好的模型。

10.5.3　使用 Optuna 调优

现在已经了解了几种超参数调优的方式，包括手工、网格以及随机搜索，但如何使用代码实现它们呢？当然，可以写一个 for 循环(或者多个 for 循环，如果使用网格搜索的话)，但是如果每次开发模型时都需要重新写代码的话，你很快就会厌烦。

超参数调优是一个十分庞大的命题，工程师们已经实现了许多现成的算法和库，直接使用就可以了。例如，AllenNLP 有个库叫 Allentune(https://github.com/allenai/allentune)，只需要简单操作，就可以把它集成进你的 AllenNLP 训练流水线。但是本章后部将介绍另一个超参数调优库，Optuna(https://optuna.org/)，并向你展示如何在 AllenNLP 框架中使用它调优超参数。Optuna 实现了最先进的算法，可以高效地搜索最佳超参数，并与多种机器学习框架集成，包括 TensorFlow、PyTorch 和 AllenNLP 等。

首先，我们默认你已经通过以下命令安装好了 AllenNLP(1.0.0+)还有 Optuna 插件。

```
pip install allennlp
pip install allennlp_optuna
```

根据官方文档(https://github.com/himkt/allennlp-optuna)的介绍，需要通过以下命令将 optuna 注册进 AllenNLP。

```
Echo 'allennlp_optuna' >> .allennlp_plugins
```

我们将使用第 2 章构建的用于 SST 的基于 LSTM 的分类器。你可以从本书中找到
AllenNLP 的配置文件(http://www.realworldnlpbook.com/ch10.html#config)。注意，需要通
过 std.extVar 函数将变量关联到 Optuna，才能让 Optuna 充分控制参数。具体而言，需要
在配置文件的开头就定义它们。

```
local embedding_dim = std.parseJson(std.extVar('embedding_dim'));
local hidden_dim = std.parseJson(std.extVar('hidden_dim'));
local lr = std.parse(std.extVar('lr'));
```

然后告诉 Optuna 哪些参数需要优化，可以写一个 JSON 文件：hparams.json
(http://www.realworldnlpbook.com/ch10.html#hparams)。按如下代码指定每个要 Optuna 优
化的超参数及其类型和范围。

```
[
    {
        "type": "int",
        "attributes": {
            "name": "embedding_dim",
            "low": 64,
            "high": 256
        }
    },
    {
        "type": "int",
        "attributes": {
            "name": "hidden_dim",
            "low": 64,
            "high": 256
        }
    },
    {
        "type": "float",
        "attributes": {
            "name": "lr",
            "low": 1e-4,
            "high": 1e-1,
            "log": true
        }
    }
]
```

然后执行如下命令开始优化：

```
allennlp tune \
    examples/tuning/sst_classifier.jsonnet \
    examples/tuning/hparams.json \
    --include-package examples \
    --serialization-dir result \
    --study-name sst-lstm \
    --n-trials 20 \
    --metrics best_validation_accuracy \
    --direction maximize
```

注意，进行了 20 轮试错(--n-trials)，使用了验证准确率(--metrics best_validation_accuracy)作为指标取最大值(--direction maximize)。如果不指定指标和方向，默认情况下，Optuna 会将使用验证损失值的最小值作为指标。

以上命令的运行需要一点时间，但是在所有的试错结束后，你将看到如下一行优化总结。

```
Trial 19 finished with value: 0.3469573115349682 and parameters:
    {'embedding_dim': 120, 'hidden_dim': 82, 'lr': 0.00011044322486693224}.
    Best is trial 14 with value: 0.3869209809264305.
```

最后，Optuna 支持一个大范围的可视化的优化结果，包括了非常好的等高线图 (www.realworldnlpbook.com/ch10.html#contour)，但现在我们将简单地使用基于 Web 的仪表盘以快速监控优化过程。你需要做的仅仅是在命令行中输入如下命令，就可以查看仪表盘。

```
optuna dashboard --study-name sst-lstm --storage sqlite:///allennlp_optuna.db
```

现在可以通过访问 http://localhost:5006/dashboard 查看仪表盘，如图 10.16 所示。

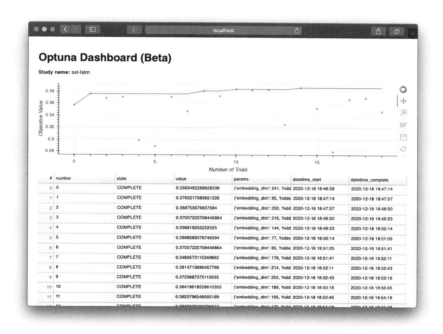

图 10.16　Optuna 展示了每轮试错参数的评估指标

10.6　本章小结

- 可以对实例进行排序、填充以及批量处理以使计算更高效。

- 子词词元化算法(如 BPE)将单词分割为更小的单元,缓解了神经网络模型中 OOV 问题。
- 正则化(如 L2 或者 dropout)是机器学习中鼓励模型简单性和泛化性的技术。
- 可以使用数据上采样、下采样或损失加权处理数据不平衡问题。
- 超参数是作用于模型和训练算法的初始参数,可以通过手工搜索、网格搜索或随机搜索进行优化。更好的方法是使用超参数优化库,如 Optuna,它可以很容易地与 AllenNLP 集成。

第 *11* 章
部署和应用 NLP 应用

本章涵盖以下主题：
- 为 NLP 应用选择正确的架构
- 代码、数据和模型的版本-控制
- 部署 NLP 模型和对外提供服务
- 使用语言可解释性工具(Language Interpretability Tool，LIT)解释和分析模型预测

本书的第 1~10 章是关于构建 NLP 模型的,而本章则研究 NLP 模型之外的一些事情。为什么这一章也很重要？NLP 难道不就是构建高质量的 ML 模型吗？如果你没有太多 NLP 系统经验，就可能会感到疑惑，实情是 NLP 系统的很大一部分与 NLP 几乎没有什么关系。如图 11.1 所示，在一个典型的真实 ML 系统中，只有一小部分是 ML 代码，而 "ML 代码" 部分需要许多组件支持，这些组件提供了各种功能，包括数据收集、特征提取和对外提供服务。这就好比核电站在运营时，只有很小的一部分与核反应有关。其他组成部分都是庞大而复杂的基础设施，支持安全高效的发电以及材料和电力的输送，包括如何利用产生的热量转动涡轮以发电，如何安全地冷却和循环水，如何高效地输电等。所有这些支持基础设施与核物理学几乎没有任何关系。

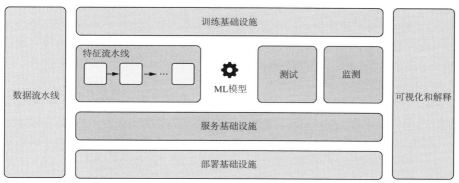

图 11.1　一个典型的 ML 系统由许多不同的组件组成，ML 代码只是其中的一小部分

可能是出于流行媒体上的 "人工智能炒作"，我个人认为人们过于关注 ML 建模部

分，而很少关注模型如何以一种有用的方式对外提供服务。毕竟，产品的目标是向用户提供价值，而非模型的原始预测。即使模型有 99%的准确率，如果不能充分利用预测让用户从中获益，那么也没有丝毫用处。就像用户只希望给电器供电，给房子照明，而并不太关心电力是如何产生的。

接下来讨论如何构建 NLP 应用——重点关注设计和开发可靠且有效的 NLP 应用的一些最佳实践。然后，谈论如何部署 NLP 模型——如何将 NLP 模型投入生产并应用它们的预测。

11.1　NLP 应用架构

机器学习工程(machine learning engineering)仍然是软件工程的一种。所有的软件开发实践(解耦的软件架构、精心设计的抽象、干净和可读的代码、版本控制、持续集成等)也适用于 ML 工程。本节讨论一些关于设计和构建 NLP/ML 应用的最佳实践。

11.1.1　全面考虑后再开始机器学习

我知道这是一本关于 NLP 和 ML 的书，但是在开始构建 NLP 应用之前，还应该认真考虑产品是否需要 ML。构建一个 ML 系统并不容易——它需要大量的金钱和时间收集数据、训练模型和提供预测服务。如果通过编写一些规则就可以解决问题，那么就没必要用到 ML。根据经验，如果一个深度学习模型可以达到 80%的准确率，那么一个简单的、基于规则的模型至少也有 40%的准确率。

此外，你应该考虑使用现有的解决方案，如果有的话。许多开源NLP库(包括 AllenNLP 和 Hugging Face Transformers 库，我们在本书大量使用的两个库)都有大量的预训练模型。诸如 AWS AI 服务(https://aws.amazon.com/machine-learning/ai-services/)、Google Cloud AutoML AutoML(https://cloud.google.com/automl)和 Microsoft Azure Cognitive Services (https://azure.microsoft.com/en-us/services/cognitive-services/)等云服务提供商为许多领域提供大量的与 ML 相关的 API，包括 NLP。如果你的任务可以使用他们的产品(或者只需要少量修改)来解决，那么这种使用他人 API 的做法通常是构建 NLP 应用的一种经济有效的方法。毕竟，任何 NLP 应用中最昂贵的组件通常是软件的开发(需要花费高昂的工资来雇用高技能人才)，在决定全面构建内部 NLP 解决方案之前，应该三思而后行。

此外，你也不应该排除"传统的"机器学习方法。在这本书中，我们很少关注传统的 ML 模型，但是你可以找到丰富的统计学 NLP 模型文献，这些文献在深度学习 NLP 方法出现之前已经成为主流。快速构建一个具有统计特征的原型(如n-gram)和ML 模型(如SVM)，通常是一个很好的开始。有些非深度算法，如梯度增强决策树(Gradient-Boosted Decision Trees，GBDT)，通常和深度学习方法一样好，但成本比深度学习小很多。

最后，我总是建议从业者在开始选择正确的 ML 方法之前，首先准备好验证集，然后选择正确的评估指标。验证集不需要很大，规模只要达到大多数人可以坐下来待上几小时，然后手动注解几百个实例就可以了。这样做有很多好处——首先，通过手动解决这个任务，你会知道在解决这个问题时，什么是重要的，以及机器是否真的可以自动解决这个问题。其次，通过让自己站在机器的立场上，你可以洞察很多任务(数据是什么样子，输入和输出数据如何分布，以及它们如何相关)，当到 ML 系统实际设计阶段，这些都会很有价值。

11.1.2　按实时性选择正确的应用形式

除了少数 ML 系统的输出就是最终产品本身(如机器翻译)，NLP 模块通常需要与一个更大的系统交互，与这些系统共同为最终用户提供价值。例如，垃圾邮件过滤器通常会嵌入更大的应用(电子邮件服务)中。语音助手系统通常由许多 ML/NLP 子组件(包括语音识别、句子意图分类、问答和语音生成)复杂地组合而成。如果把数据流水线、后端和最终用户交互的翻译界面也算进去，那么即使是机器翻译模型也可以成为更大的复杂系统中的一个小组件。

一个 NLP 应用可以采取多种形式。令人惊喜的是，许多 NLP 组件都可以构建为一次性任务而不需要做成复杂的软件系统，因为只需要将一些静态数据作为输入，然后产生变换后的数据作为输出。例如，如果有一个静态文档数据库，并且希望根据其主题进行分类，那么 NLP 分类器可以是一个运行此分类任务的简单的一次性 Python 脚本。如果想从同一数据库中提取公共实体(如公司名称)，可以编写一个运行命名实体识别(NER)模型的 Python 脚本来执行它。即使是一个基于静态文本的推荐引擎，它基于文本相似度查找对象，也可以做成一个从数据库中读写数据的日常任务脚本。因此你不需要构建一个有许多服务相互通信的复杂软件系统。

许多其他 NLP 组件都可以构建为一个批量运行预测的(微)服务，这是我对许多场景推荐的架构。例如，一个垃圾邮件过滤器不需要在每一封电子邮件到达时立即对其进行分类——系统可以排队等待一定数量的电子邮件到达系统后，才将电子邮件成批传给分类器服务。NLP 应用通常通过某些中间件(如 RESTful API 或排队系统)与系统的其余部分进行通信。这种配置非常适合那些需要预测新鲜度但并不那么严格的应用(毕竟，用户不想花几小时等待电子邮件到达收件箱)。

最后才考虑设计成实时预测的形式。例如，当听众需要演讲实时字幕时，这就需要设计成实时预测组件了。另一个例子是，当系统希望根据用户的实时行为显示广告时。在这些情况下，NLP 服务需要接收一个输入数据流(如音频或用户事件)，然后产生另一个数据流(如转录文本或广告点击概率)。实时流媒体框架，如 ApacheFlink (https://flink.apache.org/)，经常用于处理这样的流媒体数据。此外，如果应用基于服务器-客户端架构，像典型的移动和 Web 应用一样，并且你希望向用户显示一些实时预测，那么就可以选择在客户端(如 Web 浏览器或智能手机)运行 ML/NLP 模型。客户端 ML 框架，如 TensorFlow.js(https://www.tensorflow.org/js)、Core ML(https://developer.apple.com/documentation/coreml)、ML Kit (https://developers.google.com/ ml-kit)都可用于这些目的。

11.1.3　项目结构

许多 NLP 应用都遵循一些类似的项目结构。一个典型的 NLP 项目可能需要管理数据集、由预处理数据生成的中间文件、训练产生的模型文件、用于训练和预测的源代码，以及存储关于训练和预测的额外信息的日志文件。

因为典型的自然语言处理(NLP)应用有许多共同的组件和目录，所以在启动新项目时，遵循最佳实践作为默认选择会很有用。以下是我对构建 NLP 项目的建议。

- 数据管理(data management)——创建一个名为 data 的目录，然后将所有数据放入其中。将其细分为原始目录、临时目录和结果目录也可能会有帮助。原始目录包含你从外部获得的未处理的数据集文件(例如本书中使用的斯坦福情感树库)或在内部构建的文件。不要手动修改这个原始目录中的任何文件，这点非常重要。如果需要进行修改，请编写一个针对原始文件运行一些处理的脚本，然后将结果写入临时目录，将临时目录作为中间结果的存放目录。或者创建一个补丁文件管理你对原始文件创建的"差异"，记住要对补丁文件进行版本控制。最终的结果，如预测结果和度量指标，应该存储在结果目录中。

- 虚拟环境(virtual environment)——强烈建议你使用虚拟环境，以便将依赖关系分离并重复使用。可以使用诸如 Conda(https://docs.conda.io/en/latest/)(我个人推荐)和 venv(https://docs.python.org/3/library/venv.html)等工具来为项目设置一个单独的虚拟环境，然后激活这个虚拟环境，使用 pip 在这个虚拟环境单独安装软件包以避免污染全局环境和依赖版本冲突。Conda 可以将环境配置导出到 environment.yml 文件中，你可以使用该文件恢复原来的 Conda 环境，还可以使用 requirements.txt 文件保存项目的 pip 依赖软件包和对应版本。更好的方法是使用 Docker 容器管理和打包整个 ML 环境。这些措施将大大减少与依赖关系相关的问题，并简化部署和服务。

- 实验管理(experiment management)——NLP 应用的训练和预测流水线通常只有这几个步骤：预处理和连接数据，将它们转换为特征，训练和运行模型，以及将结果转换回人类可读的格式。如果试图手动管理它们，则很容易失控。一个好的做法是跟踪 shell 脚本文件中流水线的步骤，以便实验可以用一个命令重复，或者使用依赖管理软件，如 GNU Make、Luigi(https://github.com/spotify/luigi)和 Apache Airflow(https://airflow.apache.org/)。

- 源代码(source code)——Python 源代码通常放在与项目同名的目录中，该目录进一步细分为数据(数据处理代码)、模型(模型代码)和脚本(用于训练和其他一次性任务)目录。

11.1.4　版本控制

源代码版本控制非常重要。像 Git 这样的工具可以帮助跟踪更改并管理源代码的不同版本。NLP/ML 应用的开发通常分为多个迭代，你(通常与其他人一起)会对源代码进行许多更改，并尝试使用许多不同的模型。你可以很容易地得到同一代码的一些稍微不同的版本。

除了对源代码进行版本控制，对数据和模型进行版本控制也很重要。这意味着你应该分别对训练数据、源代码和模型进行版本控制，如图 11.2 中的虚线框所示。这是常规软件项目和 ML 应用之间的主要区别之一。ML 通过数据改进计算机算法。根据这个定义，任何 ML 系统的行为都依赖为它提供的数据。这可能会导致系统预测的结果有所不同，即使使用相同的代码。因此要进行版本控制。

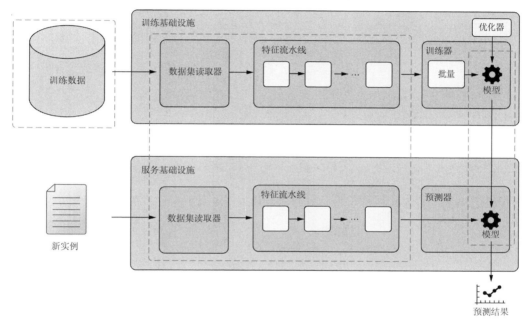

图 11.2　对机器学习组件：训练数据、源代码和模型进行版本控制

像 Git 大文件存储(https://git-lfs.github.com/)和 DVC(https://dvc.org)这样的工具可以以一种无缝的方式对数据和模型进行版本控制。即使你没有使用这些工具，也至少应该将不同版本的代码以不同的命名方式进行管理。

在一个更大、更复杂的 ML 项目中，你可能希望分别对模型和特征流水线[1]进行版本控制，因为 ML 模型的行为可能取决于你对输入的预处理方式，即使使用相同的模型和输入数据。这也将减轻训练-服务偏差问题，11.3.2 节讨论训练-服务偏差问题。

最后，在处理 ML 应用时，你将尝试许多不同的设置——训练数据集、特征流水线、模型和超参数的不同组合——这些设置很容易失控。我建议使用一些实验管理系统跟踪训练设置，如 Weights & Biases(https://wandb.ai/)，但你也可以使用一些简单的工具，例如在电子表格中手动输入实验信息。在跟踪实验时，一定要记录每个实验的以下信息。

---

1 译者注：特征流水线是指在机器学习任务中，对数据进行预处理和特征工程的一系列步骤，以便将数据转换为可用于机器学习算法的形式。

- 模型代码、特征流水线和使用的训练数据的版本；
- 用于训练模型的超参数；
- 训练和验证数据的评估指标。

像 AllenNLP 这样的平台默认支持实验配置，这使得前两项变得容易。像 TensorBoard 这样的工具，AllenNLP 和 Hugging Face 都支持，从而使跟踪各种指标变得很容易。

11.2　部署 NLP 模型

本节进入部署阶段，通过部署，NLP 应用可放在服务器上供外部使用。在此，我们会讨论在部署 NLP/ML 应用时需要考虑的实际注意事项。

11.2.1　测试

与软件工程一样，测试也是构建可靠的 NLP/ML 应用的重要组件。最基本和最重要的测试是单元测试，它会自动检查软件的小单元(如方法和类)是否按期望工作。在 NLP/ML 应用中，对特征流水线进行单元测试很重要。例如，如果编写了一个将原始文本转换为张量表示的方法，就需要使用单元测试确保它能够处理典型用例和边界用例。根据我的经验，边界用例是经常出现 bug 的地方。从语料库中读取数据集，构建词表，对文本进行词元化，将词元转换为整数 ID——这些都是预处理中必不可少但容易出错的步骤。幸运的是，像 AllenNLP 这样的框架为这些步骤提供了标准化和经过充分测试的组件，这使得构建 NLP 应用更加轻松和没有错误。

除了单元测试，还需要确保模型能够学习必需的内容。这相当于在常规软件工程中测试是否有逻辑错误——这种错误类型指的是软件可以运行而不崩溃，但却会产生不正确的结果。这种类型的错误在 NLP/ML 中更难捕获和修复，因为你需要更深入地了解学习算法在数学上的工作方式。此外，许多 ML 算法都涉及一些随机性，如随机初始化和抽样，这会使测试更加困难。

测试 NLP/ML 模型的一种推荐技术是对模型输出进行完整性检查。你可以从一个小而简单的模型和一些带有明显标签的玩具实例开始。例如，以测试情感分析模型为例，你可以执行以下测试。

- 创建一个小而简单的模型进行调试，例如一个玩具编码器，它仅仅是将输入的单词嵌入向量求平均，并在顶部添加一个 softmax 层。
- 准备一些小的测试实例，如 "The best movie ever!"(史上最好的电影！)(积极的)和 "This is an awful movie!！"(这是一部很糟糕的电影！)(消极的)。
- 将这些实例提供给模型，然后训练它直到收敛。因为我们使用的是一个没有验证集的非常小的数据集，所以模型将严重地过拟合实例，这是完全可以的。检查训练损失值是否按期望下降。
- 将相同的实例提供给训练得出的模型，并检查预测的标签是否与期望的标签相匹配。

● 用更多的玩具实例和一个更大的模型尝试上面的步骤。

对于测试 NLP/ML 模型，我总是建议你从一个较小的数据集开始，特别是当原始数据集很大时。因为训练 NLP/ML 模型需要很长时间(数小时甚至几天)，所以经常只有在训练完成后才会发现代码中的错误。由此，可以对训练数据进行子采样，如从每 10 个实例中抽取一个，以便使整个训练快速完成。在确定模型能够按期望工作之后，再逐步增加用于训练的数据量。这种技术也非常适合于快速迭代和试验许多不同的架构和超参数设置。刚开始构建模型时，通常不清楚任务的最佳模型是什么。使用较小的数据集，可以快速验证大量不同的选项(RNN 与 Transformer 模型、不同的词元分析器等)，并缩小最佳模型的候选集。这种方法的一个注意事项是，最好的模型架构和超参数可能取决于训练数据的大小。正因为如此，不要忘记对整个数据集进行验证。

最后，使用集成测试验证应用的各个组件是否可以组合工作。对于 NLP，这通常意味着运行整个流水线，以查看预测是否正确。与单元测试类似，你可以准备少量预测结果可期的实例，然后使用训练得出的模型运行它们。注意，这些实例不是为了度量模型的性能有多好，而是作为一个检查，检查模型是否能够对"明显"的用例产生正确的预测。每次部署新的模型或代码后都运行集成测试是一种很好的做法。集成测试通常是用于常规软件工程持续集成(Continuous Integration，CI)的一部分。

11.2.2　训练-服务偏差

ML 应用中一个常见的错误是训练-服务偏差(train-serve skew)，它是指实例在训练和预测阶段的处理方式存在差异。很多情况都会导致训练-服务偏差，这里举一个具体的例子。假设你正在用 AllenNLP 构建一个情感分析器系统，希望将文本转换为实例。你通常会先编写一个数据读取器，用它读取数据集并生成实例。然后编写一个 Python 脚本或一个配置文件，告诉 AllenNLP 应该如何训练模型。一切暂时都挺顺利，你可以继续训练和验证模型。然而，当使用该模型进行预测时，情况看起来略有变化。你需要编写一个预测器，给定输入文本，将其转换为实例，并将其传递给模型的 forward 方法。注意，现在你有两个独立的流水线预处理输入——一个是训练阶段的数据集读取器，另一个是预测阶段的预测器。

如果要修改输入文本的处理方式，会发生什么？假设你在词元化过程中发现一些想要改进的地方，然后你更改了在数据读取器中输入文本的词元化方式。接下来，你更新数据读取器代码、重新训练模型、部署模型。但是，你忘记了更新预测器中相应的词元化代码，这样就导致了训练-服务偏差。详见图 11.3。

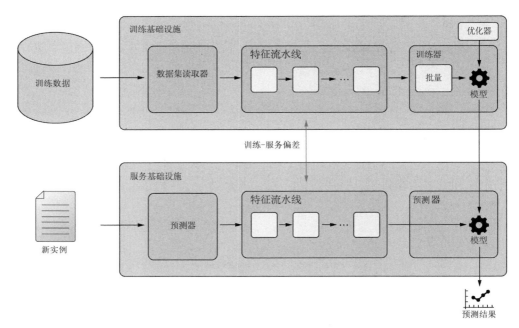

图 11.3 训练-服务偏差是由于训练和服务之间输入处理方式的差异造成的

解决这个问题的最好方法或更好的方法是防患于未然，在训练基础设施和服务基础设施之间尽可能多地共享特征流水线。AllenNLP 一个常见做法是在数据集读取器中实现一个名为_text_to_instance()的方法，它接收一个输入然后返回一个实例。通过确保数据集读取器和预测器都引用同一个方法，可以最小化流水线之间的差异。

在 NLP 中，输入文本被词元化并转换为数值，这使得调试模型更加困难。例如，有些明显的词元化 bug 用肉眼可以很容易发现，但变成了数值之后就很难识别了。一个好的做法是将一些中间结果记录到日志文件中，这样便可以稍后检查。

最后，请注意，神经网络的某些行为在训练和服务之间确实是不同的。一个值得注意的例子是 dropout，它是 10.3.1 节简要介绍过的一种正则化方法，dropout 通过在神经网络中随机掩码激活值来实现正则化。这在训练中是有意义的，因为通过删除激活值，模型会学习基于可用值做出稳健的预测。但是，记住在提供预测服务时关闭它，因为你不希望你的模型随机丢弃神经元。PyTorch 提供了一些方法——train()和 eval()——在训练模式和预测模式之间切换，以影响 dropout 等层的行为。如果你正在手动实现一个训练循环，请记住调用 model.eval()来禁用 dropout。好消息是，像 AllenNLP 这样的框架可以自动处理这个问题。

11.2.3 监控

与其他软件服务一样，应持续监控部署后的 ML 系统。除了通常的服务器指标(如 CPU 和内存使用量)，还应该监控与模型输入/输出相关的指标。具体来说，可以监控一些更高级别的统计信息，如输入值和输出标签的分布。如前所述，逻辑错误是 ML 系统中最常见和最难找到的一种错误，它会导致模型产生错误的结果但是不崩溃。监控这些高级统计数据可以更容易地找到它们。像 PyTorch Serve 和 Amazon SageMaker(见 11.3 节)这样的库和平台默认支持监控。

11.2.4　使用 GPU

　　训练大型的现代 ML 模型几乎总是需要硬件加速器，如 GPU。回想一下，第 2 章曾使用海外工厂来比喻 GPU，GPU 被用于并行执行大量的算术运算(如向量和矩阵的加法和乘法)。本小节介绍如何使用 GPU 加速 ML 模型的训练和预测。

　　如果没有 GPU，或者以前从未使用过基于云的 GPU 解决方案，那么免费"尝试" GPU 最简单的方法是使用 Google Colab。访问 https://colab.research.google.com/打开 Google Colab，创建一个新的笔记本，进入 Runtime 菜单，选择 Change runtime type。显示如图 11.4 所示的对话框。

图 11.4　Google Colab 允许选择硬件加速器的类型

　　选择 GPU 作为硬件加速器，然后在一个代码块中输入!nvidia-smi 并执行它。将会显示如下一些与 GPU 相关的详细信息。

```
+-----------------------------------------------------------------------------+
| NVIDIA-SMI 460.56       Driver Version: 460.32.03    CUDA Version: 11.2 |
|-------------------------------+----------------------+----------------------+
| GPU  Name        Persistence-M| Bus-Id        Disp.A | Volatile Uncorr. ECC |
| Fan  Temp Perf  Pwr:Usage/Cap|         Memory-Usage | GPU-Util  Compute M. |
|                               |                      |               MIG M. |
|===============================+======================+======================|
|   0  Tesla T4            Off  | 00000000:00:04.0 Off |                    0 |
| N/A   39C    P8     9W /  70W |      3MiB / 15109MiB |      0%      Default |
|                               |                      |                  N/A |
+-------------------------------+----------------------+----------------------+

+-----------------------------------------------------------------------------+
| Processes:                                                                  |
|  GPU   GI   CI        PID   Type   Process name                  GPU Memory |
|        ID   ID                                                   Usage      |
|=============================================================================|
|  No running processes found                                                 |
+-----------------------------------------------------------------------------+
```

nvidia-smi 命令(Nvidia 系统管理接口的简称)是一个方便的工具，用于显示机器上 Nvidia GPU 的相关信息。从前面的代码片段中，可以看到驱动程序和 CUDA 的版本(用于与 GPU 交互的 API 和库)、GPU 的类型(Tesla T4)、可用和已用的内存(15 109MiB 和 3MiB)，以及当前使用 GPU 的进程列表。此命令最典型的用法是检查当前进程使用了多少内存，因为在 GPU 编程中，如果程序使用的内存超过可用内存，则很容易出现内存不足的错误。

如果使用云基础设施，如 AWS(Amazon Web Services)和 GCP(Google Cloud Platform)，就会发现有大量的虚拟机模板。你可以使用它们快速创建支持 GPU 的云实例。例如，GCP 提供的 Nvidia 官方优化的 PyTorch 和 TensorFlow GPU 镜像，可以用作启动 GPU 实例的模板。AWS 提供了深度学习 AMI(Amazon Machine Images)——其预安装了基本的 GPU 库(如 CUDA)，以及 PyTorch 等深度学习库。使用这些模板，无须手动安装必要的驱动程序和库，即可立即开始构建 ML 应用。注意，尽管这些模板是免费的，但仍需要为基础设施付费。启用 GPU 虚拟机的价格通常比 CPU 机器高得多。在长时间运行之前，请先了解其价格。

如果从头开始设置 GPU 实例，那么则需要了解如何设置必要的驱动程序和库的详细说明[1]。要使用本书介绍的库(即 AllenNLP 和 Hugging Face Transformers)构建 NLP 应用，需要安装 CUDA 驱动程序和工具包，以及支持 GPU 的 PyTorch 版本。

如果你的机器有 GPU，可以通过在 AllenNLP 配置文件中指定 cuda_device 以启用 GPU 加速。

```
"trainer": {
    "optimizer": {
        "type": "huggingface_adamw",
        "lr": 1.0e-5
    },
    "num_epochs": 20,
    "patience": 10,
    "cuda_device": 0
}
```

如上配置告诉训练器使用第一个 GPU 训练和验证 AllenNLP 模型。

如果从头开始编写 PyTorch 代码，那么需要手动将模型和张量转移到 GPU 中。这好比是将材料用集装箱船运到海外工厂。首先，可以指定要使用的设备(GPU ID)，并调用张量和模型的 to()方法，将它们移动到设备上。例如，可以通过以下代码使用 Hugging Face Transformers 库在 GPU 上运行文本生成。

```
device = torch.device('cuda:0')
tokenizer = AutoTokenizer.from_pretrained("gpt2-large")
model = AutoModelWithLMHead.from_pretrained("gpt2-large")

generated = tokenizer.encode("On our way to the beach ")
context = torch.tensor([[generated]])
```

---

1 GCP: https://cloud.google.com/compute/docs/gpus/install-drivers-gpu ； AWS: https://docs.aws.amazon.com/AWSEC2/latest/UserGuide/install-nvidia-driver.html.

```
model = model.to(device)
context = context.to(device)
```

其余的代码与 8.4 节中使用的代码相同。

11.3　实战示例：对外提供服务和部署 NLP 应用

本节介绍一个实战示例：对外提供服务[1]和部署一个使用 Hugging Face 构建的 NLP 模型。具体就是使用一个预训练语言生成模型(DistilGPT2)，通过 TorchServe 对外提供服务，然后使用 Amazon SageMaker 将其部署到云服务器上。

11.3.1　通过 TorchServe 对外提供服务

正如你所看到的，部署 NLP 应用不仅仅是编写用于你的 ML 模型的 API，还需要考虑许多与生产相关的问题，包括如何通过多个工作进程并行化模型预测以处理高流量，如何存储和管理多个 ML 模型的不同版本，如何一致地处理数据的预处理和后处理，以及如何监控服务器的健康状况以及有关数据的各种指标。

由于这些问题非常常见，因此 ML 从业者一直在开发用于服务和部署 ML 模型的通用平台。本节使用 TorchServe(https://github.com/pytorch/serve)，这是一个易于使用的、由 Facebook 和 Amazon 共同开发的、用于服务 PyTorch 模型的框架。TorchServe 附带了许多功能，可以解决前面提到的问题。

运行以下命令安装 TorchServe：

```
pip install torchserve torch-model-archiver
```

这个实战示例将使用一个名为 DistilGPT2 的预训练语言模型。DistilGPT2 是 GPT-2 的一个较小版本，使用一种称为知识蒸馏(knowledge distillation)的技术构建。知识蒸馏(简称蒸馏)这种机器学习技术可模拟给定的一个较大的预训练模型(称为教师模型，英文为 teacher model)的行为，来训练一个较小的模型(称为学生模型，英文为 student model)。这是一个很好的训练方法，模型更小，输出质量也不差，而且通常比从头开始训练的模型更小且更好。

首先，运行以下命令从 Hugging Face 存储库中下载 DistilGPT2 预训练模型。注意，你需要安装 Git Large File Storage(https://git-lfs.github.com/)，这是一个用于在 Git 下处理大文件的 Git 扩展程序。

```
git lfs install
git clone https://huggingface.co/distilgpt2
```

以上命令将创建一个名为 distilgpt2 的子目录，该子目录包含诸如 config.json 和 pytorch_model.bin 等文件。

---

1 译者注：后文简称"服务"。

下一步需要为 TorchServe 编写一个处理程序(handler)——一个轻量级的包装器类，用于指定如何初始化模型、对输入进行预处理和后处理，然后对输入进行预测。代码清单 11.1 展示了服务 DistilGPT2 模型的处理程序代码。实际上，处理程序中没有任何特定于我们使用的特定模型(DistilGPT2)的内容。只要你使用 Hugging Face Transformers 库，就可以将相同的代码用于其他与 GPT-2 类似的模型，包括原始的 GPT-2 模型。

代码清单 11.1　TorchServe 的处理程序

```
from abc import ABC
import logging

import torch
from ts.torch_handler.base_handler import BaseHandler

from transformers import GPT2LMHeadModel, GPT2Tokenizer

logger = logging.getLogger(__name__)

class TransformersLanguageModelHandler(BaseHandler, ABC):
    def __init__(self):
        super(TransformersLanguageModelHandler, self).__init__()
        self.initialized = False
        self.length = 256
        self.top_k = 0
        self.top_p = .9
        self.temperature = 1.
        self.repetition_penalty = 1.

    def initialize(self, ctx):                    ◀──── 初始化模型
        self.manifest = ctx.manifest
        properties = ctx.system_properties
        model_dir = properties.get("model_dir")
        self.device = torch.device(
            "cuda:" + str(properties.get("gpu_id"))
            if torch.cuda.is_available()
            else "cpu"
        )

        self.model = GPT2LMHeadModel.from_pretrained(model_dir)
        self.tokenizer = GPT2Tokenizer.from_pretrained(model_dir)

        self.model.to(self.device)
        self.model.eval()
        logger.info('Transformer model from path {0} loaded
    successfully'.format(model_dir))
        self.initialized = True
                                              对传入的数据进行预
    def preprocess(self, data):               ◀──── 处理和词元化
        text = data[0].get("data")
        if text is None:
            text = data[0].get("body")
        text = text.decode('utf-8')

        logger.info("Received text: '%s'", text)
```

```
        encoded_text = self.tokenizer.encode(
            text,
            add_special_tokens=False,
            return_tensors="pt")

        return encoded_text

    def inference(self, inputs):          ◀──────  对数据进行预测
        output_sequences = self.model.generate(
            input_ids=inputs.to(self.device),
            max_length=self.length + len(inputs[0]),
            temperature=self.temperature,
            top_k=self.top_k,
            top_p=self.top_p,
            repetition_penalty=self.repetition_penalty,
            do_sample=True,
            num_return_sequences=1,
        )

        text = self.tokenizer.decode(
            output_sequences[0],
            clean_up_tokenization_spaces=True)

        return [text]

    def postprocess(self, inference_output):   ◀────┐ 对预测进行后处理
        return inference_output                     │

_service = TransformersLanguageModelHandler()

def handle(data, context):          ◀────┐ 被 TorchServe 调用的
    try:                                  │ 处理程序方法
        if not _service.initialized:      │
            _service.initialize(context)

        if data is None:
            return None

        data = _service.preprocess(data)
        data = _service.inference(data)
        data = _service.postprocess(data)
        return data
    except Exception as e:
        raise e
```

　　你的处理程序需要继承 BaseHandler 类并重写一些方法，如 initialize()和 inference()。还要包括 handle()，这是一个可以初始化和调用处理程序的顶级方法。

　　下一步运行 torch-model-archiver，这是一个命令行工具，可以打包模型和处理程序。

```
torch-model-archiver \
    --model-name distilgpt2 \
    --version 1.0 \
    --serialized-file distilgpt2/pytorch_model.bin \
    --extra-files "distilgpt2/config.json,distilgpt2/vocab.json,distilgpt2/
    tokenizer.json,distilgpt2/merges.txt" \
```

```
--handler ./torchserve_handler.py
```

前两个参数分别指定了模型的名称和版本。第三个参数是序列化文件，它指定了要打包的 PyTorch 模型的权重文件(通常以.bin 或.pt 结束)。还可以添加模型运行所需的任何额外文件(通过 extra-files 参数指定)。最后，需要将刚刚写入的处理程序文件传递给 handler 参数。

执行完毕后，将在同一个目录中创建一个名为 distilgpt2.mar(.mar 即 "model archive，意为模型存档")的文件。通过以下命令，创建一个名为 model_store 的新目录，然后将.mar 文件移动到这里。此目录用于存储模型，我们将在这里存储所有模型文件。

```
mkdir model_store
mv distilgpt2.mar model_store
```

现在一切就绪，可以开始创建你的模型了！你只需运行以下命令。

```
torchserve --start --model-store model_store --models distilgpt2=distilgpt2.mar
```

当完全启动后，便可以向服务器发出 HTTP 请求。它对外公开了几个端口，但如果只是想预测，则使用以下命令调用 http://127.0.0.1:8080/predictions/distilgpt2 即可。

```
curl -d "data=In a shocking finding, scientist discovered a herd of unicorns
    living in a remote, previously unexplored valley, in the Andes
    Mountains. Even more surprising to the researchers was the fact that the
    unicorns spoke perfect English." -X POST http://127.0.0.1:8080/
    predictions/distilgpt2
```

这里使用了 OpenAI 关于 GPT-2 的原始文章(https://openai.com/blog/better-language-models/)中的提示语(prompt)。然后生成了以下句子。考虑到该模型是一个经过精简的较小版本，所生成的文本质量还是不错的。

In a shocking finding, scientist discovered a herd of unicorns living in a remote,
previously unexplored valley, in the Andes Mountains. Even more surprising to the
researchers was the fact that the unicorns spoke perfect English. They used to speak
the Catalan language while working there, and so the unicorns were not just part of
the local herd, they were also part of a population that wasn't much less diverse than
their former national-ethnic neighbors, who agreed with them.
"In a sense they learned even better than they otherwise might have been," says
Andrea Rodriguez, associate professor of language at the University of California,
Irvine. "They told me that everyone else was even worse off than they thought."
The findings, like most of the research, will only support the new species that their
native language came from. But it underscores the incredible social connections
between unicorns and foreigners, especially as they were presented with a hard new
platform for studying and creating their own language.
"Finding these people means finding out the nuances of each other, and dealing with
their disabilities better," Rodriguez says.
...

运行以下命令停止服务。

```
torchserve --stop
```

11.3.2　部署模型

Amazon SageMaker 是一个用于训练和部署机器学习模型的管理平台。通过它可启动一个 GPU 服务器，在其中运行一个 Jupyter Notebook，在那里构建和训练 ML 模型，然后直接在托管环境中部署它们。我们的下一步是将 ML 模型部署为云 SageMaker 端点，以便生产系统可以向其发出请求。使用 SageMaker 部署 ML 模型的具体步骤包括:

(1) 将模型上传到 S3;

(2) 注册并将预测代码上传到 Amazon 弹性容器注册表(Elastic Container Registry，ECR);

(3) 创建一个 SageMaker 模型和一个端点;

(4) 向端点发出请求。

我们将按照官方教程(http://mng.bz/p9qK)进行，不过做了一些轻微的修改。首先，去 SageMaker 控制台(https://console.aws.amazon.com//home)启动一个笔记本实例。打开笔记本，运行以下代码安装必要的软件包并启动 SageMaker 会话。

```
!git clone https://github.com/shashankprasanna/torchserve-examples.git
!cd torchserve-examples

!git clone https://github.com/pytorch/serve.git
!pip install serve/model-archiver/
import boto3, time, json
sess       = boto3.Session()
sm         = sess.client('sagemaker')
region     = sess.region_name
account    = boto3.client('sts').get_caller_identity().get('Account')

import sagemaker
role = sagemaker.get_execution_role()
sagemaker_session = sagemaker.Session(boto_session=sess)

bucket_name = sagemaker_session.default_bucket()
```

变量 bucket_name 包含一个字符串 sagemaker-xxx-yyy，其中 xxx 是区域名称(如 us-east-1)。注意这个名称——下一步将模型上传到 S3 时需要用到它。

接下来，需要从刚刚创建.mar 文件的机器(而非 SageMaker 笔记本实例)运行以下命令，将模型上传到 S3 bucket 中。在上传之前，首先需要将.mar 文件压缩为一个 tar.gz 文件，即 SageMaker 支持的格式。记住 sagemaker-xxx-yyy 要替换为用 bucket_name 指定的实际名称:

```
cd model_store
tar cvfz distilgpt2.tar.gz distilgpt2.mar
aws s3 cp distilgpt2.tar.gz s3://sagemaker-xxx-yyy/torchserve/models/
```

下一步是注册 TorchServe 并将 TorchServe 的预测代码推到 ECR。在开始之前，在 SageMaker 笔记本实例中，打开 torchserve-examples/Dockerfile 并修改以下行(添加 --no-cache-dir transformers)。

```
RUN pip install --no-cache-dir psutil \
                --no-cache-dir torch \
                --no-cache-dir torchvision \
                --no-cache-dir transformers
```

现在构建一个 Docker 容器，并将其推送到 ECR。

```
registry_name = 'torchserve'
!aws ecr create-repository --repository-name torchserve

image_label = 'v1'
image = f'{account}.dkr.ecr.{region}.amazonaws.com/
    {registry_name}:{image_label}'

!docker build -t {registry_name}:{image_label} .
!$(aws ecr get-login --no-include-email --region {region})
!docker tag {registry_name}:{image_label} {image}
!docker push {image}
```

现在创建 SageMaker 模型并为其创建端点。

```
import sagemaker
from sagemaker.model import Model

from sagemaker.predictor import RealTimePredictor
role = sagemaker.get_execution_role()

model_file_name = 'distilgpt2'

model_data = f's3://{bucket_name}/torchserve/models/{model_file_name}.tar.gz'
sm_model_name = 'torchserve-distilgpt2'

torchserve_model = Model(model_data = model_data,
                         image_uri = image,
                         role = role,
                         predictor_cls=RealTimePredictor,
                         name = sm_model_name)
endpoint_name = 'torchserve-endpoint-' + time.strftime("%Y-%m-%d-%H-%M-%S",
    time.gmtime())
predictor = torchserve_model.deploy(instance_type='ml.m4.xlarge',
                                    initial_instance_count=1,
                                    endpoint_name = endpoint_name)
```

直接调用 predictor 对象进行预测。

```
response = predictor.predict(data="In a shocking finding, scientist
    discovered a herd of unicorns living in a remote, previously unexplored
    valley, in the Andes Mountains. Even more surprising to the researchers
    was the fact that the unicorns spoke perfect English.")
```

返回以下内容：

```
b'In a shocking finding, scientist discovered a herd of unicorns living in a
    remote, previously unexplored valley, in the Andes Mountains. Even more
    surprising to the researchers was the fact that the unicorns spoke
    perfect English. The unicorns said they would take a stroll in the
```

```
direction of scientists over the next month or so.\n\n\n\n\nWhen
contacted by Animal Life and Crop.com, author Enrique Martinez explained
how he was discovered and how the unicorns\' journey has surprised him.
According to Martinez, the experience makes him more interested in
research and game development.\n"This is really what I want to see this
year, and in terms of medical research, I want to see our population
increase."<|endoftext|>'
```

恭喜你！我们刚刚完成了本书的旅程——从第 2 章开始构建一个 ML 模型，然后在本章将其部署到云平台上。

11.4　解释和可视化模型预测

人们经常谈论标准化数据集上的指标和排行榜表现，但是分析和可视化模型预测和内部状态对于现实中的 NLP 应用也非常重要。虽然深度学习模型表现极佳，甚至在一些 NLP 任务上能达到人类水平的表现，但这些深度模型本质上是个黑盒，很难知道它们为什么会做出某些预测。

正因为深度学习模型的这种(有些难以摸索的)特性，一个称为可解释 AI(explainable AI，XAI)的 AI 领域正在努力开发有用的方法以解释 ML 模型的预测行为。解释 ML 模型对于调试很有用——如果知道它为什么要做出某些预测，就会找出很多线索。在某些领域(如医疗应用和自动驾驶汽车)，ML 模型的可解释性是法律法规的需要，且对于实际应用十分关键。本章节介绍一个实战示例，使用语言可解释工具(Language Interpretability Tool，LIT)可视化和解释 NLP 模型的预测和行为。

LIT 是 Google 开发的一个开源工具包，它提供了一个基于浏览器的界面，用于解释和可视化 ML 预测。注意，它的框架是结构无关且通用的，这意味着它可以与任何基于 python 的 ML 框架一起工作，包括 AllenNLP 和 Hugging Face Transformers 库[1]。LIT 提供了很多功能，包括：

- 显著性图(saliency map)——用颜色可视化输入的哪一部分对当前的预测发挥了重要作用；
- 聚合统计信息(aggregate statistics)——显示聚合统计信息，如数据集度量标准和混淆矩阵；
- 反事实(counterfactuals)——人为改变某些特征的取值，生成新的数据点，然后观察模型在这些新数据点上的预测结果和行为与原始数据点上的区别。

在本节的其余部分，让我们用回之前训练的 AllenNLP 模型之一(第 9 章基于 BERT 的情感分析模型)，并通过 LIT 对其进行分析。LIT 提供了一组可扩展的抽象来包装数据集和模型，以使其更容易用于任何基于 python 的 ML 模型。

首先安装 LIT。运行以下 pip 命令安装：

```
pip install lit-nlp
```

1　还有另一个叫作 AllenNLP Interpret(https://allennlp.org/interpret)的工具包，尽管它是专门为与 AllenNLP 模型交互而设计的，但它为理解 NLP 模型提供了一组类似的功能。

接下来，需要用 LIT 定义的抽象类包装数据集和模型。让我们创建一个名为 run_lit.py 的新脚本，并导入必要的模块和类。

```python
import numpy as np

from allennlp.models.archival import load_archive
from allennlp.predictors.predictor import Predictor
from lit_nlp import dev_server
from lit_nlp import server_flags
from lit_nlp.api import dataset as lit_dataset
from lit_nlp.api import model as lit_model
from lit_nlp.api import types as lit_types

from examples.sentiment.sst_classifier import LstmClassifier
from examples.sentiment.sst_reader import
    StanfordSentimentTreeBankDatasetReaderWithTokenizer
```

以下代码展示了如何为 LIT 定义一个数据集。这里我们创建了一个仅包含 4 个硬编码示例的测试数据集，但在实践中，你可能想要读取真实的数据集。这时可以通过修改 spec() 方法来实现。

```python
class SSTData(lit_dataset.Dataset):
    def __init__(self, labels):
        self._labels = labels
        self._examples = [
            {'sentence': 'This is the best movie ever!!!', 'label': '4'},
            {'sentence': 'A good movie.', 'label': '3'},
            {'sentence': 'A mediocre movie.', 'label': '1'},
            {'sentence': 'It was such an awful movie...', 'label': '0'}
        ]

    def spec(self):
        return {
            'sentence': lit_types.TextSegment(),
            'label': lit_types.CategoryLabel(vocab=self._labels)
        }
```

现在，已经准备好定义主模型了，如代码清单 11.2 所示。

代码清单 11.2　定义 LIT 的主模型

```python
class SentimentClassifierModel(lit_model.Model):
    def __init__(self):
        cuda_device = 0
        archive_file = 'model/model.tar.gz'
        predictor_name = 'sentence_classifier_predictor'

        archive = load_archive(              ◀——  加载 AllenNLP 归档
            archive_file=archive_file,
            cuda_device=cuda_device
        )

        predictor = Predictor.from_archive(archive,
```

```
              predictor_name=predictor_name)

        self.predictor = predictor          ←───┤ 提取并设置预测器
        label_map =
  archive.model.vocab.get_index_to_token_vocabulary('labels')
        self.labels = [label for _, label in sorted(label_map.items())]

  def predict_minibatch(self, inputs):
      for inst in inputs:
          pred = self.predictor.predict(inst['sentence'])    ←───┐
          tokens = self.predictor._tokenizer.tokenize(inst['sentence'])
          yield {
              'tokens': tokens,                    运行预测器的
              'probas': np.array(pred['probs']),    预测方法
              'cls_emb': np.array(pred['cls_emb'])
          }
  def input_spec(self):
      return {
          "sentence": lit_types.TextSegment(),
          "label": lit_types.CategoryLabel(vocab=self.labels,
  required=False)
      }

  def output_spec(self):
      return {
          "tokens": lit_types.Tokens(),
          "probas": lit_types.MulticlassPreds(parent="label",
  vocab=self.labels),
          "cls_emb": lit_types.Embeddings()
      }
```

在构造函数(__init__)中，我们从归档文件加载一个 AllenNLP 模型，并利用它创建一个预测器。这里我们假设你的模型置于 model/model.tar.gz 目录下，并硬编码其路径，但你可以把它更改为你的模型实际所在的位置。

然后在 predict_minibatch()中进行预测。给定输入(就是一个简单的数据集实例数组)，然后通过预测器运行模型并返回预测结果。注意，这里的预测是逐实例进行的，尽管在实际操作中，你应该考虑分批预测，这样能够提高有更多输入数据时的吞吐量。该方法还会返回预测类(cls_emb)的嵌入，可视化嵌入时会使用到它(见图 11.5)。

最后是运行 LIT 服务器的代码：

```
model = SentimentClassifierModel()
models = {"sst": model}
datasets = {"sst": SSTData(labels=model.labels)}

lit_demo = dev_server.Server(models, datasets, **server_flags.get_flags())
lit_demo.serve()
```

运行上面的脚本后，在浏览器上输入 http://localhost:5432/。应该会得到一个类似于图 11.5 所示的结果。你可以看到一组面板，上面包含了有关数据和预测的各种信息，包

括嵌入、数据集表格和编辑器、分类结果,以及显著性图(它展示了通过一种名为 LIME[1] 的自动方法计算出的词元的贡献)。

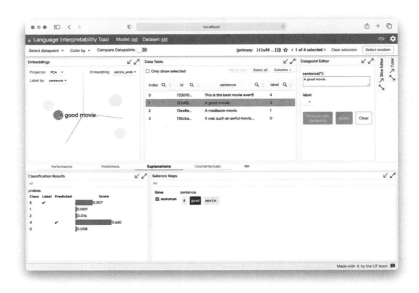

图 11.5 LIT 可以展示显著性图、聚合统计信息和嵌入,以分析模型和预测

可视化和与模型预测进行交互是了解模型如何工作以及如何改进模型的好方法。

11.5 展望

本书只是浅尝了 NLP 这个广阔、历史悠久的领域。如果你对学习 NLP 的实际应用方面感兴趣,推荐阅读 Hobson Lane 等人合著的 *Natural Language Processing in Action*(Manning 出版社,2019 年)和 Sowmya Vajjala 等人合著的 *Practical Natural Language Processing*(O'Reilly,2020 年)。Andriy Burkov 所著的 *Machine Learning Engineering*(True Positive Inc.,2020 年)也是一本很好的书,可以从中学习机器学习的工程领域知识。

如果你对学习 NLP 的数学和理论方面感兴趣,我推荐阅读以下的流行教科书,例如 Dan Jurafsky 和 James H. Martin 合著的 *Speech and Language Processing*(Prentice Hall,2008 年)[2]和 Jacob Eisenstein 所著的 *Introduction to Natural Language Processing*(MIT Press,2019 年)。虽然 Christopher D. Manning 和 Hinrich Schütze 合著的 *Foundations of Statistical Natural Language Processing*(Cambridge,1999 年)已经有些年头,但它也是一本经典教科书,可以为各种 NLP 方法和模型打下坚实的基础。

另外你还可以在网上找到很棒的免费资源。例如,免费的 AllenNLP 课程"使用

---

1 Ribeiro et al., "'Why Should I Trust You?': Explaining the Predictions of Any Classifier," (2016). https://arxiv.org/abs/1602.04938 .

2 可以在 https://web.stanford.edu/~jurafsky/slp3/ 免费阅读第 3 版(2021 年)的草稿。

AllenNLP 进行自然语言处理指南" (https://guide.allennlp.org/)和 Hugging Face Transformers 库的文档(https://huggingface.co/transformers/index.html)都是深度学习这些库的优良资源。

最后,学习 NLP 最有效的方法就是亲自动手操作。如果你的兴趣、工作或其他地方涉及 NLP 时,请思考你在本书中学到的任何技术是否适用。这是一个分类、标注或序列到序列的问题?使用哪些模型?如何获得训练数据?如何评估模型?如果手边没有 NLP 问题,不要担心,可以前往 Kaggle,那里有许多 NLP 相关的竞赛,你可以通过亲自参与这些竞赛,积累 NLP 经验。NLP 会议和研讨会通常会有各种分享任务,参与者可以在共同的任务、数据集和评估指标上竞争,这也是深入学习特定领域的 NLP 的绝佳方式。

11.6　本章小结

- 机器学习代码通常只是实际 NLP/ML 系统中的一小部分,需要复杂的基础设施支持,包括数据收集、特征提取、模型服务和监控。
- NLP 模块可以被开发成一次性脚本、批量处理预测服务或实时预测服务。
- 除了源代码,对模型和数据进行版本控制也很重要。需要注意避免造成训练和测试阶段差异,从而导致训练-服务偏差。
- 可以使用 TorchServe 和 Amazon SageMaker 轻松地部署 PyTorch 模型和对外提供服务。
- 可解释人工智能是解释 ML 模型及其预测的一个新领域。可以使用 LIT(语言可解释性工具)可视化和解释模型预测。